Ein Koffer voller Wollen

EBOOK INSIDE

Die Zugangsinformationen zum eBook Inside finden Sie am Ende des Buchs.

Nelly Kostadinova

Ein Koffer voller Wollen

Wie ich mit 50 Mark und einem Wörterbuch ein internationales Unternehmen aufbaute

 Springer

Nelly Kostadinova
Köln, Deutschland

ISBN 978-3-658-23984-8   ISBN 978-3-658-23985-5   (eBook)
https://doi.org/10.1007/978-3-658-23985-5

Die Deutsche Nationalbibliothek verzeichnet diese Publikation in der Deutschen Nationalbibliografie; detaillierte bibliografische Daten sind im Internet über http://dnb.d-nb.de abrufbar.

Lektorat: Juliane Seyhan
Redaktionelle Textbetreuung: Dr. Petra Folkersma, www.schreibweise.info

Springer ist ein Imprint der eingetragenen Gesellschaft Springer Fachmedien Wiesbaden GmbH und ist ein Teil von Springer Nature
Die Anschrift der Gesellschaft ist: Abraham-Lincoln-Str. 46, 65189 Wiesbaden, Germany

Vorwort

von Wolfgang Drechsler, Journalist und Korrespondent in Kapstadt für das „Handelsblatt"

Ein kluger Freund sagte einmal: Nelly Kostadinova trifft man nicht, mit Nelly stößt man zusammen. Und so fühlte es sich auch an, als ich vor drei Jahren zum ersten Mal in ihre mit Energie und Lebenslust gefüllte Umlaufbahn geriet. Sie war damals in meine Wahlheimat am Kap gekommen, um hier, an der zauberhaften Südspitze Afrikas, eine weitere Niederlassung ihrer Lingua-World zu eröffnen – drei Jahre nach dem Aufbau des ersten südafrikanischen Büros in Johannesburg, wo Nelly damals auf dem sonnenverbrannten „Highveld" die ersten, noch zaghaften Schritte in Afrika unternommen hatte.

In Kapstadt erlebte Nelly etwas, das sie schon bei ihrer ersten Auslandsexpansion zehn Jahre zuvor erlebt hatte, als sie von Köln ins nahe gelegene Holland expandieren wollte. Hatte sie das Projekt dort zunächst nach dem bewährten (deutschen) Erfolgsrezept von Lingua-World aufziehen wollen, bemerkte sie schnell, dass „deutsche" Anzeigen bei den Niederländern partout nicht zünden wollten, eben weil sie dem direkten Nachbarn zu deutsch waren – und darum als offensiv und protzig empfunden wurden. „Die Schlagbäume in Europa mochten bereits abgeschafft sein, aber die Mentalitätsunterschiede bleiben", schreibt sie in ihrem Buch. Für Nelly eine Lehre fürs Leben und für den weiteren Verlauf ihrer Auslandsexpansionen, die sie am Ende in das Afrika südlich der Sahara führen sollten – in eine kulturell ganz und gar andere Welt.

In Südafrika dann also das Déjà-vu: Während in der früheren Goldgräbersiedlung Johannesburg das Herz der südafrikanischen Wirtschaft schlägt und die Menschen hungrig nach Erfolg sind, ist das Tempo in der nur zwei Flugstunden entfernten Küstenmetropole Kapstadt, einer Film- und Ferienstadt, weitaus gemächlicher – und die Rekrutierung von Mitarbeitern entsprechend schwieriger. Wie in Holland stieß Nelly auch jetzt wieder auf Hürden, mit denen sie so nicht gerechnet hatte. Für sie typischerweise allerdings mehr Herausforderung als Problem …

Es ist vor allem Nellys Eroberungszug durch eine Branche und über Kontinente hinweg, der das Buch so lesenswert und zu weit mehr als einem unterhaltsam geschriebenen Ratgeber für größeren beruflichen Erfolg macht. „Ein Koffer voller Wollen" handelt von so vielem: vom Mut, früh Risiken einzugehen, weil das größte Risiko im Leben darin besteht, kein Risiko einzugehen. Von der Notwendigkeit, frühzeitig Vertrauen zu schenken und Verantwortung zu delegieren, um sich nicht ständig im Kleinen zu verzetteln. Und vor allem davon, wie es gelingt, in einem ganz anderen Umfeld erfolgreich zu sein, sei es als Bulgarin in Deutschland oder als Europäerin in Afrika, das nach ganz anderen Regeln tickt.

Schon deshalb ist dieses Buch nicht nur Lektüre für Unternehmer oder Start-ups, die sich für eine Erfolgsgeschichte in der Welt der Wirtschaft interessieren, sondern auch und vielleicht gerade für Zuwanderer, die, wie jetzt auch in Deutschland, in ein ganz neues Land und in einen völlig fremden Kontext kommen und in diesem Prozess von dem Leitfaden einer besonderen Insiderin sehr profitieren können. Denn auch unbequeme Wahrheiten werden hier offen benannt: Bei all ihrer Liebe für die Vielfalt der Menschen spürte die Weltbürgerin Nelly nämlich schnell, dass Erfolg „woanders" fast immer eine fast völlige Anpassung an das neue Gastland und dessen Hausordnung zur Voraussetzung hat – genauso, wie ein Chamäleon sich zum Überleben farblich an sein jeweiliges Umfeld anpasst.

Im afrikanischen Kulturkreis, der zu dem abendländischen mit seinem ausgeprägten Kollektivismus oft in direktem Gegensatz steht, war diese Anpassung besonders wichtig. Hier musste die Unternehmerin angesichts der in Afrika weit verbreiteten Leichtlebigkeit nicht nur lernen, ihre eigene Ungeduld zu zügeln, sondern auch örtliche Gepflogenheiten zu übernehmen, so merkwürdig oder gar hinderlich diese auch auf den ersten Blick hin auch erscheinen mochten.

Zugute kam ihr dabei, dass sie, anders als so viele Kulturfremde in Afrika, grundsätzlich mit den Stärken ihrer neuen Mitarbeiter arbeitete und nicht permanent über die Unzulänglichkeiten der Bewohner nörgelte, die gerade der westlichen Effizienzkultur schnell ins Auge springen. So wird in Afrika oft weit mehr versprochen, als zeitlich oder finanziell am Ende auch gehalten werden kann. Nicht selten soll deshalb plötzlich Wochen später ein bereits längst geschlossener Vertrag neu verhandelt werden. (Wer da nachgibt, hat schon verloren, aber das nur am Rande).

Gewöhnungsbedürftig ist für viele Europäer aber auch das enorme Pathos, mit dem Einheimische oft verhandeln. Viele Afrikaner benutzen eine starke Gestik und unterschiedliche Stimmlagen, was auf Europäer bisweilen einschüchternd wirkt. In Afrika gehört dies jedoch zum normalen Verhandlungsritual. Wer solch emotionales Gebaren beherrscht, hat es in Afrika bei Verhandlungen leichter.

Und dann ist da noch das immer wieder erwähnte und oft kritisierte Zeitempfinden von Afrikanern, auch wenn hier schwer zu generalisieren ist. Während Geschäftstermine in Südafrika, dem einzigen Industriestaat des Kontinents, von den Beteiligten meist eingehalten werden, kann es bei einer privaten Einladung durchaus zu mehrstündigen Verspätungen kommen. Das Zeitempfinden traditioneller Afrikaner funktioniert ohnehin nach ganz eigenen, oft ehernen Gesetzen, die mit den europäischen gar nichts gemein haben. Nicht Stunden oder Tage gliedern die Zeit, sondern natürliche Zyklen und kulturelle Regeln: Regen- und Trockenzeit, Aussaat und Ernte, Geburt und Tod.

Der berühmte kenianische Politikprofessor Ali Mazrui hat diesen kulturellen Unterschied einst sehr eindrücklich beschrieben, als er die oft sehr materiell eingestellten Eliten des Kontinents in einem Essay dazu aufrief, sich die teure Rolex nicht nur protzig ums Handgelenk zu legen, sondern zumindest hin und wieder auch einmal mal auf ihr Zifferblatt zu schauen. Schließlich sei mit der Uhr auch ein kulturelles Regelwerk verbunden, das in Afrika nach dem Erwerb nur allzu gerne ignoriert werde.

Bei allen Enttäuschungen und Rückschlägen in Afrika ist die Autorin nie zynisch geworden. Im Gegenteil: Statt über Afrikas bequeme Opferhaltung oder den kulturell bedingten Fatalismus, die beide eine Genesung des Kontinents so erschweren, spricht sie lieber darüber, wie Afrika sie als Mensch verändert hat – durch die unbändige Lebenslust seiner Menschen, durch ihre Kreativität in der Armut, den Alltagswitz, aber auch die betörende Schönheit der Landschaft. Aber vielleicht muss man auch so idealistisch denken oder einem gewissen Idealismus frönen, wenn man Unternehmer ist und in Afrika erfolgreich sein will. Denn ohne ein solches Zutrauen würde wahrscheinlich noch viel weniger Geld auf den Kontinent fließen, als dies derzeit bereits geschieht.

Schon wegen einer Art Doppelleben und dem ständigen Schwanken zwischen neuer Hoffnung und Resignation ist in Afrika nichts unmöglich – im guten wie im schlechten Sinne. Während sich etwa Schwarz und Weiß in Südafrika 1994 in einem Akt „kollektiver Rationalität" die Hand reichten und aussöhnten, ereignete sich im Windschatten des vermeintlichen „Wunders" am Kap, mitten im Herzen des Kontinents, fast zeitgleich ein Völkermord, der alles in Afrika zuvor Gewesene übertraf: In nur 100 Tagen wurden kaum 2000 km weiter nördlich in Ruanda rund 800.000 Menschen, zumeist Tutsis, brutal von der Hutu-Mehrheit massakriert, weil sich das dortige Hutu-Regime, anders als Südafrika, für seine eigene Form der „Endlösung" entschieden hatte, um die ethnischen Rivalitäten ein für alle Mal zu beenden.

Heute ist es genau andersherum. Während Südafrika, der damalige Hoffnungsträger, das große Erbe von Nelson Mandela in nur 25 Jahren verspielt hat, weil sich die neue schwarze Elite in Gestalt des regierenden Afrikanischen Nationalkongresses (ANC) unverfroren an den staatlichen Fleischtöpfen bereichert hat, versucht in Ruanda ein dem Gemeinwohl verpflichtetes Regime mit einer Art von Entwicklungsdiktatur den Sprung in die Moderne zu erzwingen. Mit Wachstumsraten von im Schnitt 8 % seit 2005 ist der Zwergstaat im Herzen Afrikas trotz seiner blutigen Vergangenheit besser vorangekommen als fast alle anderen 54 Länder des Kontinents in diesem Jahrtausend. Im globalen „Doing Business"-Report der Weltbank wird Ruanda Jahr für Jahr für seine Fortschritte gelobt. Schon in wenigen Jahren will die ruandische Regierung auch ihre „Vision 2020" umgesetzt, das Land nach dem Vorbild von Singapur modernisiert – und den Sprung des Landes vom Agrar- zum Hightech-Land geschafft haben. Kein Wunder, dass Nelly ausgerechnet hier ihr jüngstes Büro eröffnet hat. Ihre Erfolgsgeschichte von der Einwanderin mit einem „Koffer voller Wollen" hin zur global erfolgreichen Unternehmerin könnte Afrika dabei durchaus als Anleitung für den versuchten Neuaufbruch dienen, weil sie zeigt, wie man allein schon durch die Bereitschaft, Verantwortung für sein eigenes Schicksal zu übernehmen, den Grundstein für ein selbstbestimmtes, sinnerfülltes Leben legt.

Danksagung

Im Alter von 22 Jahren bin ich Mutter geworden, und seitdem begleitet mich die Liebe meiner Kinder Dimitri und Vesselina. Ich weiß nicht, ob ich die Person geworden wäre, die ich heute bin, wenn ich diese Liebe nicht jeden Tag gespürt hätte. Meine Kinder sind die Co-Autoren meines Lebens, meiner Ideen und meine größte Motivation. Meinem Mann Gunther möchte ich auch „Danke" sagen: für die Geborgenheit und Wärme, für die stete Unterstützung und den unerschütterlichen Glauben an mich. Meinen Eltern in Bulgarien danke ich für die gesunden und bodenständigen Werte, mit denen sie mich in die große Welt geschickt haben.

In meiner neuen Heimat Deutschland leben viele, viele Menschen, die mein Lächeln mit einem Lächeln erwidert haben, selbst, als ich noch nicht Deutsch gesprochen habe. Die Begegnungen in den letzten 28 Jahren haben mich bereichert, die Anerkennung hat mich getrieben weiter zu machen, zu geben, mich zu entfalten und immer neue Arbeitsmodelle zu kreieren.

Meinen Mitarbeitern in Deutschland, England, Südafrika und Ruanda danke ich für das großartige Verständnis und den Teamspirit, die mir den Raum für modernes Business geöffnet haben, und dafür, dass sie sich in meinem „World-Office" wohl fühlen. Das Arbeiten an den gemeinsamen Projekten hat mich beflügelt und begeistert, meine Energie gestärkt und mich zu neuen Taten inspiriert.

Frau Dr. Petra Begemann danke ich für die richtungweisende konzeptionelle und Frau Dr. Petra Folkersma für die herausragende redaktionelle Unterstützung und für die Ausdauer, mit der sie meiner Energie begegnet sind. Diese Momente der geistigen Berührung haben mich ermutigt, tiefer in mein Leben zu schauen und all die Begleiter aus der Vergangenheit und der Gegenwart zu entdecken, die mich Stück für Stück geprägt und verändert haben.

Danke all diesen und auch den anderen Menschen, die mir die Hand gegeben und mir Türen geöffnet haben – die es mir ermöglicht haben, in Deutschland zu Hause zu sein.

Danke für den Mut zu Visionen. Danke Deutschland, für Deine Warmherzigkeit!

Inhaltsverzeichnis

Über die Autorin

Nelly Kostadinova ist pure Energie – gegossen in die materielle Form einer klugen Unternehmerin, einer weltweit engagierten Menschenfreundin und einer sehr attraktiven Frau. Mit ihrer Übersetzungsfirma „Lingua-World" baut sie seit mehr als 20 Jahren und mithilfe von mehr als 50 Mitarbeitern unermüdlich Brücken zwischen Menschen, Kulturen und Nationen. Internationalität und Weltbürgertum sind bei Nelly Kostadinova ein echter „Way of Life" – und keine leeren Worthülsen.

Ihre Geschichte ist keine gewöhnliche, erzählt sie doch nicht vom Aufstieg einer Tellerwäscherin zur Millionärin. Im Gegenteil: Nelly Kostadinova war in ihrem Land schon eine preisgekrönte Journalistin und verließ nach der politischen Wende im Jahr 1989 Bulgarien, um in Deutschland eine zweite Karriere zu machen. Zunächst berichtete sie von Deutschland aus als Journalistin in die Heimat. Dann lernte sie mithilfe eines Stipendiums der Konrad-Adenauer-Stiftung in Köln Deutsch und arbeitete danach unter anderem frei für die „Welt" und die „FAZ". Sie schrieb einen bulgarischen Reiseführer und wurde beeidigte Dolmetscherin bei Gericht.

1997 machte sie sich mit dem kleinen Dolmetscher- und Übersetzungsbüro „Lingua-World" selbstständig. Mittlerweile hat sie 14 Filialen in ganz Deutschland und fünf internationale Niederlassungen, unter anderem in London, Johannesburg und Kigali. Und jedes Mal, wenn sie ihrer Kette von internationalen Niederlassungen eine neue Perle hinzufügt, stürzt sie sich in das Geschäftsleben des neuen Partnerlandes, saugt seine Kultur auf und kümmert sich intensiv um die Menschen vor Ort. Über ihre Motivation sagt sie: „Jedes Land, in das ich investiere, gibt mir viel. Deshalb möchte ich immer etwas zurückgeben – da, wo es dringend gebraucht wird."

Einführung: Wie wird man eigentlich Entrepreneur?

Leidenschaft, Freiheit und Unabhängigkeit: Das sind meine Antreiber. Sie waren schon immer da. Wie kleine Flammen, die ich schon als Kind in mir entdeckt und sanft behütet habe. Bis sie so groß und stark wurden, dass sie zur Geburt einer Idee führten. Nein, nicht einer Idee, sondern vieler Ideen. Denn immer entstand eine neue aus der vorherigen, immer führte mich mein Weg um eine neue Ecke herum. Und jedes Mal tauchten wieder neue Perspektiven auf. Je mehr die Ideen in mir reiften, desto sicherer wurde ich in meinen Entscheidungen: Ich musste meine Heimat, Bulgarien, verlassen, weil ich dort nicht das sein konnte, was ich im tiefsten Inneren bin und immer war: eine Unternehmerin. Ich musste aufhören, Journalistin und Dolmetscherin zu sein, um genau das zu werden: eine Unternehmerin. Und ich musste aus der Leitung des Tagesgeschäftes in meiner Firma aussteigen. Damit anfangen, am (und nicht im) Unternehmen zu arbeiten, um das zu sein: eine echte Unternehmerin! Unternehmerin zu sein ist meine Berufung: Es liegt nicht in meiner Familie, es ist kein soziales oder biologisches Erbe. Sondern es gibt nur das Glück, dass ich diese Gabe in mir entdeckt habe und sie voll und ganz ausleben kann.

Leidenschaft, Freiheit und Unabhängigkeit: Wenn Sie das in sich fühlen, haben Sie das Zeug zum Entrepreneur. Ich gebe Ihnen ein paar Beispiele: Wenn Sie nachts wach gelegen haben mit einem Kopf voller Gedanken und morgens nicht denken: „Das war eine schlechte Nacht!". Sondern wenn Sie der Nacht dankbar sind für das Reifen der Gedanken, die Sie seit einiger Zeit in sich tragen. Wenn Sie spüren, nach diesem Reifen kommt der magische Moment, in dem die Umsetzung Ihrer Pläne beginnen kann. Wenn Sie dann eine neue Idee, ein neues Fundament, zusammen mit denjenigen aufbauen, die Ihre Worte erreichen und begeistern, und schließlich zusammen mit einem Team von Fachleuten das geschafft haben, was Ihnen in dieser entscheidenden Nacht vorschwebte – dann sind Sie ein Entrepreneur!

Leidenschaft, Freiheit und Unabhängigkeit: Müdigkeit und Erschöpfung kennen Sie nicht, weil die Kraft des Schaffens Sie immer weiter trägt. Ich selbst fühle diese Kraft immer als kleinen Vulkan in meinem Herzen, der mich nicht verbrennt, sondern Wärme ausstrahlt. Ich finde meist unabsichtlich die Menschen, die diese Wärme mit mir teilen und die mit mir meinen Weg gehen möchten. Diesen Menschen schenke ich Vertrauen. Mit einer zutiefst menschlichen Verantwortung schließe ich diese Menschen aus verschiedenen Ländern und Kontinenten in mein Leben ein. Zu diesem Leben gehören Fehler und Niederlagen, genauso wie Zufriedenheit und Stolz. Es ist das Leben eines Menschen, der immer hungrig ist, nach Wissen und nach Taten – das Leben eines Entrepreneurs!

Teil I

Stunde Null

Mit nur 50 DM in Deutschland

Meine ersten Consumer-Experiences in Deutschland – Der Auftritt beim Heimatsender – Wie aus meiner großen Enttäuschung ein perfektes Sprungbrett wurde – Stipendiatin! – Deutschland, ich komme wieder!

„50 Deutsche Mark" stand darauf, und ich hütete den Schein wie einen Brillanten in meinem bulgarischen Portemonnaie aus „echtem Leder". Doch jetzt zog ich ihn am Schalter ungeduldig heraus und sagte vorsichtig: „One return ticket to Raderberggürtel, please!". Das Ticket kam und mit ihm andere Scheine und Münzen – das Rückgeld. Ich nahm es in die Hand und lief zur Straßenbahn Nummer 16. Vor mir, hinter mir und überall waren Menschen: Das waren also diese Westdeutschen, über die ich viel gelesen, die ich aber nie kennengelernt hatte. Meine Mutter war einmal in der DDR gewesen, und wir hatten sogar einmal Besuch aus Leipzig gehabt. Mehr Menschen aus der DDR hatte ich später in Sofia kennengelernt. Sie kamen zum Studieren – oder um zu heiraten. „Echte Westdeutsche" kannte ich nicht. Jetzt war ich sehr neugierig und beobachtete sie intensiv – am Bahnhof, auf der Straße und in der Straßenbahn.

Auf dem Weg zu der Haltestelle verspürte ich auf einmal den unwiderstehlichen Duft von frisch gebackenem Brot. Ich ging schnell zu dem Stand und bestellte, auf die duftenden Brötchen weisend: „One of them, please". Plötzlich war ich auch „one of them": Eine von diesen Leuten, die im hoch entwickelten Deutschland wohnten und hier, eine nach der anderen, Tüten mit leckeren Teigwaren kaufen konnten. In meiner Tasche gab es jetzt

© Springer Fachmedien Wiesbaden GmbH, ein Teil von Springer Nature 2019
N. Kostadinova, *Ein Koffer voller Wollen*, https://doi.org/10.1007/978-3-658-23985-5_1

nur noch 47 DM und ein paar Münzen, aber das machte mir nichts aus. Ich hatte mein trockenes Brötchen über den Tresen gereicht bekommen und genoss nun diesen Geschmack, den ich noch nicht kannte.

Ich stieg in die Straßenbahn und schaute unruhig in meine Tasche. Alles war da. Und auch er, mein journalistischer Artikel, lag brav und unberührt dort in einem Extrafach.

Enttäuschte Erwartungen

Die restlichen Schritte waren fast zu einfach. Mithilfe von ein paar Worten Englisch war es kein Problem, das Gebäude der Deutschen Welle zu finden und von der Rezeption aus in die richtige Etage geleitet zu werden. Das eigentliche Abenteuer begann aber gleich darauf, als mir nämlich die für meinen Besuch zuständige Redakteurin ohne Umschweife klipp und klar erklärte, dass es „dort" keinen Arbeitsplatz für mich gäbe. Dort … Wo? Bei der bulgarischen Redaktion der Deutschen Welle. Wo denn sonst? Ich konnte noch kein Deutsch und war aus Bulgarien nach Köln gekommen, um von hier aus weiter für mein Herkunftsland journalistisch tätig zu sein. Das war mein Ziel. Hier arbeiteten die Emigranten! Die großen Vorbilder, an denen sich viele Bulgaren in den kommunistischen Zeiten moralisch festgehalten hatten. Wir hatten die Reportagen aus Deutschland gehört, gespannt vor dem Radio gesessen und waren den Worten über den Kommunismus und seinen Niedergang gefolgt, bis sie uns langsam, aber sicher durch den Regimewechsel begleitet hatten.

Mein Artikel über das Leben nach der Wende in Bulgarien aber war zu diesem Zeitpunkt anscheinend unerwünscht, und Arbeit gab es hier offensichtlich nicht für mich. Dafür bot mir die nette Redakteurin an, das Geld für die Straßenbahnfahrkarte zu sparen und mich in ihrem Wagen mit in die Stadt zurück zu nehmen. Ich wusste nicht, wie ich am besten „Nein, danke" sagen sollte, ohne allzu unhöflich zu sein. Aber meine Enttäuschung war zu groß, um neben ihr zu sitzen und Small Talk zu machen. Andererseits hatte ich in der Tat nur noch die besagten 47 DM – die Summe, die ich für mein ganzes Monatsgehalt von der Bank in Bulgarien bekommen hatte. Eine Nacht noch konnte ich in dem kleinen Hotel übernachten, und dann? Ich musste zurück nach Sofia! Mit dem Zug über Ungarn. Die Tickets für den Zug hatte ich in Bulgarien zwar schon gekauft, vorsichtshalber, und meine Rückreise war sicher, aber … Ich folgte der Dame zur Redaktionstür. Noch ein paar Schritte und ich stand im Flur. Meine Vorbereitung, die vielen Gedanken, schlaflose Nächte und die lange Reise – war hier alles zu Ende?

Zeichen der Zeit: „Frau" statt „Genossin"

Plötzlich kam uns im Flur jemand entgegen. In meiner Verzweiflung schaute ich kaum auf und wusste nicht, ob oder wie ich grüßen sollte. Doch stattdessen wurde ich begrüßt! „Ist das Frau Kostadinova?" fragte der Mann. Die Redakteurin musste kurz anhalten, um zu antworten. Und ich? – war weder tot noch lebendig. Ich schwebte. Die Stimme, diese Stimme, diesen Klang – den kannte ich! Der Mensch, aus dem diese Stimme kam, wer war das? Der Mann hatte schneeweiße Haare, trug einen langen schwarzen Mantel und ein Lächeln im Gesicht! Ich war geschockt, gelähmt und gleichzeitig erhitzt von einer Art innerer Lava, die plötzlich auch ein Lächeln auf mein Gesicht zauberte. Ich hörte meinen Familiennamen Kostadinova in meiner eigenen Sprache auf Bulgarisch, und das klang ganz normal. Gar nicht normal war, dass davor nicht „Genossin" (Drugarka) erklungen war, sondern „Frau" (Gospoza). Ich war 33 Jahre alt, aber es war das erste Mal in meinem Leben, dass mich jemand so ansprach! Und: Gewaltig klang mir die Stimme des Mannes in den Ohren. Tief, charmant, geschult beinahe, war sie viel zu schön, um sie näher beschreiben zu können. Plötzlich ging mir auf: Ich kannte diese Stimme! Aus dem Radio. „Sie sind Herr Assen ...", sagte ich atemlos.

„Ja, genau, Ignatov" – lächelte der Man noch herzlicher, offensichtlich geschmeichelt von meiner Reaktion. „Und Sie sind die bulgarische Kollegin aus Sofia! Kommen Sie, wenn Sie mögen, in mein Büro!" Die Redakteurin gab mich nur zu gerne an den Kollegen weiter und ging weiter den Flur hinunter. Ich aber glitt schwerelos in das Büro der Koryphäe des oppositionellen bulgarischen Journalismus Dr. Assen Ignatov. „Was ist das da in Ihrer Hand?", fragte er. Ich fand keine Worte und keinen Mut, mit ihm zu sprechen. Die Hand mit meinem Artikel ging aber automatisch nach vorn, und ich reichte ihm die Blätter. Schnell verschwand Ignatov bis zu seinen weißen Haaren hinter dem Text. Zwei Minuten, zwei lange Minuten, gefühlt wie zwei Stunden. Dann hörte ich erneut seine Stimme: „Mein Gott! Sie sind talentiert. Nehmen Sie doch Platz." Er nahm den Telefonhörer ab und sprach ein paar Minuten auf Deutsch, einer Sprache, die ich noch nicht gelernt hatte. Aus dem neutralen Ton konnte ich nicht schließen, ob wieder ein kostenloser Transport für mich als Kollegin „von drüben" organisiert wurde, oder sonst etwas ... „Keine Ahnung, schlimmer kann es ja nicht werden", dachte ich und versuchte mich zusammenzureißen. Das schwarze Telefon wurde aufgelegt, und ich hörte die für mich schicksalhaften Worte: „Die Konrad Adenauer-Stiftung ist interessiert und möchte Sie kennenlernen. Morgen um zehn in Sankt Augustin. Falls Sie es schaffen, denen zu erklären, was Sie in diesem Artikel beschrieben haben, werden Sie wahrscheinlich ein Stipendium bekommen. Den Termin müssen Sie alleine wahrnehmen."

Punkt, Stille, Gänsehaut!

Bis zur Rückreise nach Bulgarien hatte ich noch 36 h – um mein Leben zu verändern. Und ich habe es getan! Mit meinem restlichen Geld konnte ich mir eine Rückfahrkarte nach Sankt Augustin kaufen. Ohne ein Wort Deutsch zu sprechen, erklärte ich dort alles zu meinem Artikel auf Englisch und dazu auch noch, wer ich war, und was ich konnte. Und meinen internationalen Zug nach Sofia habe ich mit mehrmals Umsteigen auch noch erwischt.

Ein Satz wärmte mich während der ganzen Reise und ließ meine Seele fliegen: „Fahren Sie nach Hause. Wir schicken Ihnen ein Stipendium!"

Auf Wiedersehen Köln, ich komme zurück! Für immer!

Vom roten Mantel zum Kaschmirblazer: Optik ist Trumpf

Mir ist warm – Metamorphose mit Mantel – Bescheiden, aber weiblich – Ohne Hut, aber mit Charme – Dem Anlass gemäß – Wo treten Sie auf?

Es war warm, schrecklich warm in diesem Oktober des Jahres 1990.

Ich kam aus Südosteuropa und wusste nicht viel über das Klima in Deutschland. Also hatte ich mich entsprechend meiner Vorstellung von einem Herbsttag angezogen. Mantel, Stiefel, Hose … der Oktober in Bulgarien war in der Regel ziemlich kalt. Der Inhalt meines Koffers war so gestaltet, dass er mir vor allem „Erste Hilfe" bei der Aktion „Geld sparen" bieten konnte, und enthielt also Kleidung (für den Herbst) sowie alles, was man in der Fremde erst einmal so braucht. Kaufen wollte ich mir nichts: Vor dem Wert der Währung in Deutschland hatte ich einen Riesenrespekt, und zudem wusste ich noch nicht, wie, wann und wo mein Stipendium ausgezahlt werden würde. In der offiziellen Einladung der Stiftung stand die Höhe der monatlichen Summe, aber … Mein erster Besuch hier lag schon ein halbes Jahr zurück, meine Informationen über das Leben in Deutschland jedoch waren noch fast auf dem gleichen Stand wie damals. Zwar wusste ich viel über Goethe, Thomas und Klaus Mann, über Richard Wagner und viele andere historische Geistesgrößen dieses Landes, aber mein Wissen über das Leben, das wahre Leben hier, beschränkte sich auf die drei Tage Aufenthalt, die sechs Monate her waren.

Bin ich ein Alien?

Die ungewöhnliche Wärme auf den Straßen Kölns freute die Menschen offensichtlich, besonders die Frauen, die die Sommerverlängerung feierten

© Springer Fachmedien Wiesbaden GmbH, ein Teil von Springer Nature 2019
N. Kostadinova, *Ein Koffer voller Wollen,* https://doi.org/10.1007/978-3-658-23985-5_2

und ihre wunderschönen Kleider trugen. Und ich? Stand dort mit meinem warmen roten Mantel. An der Haltestelle fing ich den Blick einer Dame auf. Sie beobachtete mich, und dann machte sie auch noch ihre Freundin auf mich aufmerksam, indem sie „total unauffällig" mit dem Kopf in meine Richtung wies.

Ich versuchte tatsächlich, mich möglichst gut anzupassen – was mit dem Inhalt meines Koffers aber nicht so einfach war. Zum Glück kam dann ein paar Tage später die Zeit für das „typisch deutsche Herbstwetter". Aber ich war nun durch meine Erfahrungen genügend motiviert, meine Kenntnisse über die gängigen Äußerlichkeiten in Deutschland möglichst schnell zu vertiefen. Dabei war es nicht nötig, lange zu überlegen: Mein roter Mantel, ausgestattet mit großen Schulterpolstern, war auffällig und unbequem. Ich sah plötzlich zu groß und schwerfällig aus. Man hätte denken können, ich bräuchte zwei Sitzplätze im Bus. Ich sprach noch kein Deutsch, kannte kaum etwas in Köln und zog mit dem roten Mantel alle Blicke auf mich, sobald ich irgendwo auftauchte. Mann, war das peinlich, ständig so beäugt zu werden! Für Bulgarien trug ich schöne Kleider und war sogar schick – aber hier … Was sollte ich jetzt machen?!

Meine magische Verwandlung
Mein Plan damals war, Prioritäten zu setzen. Und die waren: Erstens – Deutsch lernen. Zweitens – Deutsch lernen. Und drittens – Deutsch lernen. Folglich hatte ich inzwischen die Mittel aus meinem Stipendium fleißig in verschiedene Deutschkurse einer renommierten Privatschule investiert. Geld für Kleidung wollte ich nicht ausgeben. Aber als bunter Hund wollte ich auch nicht herumlaufen. Ich fühlte mich schrecklich und machte wahrscheinlich einen weltfremden Eindruck. Schluss damit!

Ohne noch weiter zu überlegen, betrat ich das Geschäft Appelrath & Cüpper am Neumarkt. Ich zog den roten Mantel aus und versuchte sogar, ihn in meine Tasche zu stopfen. Eine Verkäuferin sprach mich nett an und orientierte sich schnell hinsichtlich meiner Kleidergröße. Sie reichte mir einen Mantel. Ich zog ihn an. Im Spiegel sah ich eine andere Person! Smart und elegant war die junge Frau, die mir da entgegenblickte. Das sanft fallende, wertvolle Material in einem warmen, herbstbraunen Ton betonte meine schlanke Figur. Ich konnte kaum glauben, dass ein Mantel allein so eine Veränderung herbeiführen konnte. An der Kasse bezahlte ich. Anschließend traute ich mich nicht, die Summe in Bulgarische Lew umzurechnen – es wäre für Bulgarien unvorstellbar viel Geld gewesen. Ich trat hinaus auf die Straße und schaute voller Stolz auf die Menschen. Aber niemand schaute zurück! Ich ging weiter, und mit jedem Schritt wuchsen meine Selbstsicherheit und mein

Mut. Ich fühlte mich jetzt zumindest optisch adäquat. Noch lange danach habe ich unter dem neuen Mantel meine bulgarische Kleidung getragen, was mich aber nicht gestört hat. Schließlich bin ich diejenige, die sagt: „Der Inhalt ist wichtig". Doch die Verpackung war ebenso wichtig; das hatte ich aus dieser Lektion gelernt.

Was soll ich bloß anziehen?
Die Wichtigkeit der Verpackung macht nicht halt vor dem Business. Und auch nicht vor dem Geschlecht! Viele Geschäftsfrauen stehen (besonders am Anfang ihrer Karriere) vor der Aufgabe, sich gewissen Anlässen gemäß zu präsentieren. Tolle Ideen, Optimismus und Leidenschaft begleiten den Alltag einer angehenden Unternehmerin. Plötzlich jedoch kommt die Erkenntnis: „Ah, mein Kleiderschrank ist gar nicht fürs Geschäftsleben ausgestattet." Das ist erst mal nicht so schlimm. Denn wo gehen wir zuerst hin? Meistens zur Bank – und da tauchen wir sowieso am besten im schwarzen Anzug auf. Denn wir wollen mit unserem Konzept überzeugen und Vertrauen schaffen. Was dächte der Banker wohl, wenn wir (egal ob Mann oder Frau) in einem auffälligen und teuren Outfit erscheinen würden? Unsere Vertrauenswürdigkeit wäre gefährdet. Bei einem Bankbesuch sollte darum unser Bekleidungsstil immer die gebotene Bescheidenheit widerspiegeln. Es sei denn, wir haben es schon „geschafft" und die Banken sind unsere Kunden, weil dort unser Geld liegt. Dann sind andere Faktoren wichtig, und wir können es uns leisten, so aufzutreten, wie wir möchten: Wenn das Geschäft läuft, darf auch unser Erscheinungsbild entsprechend anders, authentisch und individueller sein.

Stellt sich die Frage: Wie denn genau anders? Ok, nehmen wir an, wir haben die Firma bereits positioniert und unsere Geschäftstätigkeit nach der Anfangsphase schon ausgebaut. Die Zeit für Akquise und persönliche Kundenbesuche aber ist nie vorbei. Wir haben als Firmeninhaber eine gewisse Verpflichtung, uns bisweilen selbst an die „Front" zu begeben. Natürlich möchte sich nicht jeder Kunde gleich mit dem Geschäftsführer treffen, aber es gibt Situationen, in denen das absolut notwendig ist. Die Frage ist: Was trage ich dann? Wenn ich ein Mann bin, nehme ich den klassischen Anzug in einem gedeckten Ton, und alles ist gut. Was mache ich aber, wenn ich eine Frau bin? Auch Anzug tragen? Warum nicht! Unsere Uniform ab einem gewissen Level ist die Marke aus Metzingen mit dem strengen Namen. Aber nicht nur. Ein paar gehobene französische Marken gehen ein wenig mehr aus dem ganz klassischen Look heraus und bieten kleine Fein- und Freiheiten. Der Schnitt der Hosen, der Blazer, die Bluse … können variieren – das macht mehr Spaß. Das Schöne dabei ist, dass wir in diesem Rahmen weitgehend selbst entscheiden können. Es sieht etwa toll aus, wenn wir den Mut haben, zu dem Anzug passenden Schmuck, eine Kette oder einen Gürtel zu tragen. Auf diese Art und Weise sagen wir: Ich bin hier, um Business zu machen, und ich halte mich an die Regeln, aber ich bin eine Frau und habe meinen eigenen Geschmack. Der Inhalt zählt! Das kann eine gute Richtlinie sein, denn: Wir brauchen Kunden – immer! Wir brauchen Input – immer! Und wir treffen andere Geschäftsleute – immer!

Business trotz „oben ohne"!
Einmal wurde ich von einem Geschäftspartner zu einer Feier auf ein Schloss in Maastricht eingeladen. Das Fest sollte um 14 Uhr beginnen, und es war ein schöner, warmer Sommertag. Ich kleidete mich spontan in ein sommerliches Kleid im Business-Look und fuhr unbeschwert rüber zu dem Schloss in die Niederlande. Ich brauchte nur fünf Minuten, um zu merken, dass ich einiges falsch gemacht hatte. „Oje! Wie sehe ich denn aus!", dachte ich. Ja, es war ein Businessevent, aber in Holland und auf einem Schloss! Andere Länder – andere Sitten: Alle Frauen hatten Hüte auf, nur ich nicht. Ich hatte schlicht und ergreifend überhaupt nicht über den Ort der Veranstaltung nachgedacht und mich dem entsprechend auch nicht informiert. „Was mache ich jetzt bloß?", fragte ich mich. Ich atmete tief ein und gab mir die einzig mögliche Antwort: „Ich mache hier Business!" Unterhaltungen führen, Kontakte knüpfen, Visitenkarten austauschen, mich amüsieren. Es ging auch ohne Hut! Vielleicht war es sogar geschickt, auf diese Weise aufzufallen und Interesse zu wecken. Jedenfalls waren die niederländischen Gäste nicht pikiert. Mein fehlender Hut war bloß ein Zeichen, dass ich die örtlichen Gegebenheiten nicht kannte. Und das war ein perfekter Einstieg in den Small Talk!

Streben nach Erfolg – und nach Schönheit
Inzwischen denke ich, dass wir viel zu oft versuchen, in unserem Business-look möglichst unauffällig zu sein. Vielleicht, weil wir lieber mit unseren Kompetenzen glänzen wollen, als mit einem auffälligen Look (oder weil wir es eingetrichtert bekommen haben, das zu tun – als ob die zwei Dinge sich ausschließen würden!). Ich halte diese gezwungene Unauffälligkeit für übertrieben und bin ein Freund der Authentizität. Mit weiblichen Schnitten und einigen Farbtupfern ist man nicht direkt ein bunter Hund. Es gibt Frauen, die gerne teuren Schmuck tragen, weil sie ihn sich leisten können. Ich finde es gut, wenn sie dazu stehen. Einmal habe ich eine Geschäftsfrau erlebt, die ihre großen Ohrringe vor einem Kundentermin auszog. „Ich will nicht, dass meine Ohrringe alle Aufmerksamkeit bekommen und meinen

Gesprächspartner ablenken", sagte sie. Das ist im Prinzip richtig und gilt etwa auch für tiefe Dekolletés. Wer will schon einen unkonzentrierten Gesprächspartner! Ich glaube aber schon lange nicht mehr, dass ein Gesprächspartner im Business durch Äußerlichkeiten bei seinem Gegenüber stark abgelenkt wird. Unsere Kleidung, der Schmuck, die Accessoires sind nur die kleinen Akzente, die unsere Bemühungen unterstreichen. Sie sagen ganz leise etwas über uns: Sie betonen irgendwo im Hintergrund, dass wir auf uns achten und in uns investieren. Ich glaube darüber hinaus, dass der immer noch präsente Konformismus nicht mehr so recht in unsere Zeit passt. Das Streben nach Schönheit ist eben kein Nachteil, sondern zeigt Facetten unseres Charakters, der eine ganz wesentliche Rolle im Geschäftsleben spielt.

Den Code knacken
Tricky wird es häufig, wenn die Grenzen zwischen Business und Privatvergnügen hin und her fließen, etwa, wenn Ihr Business-Partner Sie zum Barbecue oder zu einem Abend in die Oper einlädt. Dann steht auf der Einladung oft ein „Dresscode", der Ihnen weiterhelfen soll. Den allerdings muss man zu übersetzen wissen! Kennt man sich da aus, kann man häufig auch auf dem internationalen Parkett bestehen, denn diese Codes sind oft über die Ländergrenzen hinaus gängig. Beginnen wir ganz locker und steigen dann auf ans festliche Firmament …

„Casual"
Casual bedeutet, dass man gemäß einem lockeren Anlass bequeme Freizeitkleidung tragen darf. Man soll anziehen, worin man sich wohl fühlt. Dieser Wohlfühl-Faktor heißt jedoch nicht, dass das Outfit abgetragen oder aufreizend aussehen darf. Männer fahren mit einem Poloshirt oder einer Baumwollhose bzw. Chino meistens gut. Damen könnten zu einer Bluse oder einem schönen Shirt sowohl eine Stoffhose oder einen Rock tragen – je nach Witterung geht natürlich auch ein hübsches Kleid.

„Smart Casual"
Legere Abendveranstaltungen verlangen häufig diesen Dresscode, mit dem ein lässiges Businessoutfit gemeint ist. Für Männer bedeutet das, dass die Krawatte zu Hause bleiben darf. Eine schicke Kombination mit Sakko, einer edlen Markenjeans und einem Hemd ist prima. Damen können ein Kostüm oder einen Businessanzug mit einem Shirt anstatt einer strengen Bluse kombinieren. Ein weibliches Etuikleid ist hier sicher auch nicht verkehrt. Geschmackvoll und elegant sollte der Dress selbstverständlich sein – bauchfrei ist also auf keinen Fall angesagt.

„Come As You Are"

Das ist der Code, der regelmäßig die größte Anzahl an Missverständnissen hervorruft! Er bedeutet nämlich nicht, dass es nicht darauf ankommt, wie man kommt, sondern dass man sich direkt nach Büroschluss oder im Anschluss an ein Meeting trifft, ohne sich vorher umziehen zu müssen. Kommen Sie also so, wie Sie im Büro gekleidet sind. In den „strengeren" Branchen heißt das aber dann auf jeden Fall: Mit Anzug und Krawatte, wobei die dann im Laufe des Abends in der Aktentasche verschwinden darf.

„Business Casual"

Hierhinter versteckt sich weder Fisch noch Fleisch, und es gibt einiges an Interpretationsspielraum: Eine Mischung aus Freizeit- und Geschäftskleidung ist nämlich gemeint, wobei der Akzent auf dem Businessmoment liegt. Bei einem lockeren Geschäftsessen etwa tragen Männer einen gedeckten, aber nicht schwarzen Anzug, der sogar leicht gemustert sein darf. Manchmal funktioniert dazu auch ein schickes Polohemd anstatt eines klassischen Hemdes. Frauen wählen die „Uniform", also Hosenanzug oder Kostüm, die mit leicht farbigen Blusen kombiniert werden kann. Ein knielanger Rock allein mit einem edlen Oberteil oder ein schickes Kleid ist aber auch in Ordnung.

„Business Attire"

Das ist pure „Old School". Also klassische Farben, dunkelblau, grau, anthrazit oder schwarz. Männer tragen einen dunklen Anzug, sogar mit Weste, und auf jeden Fall mit Krawatte, farblich passende Strümpfe sowie edle Lederschuhe. Frauen treten im dunklen Hosenanzug oder im Kostüm (mit Strumpfhosen!) auf. Dazu eine Bluse und geschlossene Schuhe, die ruhig einen Absatz haben können, aber keine High Heels sind.

„Informal"

Achtung, hier gibt es wieder Potenzial für Missverständnisse: Oft wird zu gehobenen Abendveranstaltungen „informal" eingeladen. Das klingt nach legerer Freizeitkleidung … stimmt aber nicht, elegante Kleidung ist vielmehr angesagt! Männer gehen im „Business Attire", aber mit schwarzem Anzug. Frauen gehen am besten im halblangen Kleid. Und Vorsicht: Keine offenen oder flachen Schuhe!

„Black Tie"

Dieser Code ist eine Umschreibung, denn Sie sollen als Mann nicht die schwarze Trauerkrawatte aus dem hintersten Schrankfach holen, sondern festliche Kleidung mit schwarzer Fliege tragen. Mit einem Smoking in schwarz oder nachtblau sind Sie hier auf der sicheren Seite! Für Frauen bietet sich die wunderbare Gelegenheit, ein langes Abendkleid oder ein elegantes Cocktailkleid auszuführen. „Black Tie" ist übrigens synonym für „Cravate Noire" oder „kleiner Gesellschaftsanzug" auf der Einladung.

„White Tie"

Hier geht nur der ganz große Auftritt: In Deutschland bedeutet „White Tie" den „vollen Gesellschaftsanzug", also einen Frack mit weißer Weste und weißer Fliege. Für die Damen ist es das bodenlange Abendkleid. Doch Achtung: Wenn es sich um einen geschäftlichen Anlass handelt, sind ultratiefe Dekolletés, ein hautenger Sitz und zu viel Bling-Bling unangebracht (Winter 2014).

Nicht nur wie, sondern auch wo

Zurück zu mir: Codes sind ja ein Ding, und umso besser, wenn sie auch international funktionieren. Aber aus der Erfahrung in Maastricht habe ich schon früh etwas für mich sehr Wichtiges mitgenommen. In alle Gedanken über die Besonderheiten eines Landes, die ich in meinen Lokalisierungsservices nutze, habe ich die Überlegungen zur Businessbekleidung eingeschlossen. Denn natürlich gibt es Länderspezifisches, und das ist nicht immer auf bestimmte Anlässe bezogen, sondern gilt vor allem einfach für das „Daily Business". Viele junge Frauen haben mich über die Jahre gefragt, ob die Länge des Rockes z. B. überall auf der Welt relevant ist: Ja, ist sie vielleicht. Gibt es dafür aber ein einheitliches Richtmaß? Natürlich nicht! Manchmal ist auch ein nahezu knielanger Rock zu kurz, je nachdem, wo oder aus welchem Anlass ein Meeting stattfindet. Ich zum Beispiel musste einmal die Satellitenschüssel eines Kunden anschauen und kletterte zusammen mit ihm die Außenleiter am Gebäude bis zum Dach hinauf. Da wäre selbst in Deutschland jeder Rock zu kurz gewesen! In diesem Fall war meine Jeans ein Glücksfall und die Top-Wahl. Für die folgende Besprechung über die Projektabwicklung hatte ich eine weiße Bluse und einen klassischen Blazer gewählt, war also im „Business Casual" unterwegs. Keiner hatte mehr erwartet, und ich fühlte mich wohl. Zum Aufs-Dach-Klettern hätte ich übrigens in keinem Land der Welt etwas anderes tragen mögen ...

Afrika: Formell trotz Hitze

Außer vielleicht in Afrika! Denn in Afrika brauchen wir unbedingt Stoffhose und Bluse! Wir brauchen den dunkelgrauen Anzug (auch als Frau) und dazu sogar die hohen Schuhe! Für die Afrikaner ist es ausgesprochen wichtig, im

Meeting auf eine typische Geschäftsfrau oder einen typischen Geschäftsmann zu treffen. In Kenia etwa kosten solche Anzüge sehr viel, aber die Menschen betrachten sie als wesentlichen Bestandteil des Sprungbretts zu ihrer Kariere und investieren dem entsprechend in ihr Outfit. Im Prinzip macht man ja keinen Fehler, wenn man in der Business-Uniform erscheint. Es ist dabei aber immer wichtig, die spezifische Note des Landes zu treffen und mit ihrer Unterstützung bereits beim ersten Meeting eine emotionale Brücke zu schlagen. Und dabei hilft in Afrika das repräsentative Auftreten.

Überhaupt kann im Umgang mit internationalen Geschäftspartnern ein formeller Auftritt die bessere Entscheidung sein. Genauso wie der Schachzug, bei Hochsommerhitze eher weniger Haut zu zeigen: Denn während wir in Europa bei Wärme Kleidung ablegen, ist es in heißen Ländern oft üblich, sich durch mehr Stoff vor der Hitze zu schützen (Starlay 2016).

Brasilien: Der Bikini als vollwertiges Kleidungsstück?
Zugeständnisse an die Hitze gibt es auch in Südamerika, allerdings nur manchmal – abhängig von Anlass und Location: In Brasilien etwa ist man vor allem in den Großstädten sehr konservativ. Krawatte und Anzug sind für Männer ein Muss! Kombinationen sind weniger gerne gesehen. Besonders in der Metropole São Paolo ist dunkler Anzug mit weißem Hemd und Krawatte angesagt. Businessfrauen bevorzugen dort elegante Kostüme. Bei allzu großer Hitze und Feuchtigkeit können Männer jedoch die Krawatte ablegen und Frauen tragen dann Röcke, ärmellose Business-Etuikleider und vielleicht sogar ab und zu mal Sandalen. Auf die sonst viel zitierte Seidenstrumpfhose verzichtet man hier glücklicherweise gerne.

Bei Einladungen ins Strandhaus, auch im geschäftlichen Kontext, gelten komplett andere Regeln. Für uns als Europäer sicher gewöhnungsbedürftig und zum Schmunzeln, sind Bikinis dort kein Problem und werden mit kunstvoll geschlungenen Kangas oder Strandtüchern gesellschaftsfähig. Das gilt natürlich am besten für die, die sich das figürlich auch leisten können …Wenig verwunderlich, geht „oben ohne" natürlich gar nicht (und damit meine ich nicht den Hut, wie in den Niederlanden) – auch nicht bei Männern. Die ziehen die Badehose erst am Strand an und sind vorher im Strandhaus mit schicken Shorts und einem stylishen Poloshirt gut beraten. Achtung: Badehosen, Bikinis und Shorts oder Bermudas sind in Brasilien wichtige Kleidungsstücke! Wer gutgläubig seine alte „Baggy Trousers"-Strandhose aus Deutschland mitgebracht hat (und dachte: „Ach, die wird es schon noch tun!"), sollte sie spurlos entsorgen und sich zügig ein modisches Modell besorgen! (Busch 2009).

Asien: Das Gesicht und die Form wahren

In Asien lässt man in Sachen Businesskleidung besser die Finger von Experimenten und macht keine Sperenzchen: In China ist für Männer formelle Kleidung – am besten wieder der dunkle Anzug mit Krawatte – im Geschäftsalltag ein Muss. Es ist eine Frage des Standings, und wer etwa mit Jeans, Hemd und Krawatte auftritt, wird einfach nicht ernst genommen. Das Gleiche gilt für schrille Farben oder zu bunte Kombinationen. Die Grundeinstellung ist: Ein zu lockeres Auftreten zollt dem Geschäftspartner nicht genügend Respekt. Auch für Geschäftsfrauen ist in China der dunkle Hosenanzug Standard (Kamp 2009). Aber wie ich oben schon sagte: Viel hängt auch von der persönlichen Einschätzung der jeweiligen Situation und des jeweiligen Geschäftspartners ab. Ich als Geschäftsfrau würde immer sagen: Schmuck und Accessoires, die die Individualität dezent unterstreichen, schaden aus meiner Sicht nie und tragen dazu bei, dass man sich wohl und authentisch fühlt!

Überqueren wir kurz das Meer und schauen nach Japan: „Better over- than underdressed" – so könnte man den Dresscode für Japan kurz und knackig zusammenfassen. Nichts wäre wohl unangenehmer in Japan, als in einer Gruppe im Vergleich zu leger gekleidet zu sein! Es geht darum, unter allen Umständen das Gesicht zu wahren. Die Kleidung wird hier noch immer in sehr starker Weise mit dem sozialen Status assoziiert: Zeig', was Du hast, wer Du bist und wo Du stehst, ist die Devise. Für Männer bedeutet das, dunkle, gut sitzende und teure Anzüge zu tragen. Geschäftsfrauen tun hier gut daran, nach besonders konservativen Regeln zu spielen: So kann der Hosenanzug bedeuten, dass man mehr auf der sicheren Seite ist, als man es mit einem Kostüm wäre. High Heels sind in Japan übrigens ein absolutes No-Go (https://www.internations.org/japan-expats/guide/japanese-culture-international-etiquette-and-the-female-expat-18287). Und noch ein wichtiger Hinweis: Prüfen Sie Ihre Socken, bevor Sie diese anziehen: In Japan, aber auch in anderen ostasiatischen Staaten wie Korea, können Löcher nicht nur peinlich, sondern auch schlecht fürs Business sein. Ihr Verhandlungspartner bekommt diese nämlich höchstwahrscheinlich zu Gesicht: In den Restaurants etwa, in denen traditionell Verträge geschlossen werden – denn die betritt man auf Strümpfen (Winter 2014).

Saudi-Arabien: Tradition, Religion und Bescheidenheit

Hier auf der großen Halbinsel haben wir es natürlich nicht nur mit Busiquette, sondern zusätzlich mit fast omnipräsenten religiösen Vorschriften zu tun: Männer sind hier (wie fast überall) mit dunklen Anzügen bestens bedient. Dazu sind langärmlige Hemden und eine Krawatte empfehlenswert. Kurzärmlige Hemden sind zumindest erlaubt; hier können Sie je nach

Situation und Temperatur entscheiden. Shorts dagegen sind in jedem Fall und zu allen Gelegenheiten verpönt: Das islamisch geprägte Gesetz verbietet es auch Männern, Bein zu zeigen. Oberschenkel, Knie und Waden müssen bedeckt sein! Ebenso wenig ist Schmuck bei Männern angesagt, und das gilt nicht nur für Ketten mit Kreuzanhängern. Ziehen Sie eventuellen Schmuck also aus oder stellen Sie absolut sicher, dass er unsichtbar ist und bleibt.

Geschäftsfrauen haben in Saudi-Arabien leider noch immer keinen einfachen Stand: Wenn ich nun dort besonders zur konservativen Kleidung rate, meine ich damit nicht Kostüm oder Anzug (was immer Sie tun, tragen Sie in arabischen Ländern niemals Hosen!), sondern (Knöchel-)lange Kleider oder Röcke. Mindestens die Waden müssen auf jeden Fall bedeckt sein! Auch die Ärmel von Blusen oder Kleidern sollten bis über den Ellenbogen reichen. Von Dekolletés ist natürlich überhaupt keine Rede, sondern bis zum Hals zugeknöpft sollte das Outfit sein. Ebenso sollte sich eine Körpersilhouette höchsten ganz vage abzeichnen und die Kleidung eher locker sitzen. Als Ausländerin müssen Sie kein Kopftuch tragen, aber es macht immer Sinn, eines bei sich zu haben: Für den Fall, dass sie eingeladen werden, eine Moschee zu besuchen, oder falls Sie einfach auf der Straße möglichst wenig Aufmerksamkeit erregen wollen (McKenzie 2017).

USA und Kanada: Heiter bis konservativ
Hier gehen die Meinungen auseinander: Einerseits geht es in vielen Branchen – mit Ausnahme der Finanzszene an der Ostküste – tagsüber wenig formell zu. Oft reicht für Männer im Business eine Kombination, sogar ohne Krawatte (Henry 2009). Im Silicon Valley tritt man sogar oft sehr leger auf, und die Kreativität drückt sich dort durch einen sehr lockeren Kleidungsstil aus: Chinos, Polohemden oder luftige Sommerkleider sieht man dort oft. Im Zweifelsfall, und an der Ostküste ganz sicher, gilt aber wie immer und überall: lieber zu formell als zu lässig. Abrüsten können Sie immer noch! Frauen sollten in den USA generell nicht zu viel Haut zeigen. Viele Amerikaner sind eher prüde und rümpfen darüber die Nase. Schöne Kleider funktionieren aber auch hier im Business (es muss nicht immer das strenge Kostüm sein), aber dann bitte mit Ärmeln und immer (auch bei 30 Grad!) mit Seidenstrümpfen (Müller 2018). Rock statt Hose ist generell gern gesehen; im konservativen Süden („Bible-Belt") sind Hosen sogar tabu. Zum Schmunzeln für uns Europäer ist sicherlich die Tatsache, dass man z. B. in New York auf den Straßen häufig bequeme Sneaker oder auch Gummistiefel zum Business-Outfit sieht. Das ist dort völlig normal und meist der Anreise in der U-Bahn geschuldet. So schont man die Büroschuhe und kann im Zweifelsfall auch mal schnell rennen …

Noch kurz zu Kanada, das europäisch geprägt, aber auch sehr konservativ ist. Ähnlich wie in den USA gibt es auch im kanadischen Geschäftsleben einen ziemlich strengen Dresscode: Männer tragen immer (!) dunkle Anzüge mit Krawatte und nie Kombinationen. Frauen in Hosen sind ein No-Go (Müller 2018).

Großbritannien: Es tut sich was

Unser Bild von der britischen Arbeitswelt ist eher locker und offen. Schließlich spricht man sich mit Vornamen an und geht mit den Kollegen nach der Arbeit ab und zu auf einen Drink. Und auch privat ziehen sich die Briten eher leger an. Dieser erste Eindruck täuscht zwar nicht, aber generell packen die Briten das Business doch eher formell an. Deswegen sind Sie auf der sicheren Seite, wenn Sie es ihnen gleichtun. Im klassischen Business trägt man im Vereinigten Königreich Konservatives, und zwar immer mit einem Blick auf gute Qualität. Männer tragen einen Businessanzug in gedeckten Farben (grau, anthrazitgrau, schwarz oder dunkelblau) mit Krawatte und dazu auf keinen Fall helle Socken! Businesskleidung in Großbritannien ist aber vor allem vom Arbeitsplatz abhängig. Schwarze Anzüge kombiniert mit Melonen sieht man fast nicht mehr. Bei Anwälten, im Bankwesen und im Finanzsektor sowie im höheren Beamtentum gibt es aber weiterhin einen förmlichen Dresscode für beide Geschlechter. Gleiches gilt grundsätzlich für uns Frauen: Also Hosenanzug oder Kostüm tragen! Und in jedem Fall sind (wie in den USA) zu einem Rock oder Kleid Strumpfhosen Pflicht, sogar bei sehr warmen Temperaturen. Sandalen oder zehenfreie Schuhe fallen dann unangenehm auf (Kerslake-Bösch 2013). Allerdings ist viel Bewegung in der Sache und es gibt mehr und mehr eine Art Entwicklung in Richtung „Smart casual", was vor allem für die Damen viel mehr Gestaltungsraum bietet. Schicke, aber weibliche Kleider werden auf einmal möglich statt der einförmigen grauen Kostüme oder Anzüge. Und auch die Männer werden lockerer, vor allem im trendigen London: Dort muss man nicht fürchten, dass das violett karierte Hemd mit geblümter Krawatte zum Nadelstreifenanzug eine Verhandlungsposition schwächt (Hörr 2012). Das ist natürlich eine Entwicklung, die ich sehr begrüße!

Türkei: Halb und halb

„Business attire" heißt auch hier die Devise: Anzug und Krawatte für Männer bzw. für Frauen am besten ein Kostüm, so die Regel. Bei großer Hitze geht es für die Herren auch mal ohne Jackett oder sogar ohne Krawatte, je nachdem, wie formell der Businessanlass ist. Die Damen sollten sich vor Augen führen, dass die Türkei westlich, aber eben auch islamisch geprägt ist: Der Rock sollte also nicht zu kurz sein und auf jeden Fall übers Knie gehen. Alles, was in Richtung einer „Enthüllung" geht, sollten Sie daher vermeiden – sei es durch nackte Haut oder ein zu enges Outfit. Beim Schmuck dagegen gibt es große Gestaltungsfreiheit. Fast könnte man sagen: Je protziger, desto besser (Winter 2014). Ich empfehle da natürlich, sich an seinen guten Geschmack zu halten – aber auch, diese Freiheit mit Spaß und Leichtigkeit zu nutzen!

Das sind überhaupt die zwei Stichworte, die ich trotz allen „Codes" und Empfehlungen in den Mittelpunkt stellen möchte. Plus Selbstbewusstsein und Individualität natürlich. Orientierung und Stilsicherheit sind wichtig, aber auch im meist konformen oder stylishen Outfit scheint es durch, wenn Sie sich unwohl fühlen und nicht Sie selbst sind. Und das ist oft viel schlimmer als die verkehrte Rocklänge! Lassen Sie also als frisch gebackene Anwältin ruhig im Etuikleid wie Michelle Obama Ihre trainierten Oberarme sehen und Ihre Muskeln spielen. Oder überzeugen Sie als Privatbanker im maßgeschneiderten Glencheck-Anzug die reiche Kundschaft von Ihren Fähigkeiten hinsichtlich der Mehrung ihres Vermögens … (Hörr 2012).

Literatur

Busch, Alexander (2009): *Stilblüten und Fettnäpfchen in Lateinamerika.* In: Wirtschaftswoche vom 16.1.2009. Online verfügbar unter: https://www.wiwo.de/erfolg/knigge-stilblueten-und-fettnaepfchen-in-lateinamerika/5493116.html, letzter Zugriff am 17.9.2018.

Henry, Andreas (2009): *Stilblüten und Fettnäpfchen in den USA.* In: Wirtschaftwoche vom 16.1.2009. Online verfügbar unter: https://www.wiwo.de/erfolg/knigge-stilblueten-und-fettnaepfchen-in-den-usa/5493040.html, letzter Zugriff am 17.9.2018.

Hörr, Susanne (2012): *Der Dresscode fürs Büro kennt kein Hitzefrei.* In: Die Welt vom 2.8.2012. Online verfügbar unter: https://www.welt.de/wirtschaft/karriere/tipps/article108445942/Der-Dresscode-fuers-Buero-kennt-kein-Hitzefrei.html, letzter Zugriff am 17.9.2018.

https://www.internations.org/japan-expats/guide/japanese-culture-international-etiquette-and-the-female-expat-18287, letzter Zugriff am 5.1.2019.

Kamp, Matthias (2009): *Stilblüten und Fettnäpfchen in China.* Wirtschaftswoche online: https://www.wiwo.de/erfolg/knigge-stilblueten-und-fettnaepfchen-in-china/5493056.html, letzter Zugriff am 5.1.2019.

Kerslake-Bösch, Patricia (2013): *Interkultureller Business-Knigge.* Pdf-Datei online verfügbar unter: https://www.ihk-krefeld.de/de/media/pdf/international/interkulturelle_kompetenz/interkulturelle_kompetenz/weltweit-interkultureller-business-knigge.pdf, letzter Zugriff am 17.9.2018.

McKenzie, Eleanor (2017): *Business Dress Etiquette in Saudi Arabia.* Online verfügbar unter: https://oureverydaylife.com/business-dress-etiquette-in-saudi-arabia-12085703.html, letzter Zugriff am 17.9.2018.

Müller, Mareike (2018): *Andere Länder, andere Business-Sitten*: Stern online: https://www.stern.de/wirtschaft/job/geschaeftsreisen-andere-laender–andere-business-sitten-3346350.html, letzter Zugriff am 17.9.2018.

Starlay, Katharina (2016): *Multikulturelle Fettnäpfchen: International unterwegs? Darauf müssen Sie achten. 6. Teil: Dresscode: Im Zweifel formeller.* In: manager-magazin online: http://www.manager-magazin.de/lifestyle/stil/business-knigge-achten-sie-auf-diese-multikulturellen-fettnaepfchen-a-1118485-6.html, letzter Zugriff am 17.9.2018.

Winter, Scarlett (2014): *Business Kleidung: So passt's im Ausland.* Online verfügbar unter: https://www.workingoffice.de/karriere/artikel/article/business-kleidung-so-passts-im-ausland.html, letzter Zugriff am 17.9.2018.

„Sind Sie die, die das Wort ‚Puff' nicht kennt?" – Virales Marketing wider Willen

Allein unter Polizisten – Von guten und schlechten Synonymen – Blamage? Durchschlagender Erfolg! – Die erste potente Zielgruppe und mein Einstieg ins Business – Wie Unternehmen von „Epidemien" profitieren – Weich schlägt hart: Fünf virale Erfolgsfaktoren für Ihre Kampagne

Alles begann mit einer kleinen, unauffälligen Anzeige am schwarzen Brett der Uni Mensa: „Studenten aus Osteuropa als Dolmetscher für ausländische Flüchtlinge gegen geringe Bezahlung gesucht …". Wir befanden uns noch in der vor-digitalen Zeit. Also rief ich einfach dort an, nannte meinen Namen und hopp, wurde ich mit den Sprachen, die ich beherrschte, in einen Dolmetscherpool aufgenommen. Ich bekam Aufträge, und die Arbeit war einfach und langweilig. Es waren immer bloß ein paar Sätze, die ich übersetzen musste. Erfassung von Flüchtlingen halt. Quer durch meine breite Sprachpalette zogen sich immer dieselben Fragen und Antworten – wie eine Kette gleicher Perlen. Die wichtigste Frage war, ob der- oder diejenige durch ein („sicheres") Drittland nach Deutschland eingereist war oder direkt aus seiner oder ihrer Heimat. Doch auch die Antworten unterschieden sich nicht. Jeder Flüchtling wusste damals schon die richtige Replik und war (natürlich) direkt aus seinem Heimatland nach Deutschland gekommen. Die meisten erzählten die Geschichte von dem geschlossenen Lkw, in dem sie sich zwischen den transportierten Waren versteckt hatten. Das war im Oktober 1993, und heute ist es müßig, sich darüber Gedanken zu machen, ob diese Geschichten stimmten oder nicht. Es gab kaum Handys, dementsprechend auch noch keine SMS, und trotzdem war alles identisch, wie mit einer Buschtrommel aufeinander abgestimmt. Aber die

© Springer Fachmedien Wiesbaden GmbH, ein Teil von Springer Nature 2019
N. Kostadinova, *Ein Koffer voller Wollen*, https://doi.org/10.1007/978-3-658-23985-5_3

Asylbewerberprozesse von damals sind längst abgeschlossen, und niemand denkt mehr daran.

Premiere bei der Polizei

Doch eine dieser „langweiligen" Flüchtlingsbegegnungen wurde zu einer Geschichte, die mein Leben verändert hat: Kurz vor Schichtende, also schon gegen Abend, meldete sich die Polizei beim Ausländeramt und fragte nach einer bulgarischen Dolmetscherin, die schnell und unkompliziert zum Gebäude nebenan laufen konnte, um ein paar Sätze zu dolmetschen. Diese Dolmetscherin war ich, die ich mit der Polizei weder in Bulgarien noch in Deutschland jemals vorher etwas zu tun gehabt hatte. Und so stand ich nach dem Anruf im Polizeipräsidium in einer Tür, besser gesagt, zwischen vielen geöffneten Türen, da die ganze Dienststelle aus vielen einzelnen Zimmern und Durchgängen bestand. Ein Polizist saß an einem alten Schreibtisch und tippte, tippte und tippte etwas auf seiner Schreibmaschine. Als er realisierte, dass die lebende Sprachvermittlung da war, rief er nach der Festgenommenen. Sie wurde hereingebracht und stellte sich neben mich. Mit meiner ganzen Unerfahrenheit im Dolmetscherberuf, der für mich bisher aus den immer gleichen Sätzen bestanden hatte, fragte ich ganz unbefangen: „Was ist denn passiert?". Die Antwort des alten Polizisten war kurz und knackig: „Wir haben sie im Puff aufgegriffen!"

Eine erzwungene Wortschatzerweiterung

Was? Ich verstand weniger als Bahnhof. In den knapp zwei Jahren in Deutschland hatte ich mir durch die Arbeit an meiner Doktorarbeit im Journalismus (und vor allem durch die damit verbundenen Recherchen in der Bibliothek) schon einen nicht üblen Wortschatz angeeignet. Aber „Puff"? So eine Institution war mir bisher in den Büchern und Vorlesungen nicht begegnet. Ich behielt jedoch die Nerven, weil ich die Hoffnung hatte, aus dem Kontext mehr zu erfahren, und fragte nach Synonymen für das unbekannte Wort. Synonyme? Der Polizist wurde rot und fragte mich, ob ich wüsste, was eine „Sauna" ist. Ich war erleichtert und wurde lebhafter: Ja, klar wusste ich das, da ging man zum Schwitzen hin. Enttäuscht schüttelte mein Gesprächspartner den Kopf: Das hatte nicht funktioniert. Ich wurde immer nervöser und schaute mich nach einem Fluchtweg um. Der Polizist aber grinste nun und brüllte: „Jürgen, Michael, Nikola …", alle mussten kommen, um die Frau zu sehen, die nicht wusste, was ein „Puff" ist. In den Türen des Kommissariats standen Menschen mit Waffen an den Hüften und lachten. Alle! Mein Wunsch nach weiteren Synonymen wurde mit noch lauterem Gelächter aufgenommen und durch die Reihen weitergetragen, dazu redeten alle lauthals und durcheinander über Saunen, und … meine Nerven brachen und meine Tränen rollten. Eine Polizistin hatte schließlich Erbarmen und kam mit einem neuen Wort um die Ecke: „Ein Puff ist ein Bordell!" Ich atmete auf: Dieses Wort kannte ich! Langsam drehte ich mich zu der eigentlich Betroffenen um, die in diesem Moment ihre ganz eigenen Sorgen hatte, und sagte auf Bulgarisch zu ihr: „Sie sagen, du seiest im Bordell gewesen." Sie nickte. Und ich hatte ein neues Wort gelernt!

In den darauffolgenden Stunden ging es um Kunden, um Geld und um brutale Zuhälter. Ich übersetzte und übersetzte … und am nächsten Tag ging es noch weiter. Ich wunderte mich: Ich war 34 Jahre alt und ohne Deutschkenntnisse nach Deutschland gekommen. Im ersten Jahr schlug ich mich mit Englisch durch und berichtete über Deutschland in der bulgarischen Presse. Das Thema „Puff" war allerdings auch dabei irgendwie an mir vorbeigegangen. Auch als ich besser und besser Deutsch sprach und an der Universität eingeschrieben war, kam dieses Thema schlicht nicht vor. Aber jetzt hatte ich etwas gelernt, nicht nur ein neues Wort, sondern auch noch etwas Wichtiges über eine der kriminellen Maschen von Schleppern. Brutale Kerle, die junge Frauen mit dem Versprechen nach Deutschland lockten, dass sie dort Arbeit als Kellnerinnen finden könnten. Heute ist das ein alter Hut, aber damals war das aktuell.

Ich wollte etwas dagegen tun, holte schnell meine alte Schreibmaschine aus Bulgarien heraus und schrieb einen Artikel über das Thema. Ich wollte informieren, warnen, schützen und helfen. Die Masche mit dem Kellnern war in meiner Heimat eben noch nicht bekannt, und die Attraktivität des Westens doch so groß! Die Mädels wollten nach Deutschland und boten sich naiv den türkischen Zuhältern an, die sie mit Kombis und Autos an die deutschen Bordelle lieferten, wo sie ihnen den Pass abnahmen und sie zur Prostitution zwangen, anstatt ihnen anständige Jobs zu vermitteln. Mein Artikel erschien eine Woche später in der damals größten Zeitung Bulgariens. In Bulgarien wurde ich dafür bezahlt und auch in Deutschland bekam ich ein Honorar für die Übersetzung.

Über Nacht berühmt
Nach diesem ersten Versuch als Dolmetscherin für die Polizei klingelte das Telefon wieder und wieder: „Sind Sie die, die das Wort „Puff" nicht kennt?", fragten die potenziellen Auftraggeber. Das hörte ich mehrmals am Tag und zweifelte schon nach etwas über einer Woche nicht mehr daran, dass ich in Deutschland erfolgreich sein würde. Ich war über Nacht bekannt geworden wie ein bunter Hund. Das blieb nicht ohne Folgen: Die Blätter der soziologischen Untersuchung für meine Doktorarbeit band ich mit

einem Gummiband zusammen und steckte sie in eine Schublade, wo sie dem Vergessen anheimfielen. Mein Verstand nannte mich eine „Verräterin der Wissenschaft", mein Bauch hieß mich „Willkommen im Business". Die süße Versuchung, mehr vom echten Leben zu entdecken, in die Unterwelt reinzuschnuppern, zu lernen, zu analysieren und Menschen kennenzulernen, über die noch keine Bücher geschrieben worden waren, packte mich. Dolmetschen und Übersetzen wurden mein Beruf und meine Berufung. Schnell wurde all das echtes Business und war dabei trotzdem gar nicht als „as usual" zu bezeichnen. Aber dazu später mehr …

Impact ohne Absicht

Was mir bei der Polizei (fast) ohne mein eigenes Zutun passiert war, machte mich in den folgenden Jahren zu einer viel beschäftigten und erfolgreichen Dolmetscherin. Durch die anfangs ein bisschen peinliche und im Nachhinein eher amüsante „Puff"-Geschichte hatte ich bei unseren „Freunden und Helfern" von diesem Zeitpunkt an einen Fuß in der Tür und einen Stein im Brett. Die Story hatte sich wie ein Lauffeuer durch alle Etagen und Abteilungen des Polizeipräsidiums verbreitet, und jeder wollte mit der charmanten bulgarischen Muttersprachlerin arbeiten, die nach den lustigen Startschwierigkeiten doch noch eine sehr gute Leistung abgeliefert hatte.

Viral wider Willen

Bis darauf, dass ich den „Zwischenfall" nicht selbst initiiert hatte, trägt das, was mir damals passiert ist, viele Züge einer erfolgreichen viralen Marketingkampagne: Sie machte mich blitzschnell sympathisch, nachhaltig bekannt und dockte darüber hinaus nahtlos bei meiner Zielgruppe an. Dass ich damals noch nicht wusste, dass die Polizei für mich in dieser Hinsicht sehr potent werden könnte, war in diesem Fall durch eine Art glücklichen Zufall quasi ausgeschaltet worden. Meine Unwissenheit dahin gehend legte ich jedoch schnell ab: Weil ich nicht auf den Kopf gefallen war, wurde mir fast über Nacht klar, wie groß der Bedarf für osteuropäische Sprachen im Präsidium war. Die Öffnung der Grenzen hatte nicht nur eine Flüchtlingswelle angeschoben, sondern auch neuen Formen der Kriminalität Tür und Tor geöffnet. Schleppertechniken und junge Frauen für die Bordelle Deutschlands waren da nur der Anfang und die Spitze des Eisbergs. Was zuerst wie eine Komplettblamage ausgesehen hatte, wurde für mich also das Tor ins Business.

Natürlich war die ganze Begebenheit ungeplant über mich gekommen und hatte mich absolut unabsichtlich ereilt. Umso verrückter ist es, dass sie so eine starke Wirkung hatte! Wenn Unternehmer oder Firmen heute virale

Kampagnen launchen, stecken häufig umfangreiche Recherchen sowie eine minutiöse und sorgfältige Planung dahinter ...

Mundpropaganda ist nur der Anfang

Was bei mir Anfang der neunziger Jahre so zufällig und rein über Mundpropaganda („Word of Mouth") funktioniert hatte, basiert heute zwar immer noch auf diesem Grundprinzip. Aber der Schauplatz ist ein elektronischer geworden und die Inhalte werden digital verbreitet und geteilt. Allerdings idealerweise nach wie vor von der Zielgruppe selbst und völlig freiwillig bzw. sogar aus Spaß oder purer Begeisterung: Und zwar, weil sie lustig, emotional ansprechend oder extrem nützlich sind. Das, was in meiner Geschichte das „Lauffeuer" oder sogar schon der „Flächenbrand" im Präsidium war, ist heute die exponentielle Verbreitung über das Internet: Effizient und rasant wie ein „Virus" sollen sich die Informationen bei einer Kampagne in den sozialen Netzwerken ausbreiten. Und darum passiert da natürlich nur noch sehr wenig rein zufällig ...

Nur wer sät, wird ernten

Mittlerweile laufen professionelle virale Kampagnen häufig (aber längst nicht immer) über spezialisierte Agenturen, die punktgenau designte Botschaften ganz gezielt im Netz „aussäen" („Seeding"). Und eben nicht irgendwo im Netz, sondern genau dort, wo sich die Zielgruppe der Kampagne tummelt. Das können Video-Sharing- oder Picture-Sharing-Portale wie YouTube oder Flickr sein, aber auch Websites, Chats, Foren oder Blogs, passend zu den jeweiligen Inhalten. Hinter dem „Seeding" steht oft eine echte Strategie, die aus verschiedenen Bausteinen und Phasen besteht:

Entsprechende Bausteine können etwa die Platzierung eines Spots auf besagten Videoportalen, eine gezielte Bloggeransprache und begleitende Public Relations oder Pressearbeit sein.

Ziel dabei ist meist, an die Meinungsführer und Trendsetter heranzukommen, die dann bei der Verbreitung eine wichtige Multiplikatorenrolle übernehmen. Wie wichtig diese „Influencer" für die Verbreitung der „Epidemie" sind, hat der Autor Malcolm Gladwell in seinem Buch *The Tipping Point* (2016) herausgearbeitet: Die Influencer geben nämlich den Videos, Bildern oder Inhalten mit ihrer Themenautorität den Drive, das Momentum, das sie brauchen, um „viral" zu werden und machen sie so interessant genug, dass andere auf den Zug aufspringen möchten (Gladwell 2016). Es gibt Zahlen darüber, dass eine virale Kampagne, damit sie „abhebt", als Starthilfe eine bestimmte Anzahl „infizierter" User braucht. Man geht dabei von 10–15 % der Zielgruppe aus, die zum Start begeistert werden müssen

(Eicher 2012). Will man z. B. ein Video viral gehen lassen und eine Million Klicks erreichen, muss man mindesten 100 bis 150 Tausend Klicks und Views über das Seeding generieren. Der Rest würde dann, wenn das Video viral genug ist, aus dem Selbstläufertum heraus erreicht.

Nützliche Seeding-Tools
Hier ein paar Beispiele, mit welchen Schachzügen sich heute virale Kampagnen anschieben lassen, wo sich ein „Seeding" starten lässt und welche nützlichen Tools es gibt, um User zu erreichen und die Kampagne zu launchen:

www.launchrock.com: Bietet die Möglichkeit, noch vor Launch einer Website Kontakte von interessierten Usern zu sammeln.

www.be-a-magpie.com: Verbreitet Werbebotschaften mit 130 Zeichen Länge an ausgewählte, passende Twitter-User gegen Bezahlung.

www.paywithatweet.com: Ist ein Bezahlmodell per Social Media, bei dem User gegen den Versand eines bestimmten Tweets ein gewünschtes Produkt/ eine Dienstleistung erhalten.

www.tubemogul.com: Lädt Videos in nur einem Schritt auf verschiedenen Plattformen hoch.

https://unruly.co: Verbreitet Videos in einem großen Netzwerk. Die Bezahlung erfolgt pro Videoview.

www.viraladnetwork.net: Verbreitet Inhalte in einem eigenen, großen Netzwerk gegen Bezahlung (Eicher 2012).

Die technischen Spielregeln ändern sich bei viralen Kampagnen allerdings ähnlich schnell wie überall im Onlinemarketing. Sie kennen das vielleicht, wenn Sie mit Google und seinen Funktionen über AdWords etc. arbeiten. Das ist nun alles andere als viral, sondern eher der „Klassiker". Aber wann und wie sich die Algorithmen wieder weiterentwickelt haben, oder wie was wann darum am besten online gelauncht oder verändert werden muss, ist etwas für Fachleute und verlangt darum auch ein bestimmtes Budget. Das ist beim viralen Marketing zunehmend auch, aber eben nicht immer zwingend der Fall. Das macht auch den Reiz (und den Charme) des Ganzen aus. Im Netz werden Unbekannte über Nacht zu Stars – oft nur durch ein Selfmade-Video oder mit einem Special-Interest-Blog zu den abseitigsten Themen. Die User, die Konsumenten, stimmen dann mit dem Daumen oder den Fingern per Klick darüber ab, was „hopp" oder was „topp" ist. Eine Voraussage darüber zu treffen, was Erfolg haben wird, ist allerdings schwierig. Manche noch so sorgfältig geplanten und teuren Kampagnen kommen einfach nicht zum Fliegen, während die eine oder andere Low-Profile-Aktion sich blitzschnell in die Herzen der User klickt. Erfolgreiches virales Marketing kommt also nicht (nur) durch große Budgets oder bei bekannten Marken zustande. Wenn die Idee begeistert, kann selbst ein Blog oder eine Microsite berühmt werden und Millionen User „infizieren".

Die kreative Idee zählt

Ein sehr erfolgreiches und inzwischen auch prominentes Beispiel dafür ist die „One Million Dollar Homepage". Alex Tew hatte 2005 die Idee, jeden der insgesamt eine Million Pixel seiner eigens erstellten Website als Platzierungsmöglichkeit für Werbebanner für einen Dollar zu verkaufen. Mit dem Erlös wollte er sich dann sein Studium finanzieren. Ein Luftschloss? Nein! Innerhalb von nur wenigen Wochen verbreitete sich die Idee im Internet viral und über drei Millionen User besuchten die Website. Viele davon schalteten ein Werbebanner und am Ende entbrannte sogar eine Art Kampf um die letzten 1000 Pixel, die Tew schließlich auf Ebay anbot und dort für 38.100 US$ versteigerte (Eicher 2012). Mein Unternehmerherz schlägt bei solchen Geschichten immer höher: Was für eine unaufwendige und schlaue Art, Geld zu verdienen!

Virales Marketing basiert also neben der Nutzung der zielgruppenscharfen Verbreitungskanäle auf einer außergewöhnlichen Idee. Denn User springen nur auf das an, was sie noch nicht kennen und was einen hohen „Never-seen-before-Faktor" hat. So etwas verbreiten sie gerne, unter anderem auch deshalb, weil sie sich dann nach dem Motto „Guck mal, was ich gefunden habe" als eine Art „trendiges Trüffelschweinchen" darstellen können. So ein „Never-seen-before-Faktor" kann ein neuer oder besonders lustiger Gag sein, eine neue Art von technologischer Umsetzung von etwas bereits Bekanntem oder ein Star oder Promi in einem bis dato unbekannten Kontext. Die beiden letzten Faktoren kommen zum Beispiel zusammen in dem Musikvideo des Fat Boy Slim-Songs „Weapon of Choice" (https:// www.youtube.com/watch?v=wCDIYvFmgW8), in dem der schon damals sechzigjährige Schauspieler Christopher Walken durch eine Tanzperformance begeistert, die erst durch eine besondere Tricktechnik filmisch möglich wurde. Die User waren begeistert, der Song wurde ein Riesenhit, verkaufte sich Millionen Mal und das Video wurde bei den MTV Video Awards 2001 mehrfach ausgezeichnet. Skurriles, Witziges, Überraschendes oder Unglaubliches zieht im Netz und in der viralen Welt generell.

Mit Bezug zu meiner Geschichte: Wer hätte schon damit gerechnet, dass eine Dolmetscherin das Wort „Puff" nicht kennt? Aber: Wenn es sich bei dem Wort nicht um etwas aus einem „pikanten" Kontext gehandelt hätte, wäre die Geschichte noch nicht einmal halb so lustig gewesen. Und vielleicht war auch noch ein Hauch von Schadenfreude dabei, die nette junge bulgarische Dolmetscherin so in Verlegenheit zu sehen. Aber das habe ich im Nachhinein gerne in Kauf genommen …

Ohne Interaktivität läuft nichts

Jürgen, Michael, Nikola … und alle Kollegen des Polizisten hinter der Schreibmaschine haben damals dabei „geholfen", die „Puff"-Geschichte in meiner (mir noch unbekannten) Zielgruppe im Präsidium unters Volk zu bringen. Tagelang war sie wahrscheinlich das Pausenthema Nummer eins und wurde bei jedem Schwatz zwischendurch am Schreibtisch oder an der Kaffeemaschine wieder und wieder durchgehechelt. Sie hatte sogar ein wenig das Zeug zur „Legende" und wurde noch Monate danach immer wieder aus der Anekdotenschatzkiste herausgekramt.

Das ist natürlich heute anders: Im Netz zählt vor allem Neues, wenn es auch eine Tendenz zu einer gewissen „Nostalgie" gibt, die vor allem Kampagnen wieder aufgreift oder weiterträgt, die zu ihrer Zeit große Erfolge waren. Ein schönes Beispiel dafür ist das Computerspiel „Moorhuhn", das 1999 ursprünglich für die Whiskymarke „Johnnie Walker" entwickelt wurde und inzwischen in über 20, immer weiterentwickelten und immer wieder veränderten Versionen vorliegt. Die letzte davon stammt aus dem Jahr 2018, ist also brandaktuell. (Wikipedia, „Moorhuhn") Kurioserweise waren es zuletzt die User, also die Community selbst, und nicht die Agentur(en), die das Spiel immer weiterentwickelt haben. Inzwischen ist auch der ursprüngliche Werbezweck fast verschwunden und die Verbindung zur Marke „Johnnie Walker" längst nicht mehr (so) präsent. Das Spiel ist zum Selbstläufer und zu einer eigenen Marke geworden. Wer erinnert sich heute noch daran, dass die armen, zum Abschuss freigegebenen Moorhühner als Seitenhieb auf die größte Konkurrenzmarke von Johnnie Walker im Blended-Whisky-Markt (also „The Famous Grouse") gedacht waren? Kaum einer!

Doch zurück zur Interaktivität: Der Austausch der User untereinander ist lebenswichtig für eine virale Kampagne. Darum muss virales Marketing Möglichkeiten zur Interaktion der Nutzer untereinander anbieten. Buttons zur Weiterleitung der Inhalte oder Formate sind da die Basics. Kommentarfunktionen oder ein Blog sind noch bessere Verstärker für den Austausch und das Einbeziehen der User.

Viral erfolgreich

Durchdachtes „Seeding", technische Hilfsmittel und die zündende Idee sind also entscheidende Zutaten für Ihre erfolgreiche virale Kampagne. Auf keinen Fall vernachlässigen sollten Sie aber auch die „weichen" Faktoren. Denn obwohl sich heute alles im Internet abspielt, haben die User doch ein sehr feines Gespür dafür, ob sie nur „benutzt" werden sollen, oder ob es um Spaß, echten Mehrwert oder sonst etwas emotional Ansprechendes geht. Folgende Punkte sollten Sie also zusätzlich im Auge behalten:

Mehrwert bieten

Denken Sie daran: Sie wollen etwas von Ihren Nutzern! Sie sollen nämlich ihr Netzwerk für Ihr Angebot begeistern. Bieten Sie ihnen also etwas dafür. Möglichst etwas, das die Erwartungen übertrifft. Etwas besonders Nützliches, Interessantes, Lustiges oder Cooles. Etwas, das den Multiplikator vor seiner Gemeinde gut dastehen lässt. Setzen Sie dabei auf Emotionen, Geschichten, auf authentisches Erleben oder etwas ganz Praktisches. So wie der Mobilfunkanbieter Simyo, der jedem User, der bei seiner Kampagne dabei ist, eine kostenlose Telefonnummer schenkt. Die kann man immer dann angeben, wenn man seine eigene Telefonnummer gerade mal nicht verwenden will und sich aus der Affäre ziehen muss. Es meldet sich dort ein Anrufbeantworter und erklärt dem lästigen Anrufer, dass man an weiteren Anrufen nicht interessiert sei. Die Kampagne ist vorbei, aber der Service existiert noch: www.frank-geht-ran.de. Ein weiteres schönes Beispiel kommt von GoPro-Kameras: Auf seinem YouTube-Kanal postete das Unternehmen im Rahmen der Kampagne „Be a Hero!“ ein Video einer herzerwärmenden Rettungsaktion: Eine kleine und bewusstlose Katze wird von einem Feuerwehrmann, der eine GoPro-Kamera auf seinen Helm geschnallt hat, aus einem Haus gerettet und mit Sauerstoff beatmet. Die Aktion war erfolgreich, das Kätzchen kam zu sich und das Video wurde insgesamt 23 Mio. Mal aufgerufen (https://www.youtube.com/watch?v=CjB_oVeq8Lo&feature=youtu.be). Emotion rocks!

Beziehungen aufbauen und persönlich sein

PR-Texte und Gemeinplätze bauen keine Beziehungen auf. Fans und Multiplikatoren wollen eine echte Verbindung zum Unternehmen oder zum Produkt spüren. Geben Sie ruhig mal einen Fehler zu; das macht Sie menschlich und hilft den Usern bei der Identifikation. Wenn Sie etwa Lieferschwierigkeiten haben, erzählen Sie die dazu passende Geschichte. Oder wenn Sie den Rückruf eines Produktes „verkaufen“ müssen, betonen Sie Ihr unternehmerisches Verantwortungsgefühl.

Ehrlich währt am längsten

Hier ein No-Go: Posieren Sie niemals selbst als „begeisterter User“ in Foren und Blogs (oder beauftragen Sie auch niemanden, das zu tun), um Ihre Produkte oder Dienstleistungen anzupreisen. Das lässt sich schnell entlarven und wird von Influencern im schlechtesten Fall über lange Zeit ausgeschlachtet.

Insiderwissen zugänglich machen

Menschen lieben das Gefühl, besonders zu sein. Eine Möglichkeit, ihnen dieses Gefühl zu vermitteln, ist es, ihnen besonderes Wissen zugänglich zu machen: Hintergrundgeschichten dazu zu erzählen, wie Ihr Produkt entwickelt wurde. Anekdoten zu teilen. Nicht-Alltägliches aus dem Unternehmensalltag zu berichten … Möglichkeiten gibt es viele.

Mit Begeisterung agieren

Langweilige Werbefilme für Baumärkte oder Automarken gibt es im Internet schon genug. Erst wenn Sie unkonventionelle Wege gehen und echte Begeisterung in Ihre Kampagne investieren, entsteht die richtige Energie, die sich auf den Nutzer überträgt (Matthes 2008).

Literatur

Be a hero: https://www.youtube.com/watch?v=CjB_oVeq8Lo&feature=youtu.be, letzter Zugriff am 16.5.2018.

Fat Boy Slim: *Weapon of Choice.* Online verfügbar unter: https://www.youtube.com/watch?v=wCDIYvFmgW8, letzter Zugriff am 16.5.2018.

www.frank-geht-ran.de, letzter Zugriff am 16.5.2018.

Eicher, David (2012): *Virales Marketing: Wie aus einem Impuls ein Selbstläufer wird.* Online verfügbar unter: https://t3n.de/magazin/kommunikations-lawine-227944/, letzter Zugriff am 7.5.2018.

Gladwell, Malcom (2016): *The Tipping Point. Wie kleine Dinge Großes bewirken können.* Goldmann, München.

Matthes, Sebastian (2008): *Wie Gründer virales Marketing erfolgreich einsetzen.* Online verfügbar unter: http://www.wiwo.de/unternehmer-maerkte/wie-gruender-virales-marketing-erfolgreich-einsetzen-306041/, letzter Zugriff am 7.5.2018.

https://de.wikipedia.org/wiki/Moorhuhn_(Spieleserie), letzter Zugriff am 7.5.2018.

Teil II

Vom Lampenladen zum Weltakteur

Niederlage: Meine Chance!

Über unseren Drang zur Beschönigung – Warum ich ein Herz für Verlierer habe – Wie ich nach dem K. o. wieder aufstand – Warum Niederlagen unverzichtbar sind und was Unternehmer aus ihnen lernen können – Fünf Tipps, wie die Niederlage zur Chance wird und Sie stärker aus ihr hervorgehen

Die meisten von uns schämen sich schon, das Wort auszusprechen, geschweige denn, dass sie eine Niederlage zugeben würden. Diese Menschen umschreiben die Situation lieber blumig und sagen „Das ist unglücklich gelaufen", „Es hat nicht so richtig geklappt" oder gar „Das war leider kein Volltreffer", wenn aus einer geplanten Aktion nichts geworden ist. Dieser Drang zur Beschönigung ist nachvollziehbar. Auch alle Buchexperten haben mir davon abgeraten, so offen über Misserfolg zu schreiben. Vielleicht haben sie irgendwo Recht. Schließlich bietet uns das Leben kostenlos genügend miserable Erlebnisse. Menschen, die ein motivierendes Unternehmerbuch lesen, möchten eher nicht von unseren Niederlagen erschlagen werden.

Ich bin jedoch für meinen Dickschädel bekannt und gehe das Risiko ein. Ich werde auch niemanden erschlagen, aber trotzdem meine Gedanken und Erfahrungen zum Thema „Scheitern" teilen, denn ich weiß (seien Sie mir nicht böse, ich bin einfach ganz ehrlich) im Nachhinein die Niederlagen im Leben sehr zu schätzen. Mit dieser Behauptung lehne ich mich weit aus dem Fenster, aber ich werde Ihnen zeigen, was ich meine. Lassen Sie sich überraschen, und gehen Sie einfach ein Stück mit.

© Springer Fachmedien Wiesbaden GmbH, ein Teil von Springer Nature 2019
N. Kostadinova, *Ein Koffer voller Wollen*, https://doi.org/10.1007/978-3-658-23985-5_4

Das Ganze mal wörtlich genommen

Fangen wir ganz vorne an. Bei dem Wort „Niederlage". Es ist kein kompliziertes Wort. Es ist klar und deutlich, was „nieder" und was „Lage" bedeuten: man „liegt danieder". Man ist „ganz unten". O.k., jetzt denken wir positiv. Was wäre das Gegenteil einer „Nieder-Lage"? Eine „tolle" oder eine „fantastische Lage", ein „hoher Stand"? Ach so, hier gehen wir besser weg von der wörtlichen Bedeutung. Denn: Das Gegenteil einer Niederlage ist natürlich ERFOLG! So groß ist der Abstand zwischen diesen Gefühlen, so schrecklich groß. Erst die Niederlage, dann der Erfolg. Wie in einer Achterbahn fühle ich mich, wenn ich die Augen schließe und mir beide vorstelle.

Favorit der Zukunft

Da meine Augen noch geschlossen sind, springen meine Gedanken zu einem Gesicht aus meinem Leben als Journalistin in Bulgarien. Es ist das Gesicht von Martin, der damals 15 Jahre alt war und an einem Motocrossrennen teilgenommen hatte. Er kam als Letzter ins Ziel und war der eindeutige Verlierer. Ich wartete hinter der Ziellinie auf ihn, weil ich für eine Jugendzeitung über das Rennen schreiben sollte. Seine Maschine begrüßte mich laut und er wusste vor Verlegenheit nicht, ob er mir die Hand geben sollte. Es war ihm peinlich, aber er hatte keine Wahl, denn ich musste über ihn berichten. Ich öffnete den Mund, um die erste Frage zu stellen und blieb so stehen. Kein Word kam heraus. Martins Gesicht war schmutzig, die Kleider, das Motorrad, alles. Ich suchte seinen Blick und sah eine Träne auf dem Schmutz abwärts rollen. Meine Fragen hatte ich vergessen. Auf so eine Situation war ich nicht vorbereitet! Wer berichtet schon über den Misserfolg? Ich umarmte ihn spontan und rief dem Fotografen zu, ein Foto von uns zu machen. In mein Notizbuch schrieb ich: „Mein Favorit" und verabschiedete mich schnell – aber nicht für immer. Zweifellos hatte Martin eine Niederlage erlitten. Aber meine Zeitung hat danach zum Glück das Foto von mir und Martin unter einem großen Titel veröffentlicht. Aus „Mein Favorit" war „Unser Favorit für die Zukunft" geworden, und ich fühlte mich gut, weil ich so vielleicht den Schmerz in dem stolzen 15-jährigen Herzen ein bisschen gelindert hatte.

Ich denke weiter an „die Niederlage" und bleibe mit geschlossenen Augen sitzen. Noch ein Gesicht kommt zu mir. Die Reise in die Vergangenheit ist jetzt länger; ich muss Jahrzehnte überspringen und die Tür zu meiner Kindheit öffnen. Das mache ich langsam, weil dort meine allererste Begegnung mit der Niederlage versteckt ist: Ich war etwa vier oder fünf Jahre alt. Ein Kind wie viele andere aus der Bergbaustadt in der Nähe von Sofia. Mein Vater arbeitete unter Tage, meine Mama im Büro. Geschwister hatte ich nicht, und die ganze Aufmerksamkeit der Familie war auf mich gerichtet. Oma und Opa liebten das erste Enkelkind, die Tanten ihre erste Nichte, meine Eltern waren glücklich und stolz. Schließlich waren beide erst 21 Jahre alt, als ich geboren wurde.

Das Herz eines Boxers

An einem schönen Sonntag im Sommer wollte mein Vater mit mir ins Stadion. Das war kein Problem, denn es war nur zwei Straßen weit entfernt. Mama widmete sich bereits ihrer Putzleidenschaft und hatte mich meinem Vater anvertraut. Er schaute mich aus der vollen Höhe seiner respektablen 1,90 m an und sagte einfach: „Ein Junge bist du nicht, aber … was soll's, wir gehen." Eine große Hand griff meine kleinen Finger und die Reise ging los: um die nächsten zwei Ecken. Und da waren wir! Männer, Männer, Männer – und nur ein paar wenige Frauen in Sommerkostümchen und mit Sonnenbrillen saßen auf den Rängen. Ich bekam meinen Sitz und schaute auf Papa. Er schaute aber nicht zu mir, sondern hinunter. Da war so etwas wie ein Viereck in der Mitte des Stadions, und dort sprangen Männer in lustigen Kostümen und mit dicken Handschuhen gegeneinander. Manchmal traf einer den anderen mit der Faust. Hin und her, hin und her ging es. Wie lange es gedauert hat, weiß ich heute nicht mehr. Mein 25-jähriger Vater war angespannt und hatte meine Anwesenheit völlig vergessen. Er war aufgesprungen und jubelte, wie alle anderen. Und dann sah ich es. Einer der beiden Männer lag am Boden. „Edno, dwe, tri" … zählte der Ringrichter – und dann hob er die Hand des anderen hoch.

Der Mensch auf dem Boden stand endlich auf und war ganz rot. Blut und Schweiß bedeckten sein Gesicht und machten ihn in meinen Augen riesig groß! Seine Hand wurde nicht hochgehoben. Er sah nur still ins Publikum und schien doch irgendwie größer und stärker als der andere. Der Mann ging weg und ließ den Sieger alleine im Ring. Mein Papa gewährte mir den Platz auf seinen Schultern, und wir verließen das Stadion. Er war äußerst zufrieden, ich auch! Ich saß hoch oben und beobachtete alle von dort oben. Den Sieger, die Fans, die Frauen in den schönen Kostümchen … Nur der Mann mit dem blutigen Gesicht war nicht mehr da.

Erhobenen Hauptes aus dem Ring

Als Wladimir Klitschko seinen letzten Kampf verloren hatte, blieb er noch im Ring und gratulierte dem Sieger. Man könnte sicher in viele Arenen schauen und Studien über Situationen nach dem Kampf machen. Mir geht es hier um den Moment des Aufstehens. Mein Freund, der Verlierer, mit dem ich offensichtlich in meiner kindlichen Herzlichkeit sympathisiert hatte, war und ist der Grund, dass ich das Gefühl der Niederlage bis heute anders als üblich betrachte. Der Mann ist aufgestanden und hat offen in das Publikum geschaut. Ob er etwas sehen konnte, weiß ich natürlich nicht, weil er ja voller Blut und Schweiß war. Aber mir geht es um etwas anderes: Er ist nicht weggelaufen! Er ging mit langsamen Schritten aus dem Ring und strahlte dabei etwas Warmes und Sicheres aus. Der starke Mann in der Niederlage – so würde ich es jetzt nennen. Heute wäre es wichtig für mich, seine Karriere weiter zu verfolgen und zu wissen, ob er danach andere Boxer geschlagen oder seinen Erfolg auf anderen Gebieten gesucht und gefunden hat.

Nun, zurück zu damals und zurück zu mir. Ich frage mich heute nicht mehr, warum ich den Sieger nicht gemocht habe. Psychologisch gesehen, gab und gibt es eine Solidarität zwischen dem kleinen Mädchen und dem geschlagenen Mann. Wenn ich nun den Blick auf mich richte, fühle ich etwas Ähnliches. Ich habe am eigenen Leib erfahren: Nach einer schweren Niederlage steht man nicht immer sofort wieder auf. Sehr oft ist der Blick in einer solchen Situation benebelt und verschmiert. Wir wissen nicht wohin, und noch weniger wissen wir, was nach dem Aufstehen passieren wird. Werden wir den weiteren Weg finden, werden wir eine neue Stärke oder die vorherige wieder in uns entdecken?

Energie wie ein Brummkreisel
1997 war ich fanatisch bestrebt, mein Leben neu zu strukturieren. Ich dolmetschte sehr erfolgreich in meinen drei Sprachen und übersetzte dazu schriftlich bis spät in der Nacht. Die Fahrten von einem Termin zum anderen machten mir nichts aus. Ich freute mich auf alle meine Kunden, und alles lief glatt. Manchmal fuhr ich um vier Uhr morgens zurück von einem Einsatz bei der Polizei und wollte trotzdem noch nicht schlafen. Die meisten Dinge erledigte ich mit Leichtigkeit und Spaß. Doch eine neue Kraft hatte mich gepackt und ließ mich nicht in Ruhe. Ich wollte auf keinen Fall aus dem Dolmetschen aussteigen, aber ich wollte mehr! Mehr Action, andere Menschen, mehr Verantwortung! Als ich andere Dolmetscher klagen hörte, dass sie nicht genug Arbeit hätten, hatte ich kein Mitleid. Vielmehr fühlte ich mich herausgefordert, auch diese Menschen Tag und Nacht beschäftigt zu sehen. „Warum nicht", dachte ich, „ich kann diese Dolmetscher vermitteln und ihnen Arbeit besorgen." Außerdem wollte ich Übersetzungen in den Heimatländern der jeweiligen Sprache von Muttersprachlern anfertigen lassen, die den Finger am Puls der Sprachentwicklung hatten. Das lief aber nicht nach dem Motto „Gesagt, getan"! Denn ich hatte noch keine Ahnung, wie das gehen sollte. Ich war selbst ja nonstop beschäftigt. Für ernsthafte

unternehmerische Überlegungen hatte ich weder die Zeit noch das Verständnis. Es war die Kraft und wilde Entschlossenheit in mir, die damals bestimmte: „Ich werde eine Firma gründen!"

Auf dem Rückweg aus dem Urlaub in Kroatien erzählte ich meinem Mann im Auto davon. Er fuhr konzentriert, nickte beim Zuhören und ich dachte: „Er wird mitmachen." Voller Träume und Pläne hatte ich den Urlaub mit meiner Idee verbracht. Nach der Rückkehr fragte ich meinen Mann, ob wir einen Notartermin machen könnten. Die Frage war ihm unheimlich: „WIE bitte?" Er war auf solche Konsequenzen nicht eingestellt, wollte davon auch nichts wissen. Das Kopfnicken im Auto war wohl nur die Antwort auf meine nette Gesellschaft gewesen. Ausgeredet hat er mir meine Idee aber nicht.

O.k., vielleicht musste ich noch die Richtung ein wenig ändern. Ich ging zur IHK Köln und machte dort einen Termin. Das Gespräch – eine Beratung war das nicht gerade – lief gut, denn meine Energie war auch hier nicht zu übersehen. Ich ging zufrieden nach Hause, denn man hatte mir dort eine kostenlose Marketinganalyse versprochen.

Meine innere Wandlung

Die Analyse kam. Und zwar mit dem Hinweis: „Wir raten dringend ab – der Markt ist übersättigt!"

Der Boxer in mir lag platt am Boden. K. o. – noch vor dem ersten Gong. Eine klassische Niederlage! Doch irgendwo hörte er das Zählen des Ringrichters und stand wieder auf. „Das kann nicht sein! Das kann nicht sein" – pochte es in meinen Schläfen. Ich wollte es nicht hinnehmen. Was sollte ich tun, in so einer Situation?

Aufstehen und weitermachen ist immer leicht gesagt! Wie macht man denn weiter nach so einem Tiefschlag? Da war die Analyse: Alle Übersetzungsbüros waren präzise aufgezählt, und ich sah selbst, dass die Landkarte dicht mit ihnen bestückt war. Ich wäre naiv gewesen, einfach zu sagen: „Was soll's? Ich mach's trotzdem!" Ich fragte mich aber auch: „Wohin soll das eigentlich führen?" Ich war schließlich erst vor ein paar Jahren nach Deutschland gekommen, übte einen neuen Beruf aus, der anstrengend und aufwendig war, und für unternehmerisches Bungeejumping war kein Platz. Aber die Kraft in mir trieb meinen Verstand an, und ich wiederholte verzweifelt: „Das kann nicht sein!"

Der mentale Schritt zum Erfolg

Ein Tag nach dem anderen kam und ging. Die Unerträglichkeit der Niederlage wandelte sich von Erschütterung zu Wut, von Wut zu Stille, von unendlichem Wollen zu Unbeholfenheit und wieder zurück. Nach etwa zehn Tagen, immer noch den Brief mit der Analyse vor Augen, begann ich schließlich, mich mit der Niederlage anzufreunden. Eine positive Gedankenströmung ging von mir in Richtung Außenwelt und kam von dort zurück zu mir. Ich beschloss: Dann mache ich eben etwas Neues, etwas Anderes. Ja, ich werde eine andere Art von Übersetzungsbüro gründen, nicht etwas, das es schon gibt. Ein Büro, das nicht auf einen Ort beschränkt ist, nur die Umgebung Kölns bedient und im regionalen Saft schmort. Mein Büro wird sein Gesicht der Welt zuwenden und sich für alle Länder öffnen. Mein Büro wird Transparenz vermitteln und die Menschen lehren, sich besser zu verständigen. Ich will Gebrauchsanleitungen von Maschinen so übersetzen, dass die Fachleute mit der Übersetzung diese Maschine auch bedienen können. Ich will medizinische Diagnosen so übersetzen, dass die Ärzte erfolgreich operieren können. Ich will Kinderbücher, die Kinder zum Lachen bringen, in allen Sprachen sehen, und ich will Menschen miteinander verbinden.

Die Niederlage von eben wurde so plötzlich meine wunderschöne Chance von jetzt. Ich fantasierte, philosophierte, entwarf Visionen und genoss die Momente, in denen meine Gedanken reifer und reifer wurden und schließlich eine richtige Form bekamen, die mich zu Lingua-World und zu meinem heutigen Erfolg geführt hat.

Das ist meine Geschichte über die Niederlage. Mit vier oder fünf Jahren sah ich einen Verlierer mit Blut im Gesicht – und mochte diesen Verlierer, der wieder aufgestanden war. Das Blut in seinem Gesicht hat mich erschreckt, aber nicht abgestoßen. Heute denke ich an seine Gefühle in dieser eindeutigen Situation der Niederlage. Woran dachte er, was hatte er vor, und warum sah er so friedlich aus, trotz aller Schläge? Hat der Mann in diesem Moment beschlossen, das Boxen zu beenden und sich einen anderen Job zu suchen? Hat er vielleicht erwartet, dass er verlieren wird und war bereits vorbereitet? „Ich werde nächstes Mal gewinnen, weil ich es besser mache und besser kann" – war das seine Entscheidung, die ihm so viel Ruhe vermittelt hat? Ich weiß es nicht! Eines ist aber sicher: Eine Niederlage bietet viele Chancen. Was machen Sie daraus? – Das hängt allein von Ihnen ab.

Die Niederlage willkommen heißen

Meine Beobachtung ist, dass wir in Europa generell zu verkrampft mit Niederlagen umgehen. Alles muss immer perfekt sein, alle sind wir immerzu erfolgreich – zumindest nach außen hin. Und wenn wir uns auf dem Businessparkett begegnen, spricht niemand gern über seine Niederlagen. In Deutschland schweigt man lieber und geht schnell zur Tagesordnung über. In den USA blenden alle mit den ach so greifbaren Beweisen ihres Erfolges: meine Villa, mein Auto, mein Boot, usw. Sie kennen das … Scheitern ist verpönt, über Niederlagen spricht man nicht. Und wenn es sich doch nicht vermeiden lässt, ist entweder schnell ein Sündenbock zur Hand, oder man breitet so gut es geht den Mantel des Schweigens über das, was schiefgelaufen ist. Auch sich selbst gegenüber!

Das Dumme ist nur, dass eine Niederlage auf diese Weise sinnlos bleibt. Wir nehmen uns so selbst die Möglichkeit, etwas aus unserem Scheitern zu lernen. Oder wir schlagen die Chance aus, mutig zu sein, uns aktiv durch die Talsohle durchzukämpfen und am anderen Ende wie ein Phoenix aus der Asche wieder aufzusteigen. Schlimmer ist es meiner Erfahrung nach mit dieser falsch verstandenen Erfolgsmentalität nur in Asien, wo sich auch im Business sehr viel darum dreht, „das Gesicht" zu wahren. Es ist dort essenziell, die glänzende Fassade um (fast) jeden Preis aufrechtzuerhalten. Wichtiger als eine erlittene Niederlage zu verstecken, ist nur, erst gar keine zu erleiden. Dass das nur auf Kosten von Innovationspotenzial und Agilität funktionieren kann, sagt einem schon der gesunde Menschenverstand …

Das Geheimnis des Scheiterns

Aber ausgerechnet in den USA findet gerade eine fantastische Re-Evaluierung dieser versteinerten „Niederlagenkultur" statt. Die Erfolgsblender haben ausgedient, und Scheitern wird nicht nur modern, sondern fast schon zur wirtschaftlichen Notwendigkeit. Stichwort: Design Thinking! Die Vorreiter dieser neuen Kultur sitzen … im Silicon Valley, wo sonst? Tom Peters beschreibt dies in seinem Buch „Re-Imagine". Mit einem ganz kurzen Wortwechsel im ersten Kapitel bringt er die Dinge auf den Punkt:

McKenna: „Viele Unternehmen im Silicon Valley scheitern."

Noyce: „Vielleicht scheitern nicht genug."

McKenna: „Wie meinst du das?"

Noyce: „Es scheitern stets die, die Neues wagen." (Peters 2012).

Hier sprechen der Marketingguru Regis McKenna und die Entwicklerlegende Robert Noyce, (der Erfinder des integrierten Schaltkreises und Mitbegründer von Intel) miteinander, und sie haben Recht: Keine Innovation ohne Scheitern, ohne Niederlage!

Und deswegen sage ich: Keine Angst haben vor der Niederlage, sondern sie als Teil des Erfolgsprozesses akzeptieren! Was wäre mit mir passiert, wenn ich voller Wut meine ganze Kraft darauf konzentriert hätte, der Prognose der IHK zu widersprechen! Der Moment, in dem ich mich niedergeschlagen fühlte, hat mir die Augen geöffnet. Die Worte „Der Markt ist übersättigt!" hatten mir kurz das Gefühl gegeben, dass meine Idee versänke. Aber diese Worte waren meine Rettung. Sie haben mir eine wunderbare Innovationskraft gegeben und mich gelehrt, dass es immer einen Weg gibt. Wir sollen ihn nur finden!

Es sportlich nehmen

Wenn wir unsere Komfortzone verlassen, ein Risiko eingehen und etwas Neues versuchen, beweisen wir grundsätzlich Sportsgeist. Aber den echten Sportler zeichnen auch noch andere Dinge aus. Im Januar 2017 interviewte der Harvard Business Manager die Tennislegende Michael Stich. Stich sprach darüber, wie für ihn aus einer Chance eine Niederlage wurde – das zeigt, dass also der Mechanismus auch umgekehrt funktioniert: Stich verlor seiner Ansicht nach die French Open 1996, weil er nicht fest genug daran geglaubt hatte, den Titel gewinnen zu können! (Höhmann 2017). Der Umkehrschluss ist das, was ich „echten Sportsgeist" nenne und was Michael Stich für sich leider erst nach dem Turnier verinnerlicht hat: Sie können aus der Niederlage nur eine Chance machen, wenn Sie fest daran glauben, dass Sie gewinnen können. Wenn Sie an sich glauben, an Ihre Fähigkeit, die Situation zu drehen oder zu nutzen, wenn Sie mentale Stärke beweisen. Lassen Sie Zweifel Zweifel sein und nehmen Sie die Niederlagen als „Part of the Game" und mit aktivem Optimismus an.

Reflexion und neue Perspektiven zulassen

Niederlagen führen dazu, dass wir alte Wege verlassen und über neue Möglichkeiten nachdenken. Das ist ein echtes Geschenk! Darüber hinaus aber sollten wir uns mit den Gründen für die Niederlage beschäftigen: Wie konnte es überhaupt dazu kommen? Hätten wir anders handeln können oder müssen? Welche Faktoren haben dazu geführt, dass die Dinge in die falsche Richtung gelaufen sind?

Ich zum Beispiel war bei der IHK mit überholten und zu wenig vorausschauenden Vorstellungen erschienen und hatte darum die vernichtende Antwort bekommen. Als ich das reflektiert und begriffen hatte, konnte ich meine Idee und mich weiterentwickeln. Eine gesunde Selbstreflexion hilft uns also dabei, unser Scheitern richtig einzuordnen und aus der Erfahrung gestärkt hervorzugehen.

Niederlagen akzeptieren und zelebrieren

Die Niederlage muss raus aus der „Schmuddelecke"! Genauso, wie wir einen Erfolg feiern, sollten wir auch die Niederlage „zelebrieren". Dazu muss man sie zuerst akzeptieren und dann das Tal, in dem man sich befindet, bewusst durchschreiten. Sich mit Schmerz und Wut auseinandersetzen und sich mit den eigenen Fehlern oder den externen Gründen für das Scheitern beschäftigen. Dann kommt irgendwann der Moment, in dem es „Klick" macht. Wie bei mir, als ich merkte, dass ich wieder positive Gefühle und Gedanken hatte und aussandte, sodass auch wieder Positives zu mir zurückkommen konnte. Zu diesem Zeitpunkt war ich durch das Tal hindurch und offen für Neues.

Entschlossen handeln

Nach dem Scheitern lange in der ungeliebten Situation zu verharren oder in tiefes Selbstmitleid zu verfallen, sind No-Gos. Wir haben eine Niederlage erlitten? Nehmen wir die Dinge in die Hand – tun wir etwas! Meine Erfahrung deckt sich mit der Empfehlung der Autoren eines fantastischen Buches „*Stronger*" über Resilienz und die im Business so wichtige „Stehaufmännchen-Mentalität" (Everly et al. 2015): Oft ist nämlich das, **was** wir tun, weniger wichtig, als die Entscheidung, **überhaupt etwas** zu tun. In der Führungslehre ist eine falsche Entscheidung allemal besser als keine Entscheidung. Der Punkt ist, in Bewegung zu bleiben, mental und tatsächlich, damit die Dinge um einen herum auch im Fluss bleiben.

Dranbleiben

„Erfolg über Nacht" ist ein Mythos und in meinen Augen eine der schädlichsten Businesslegenden überhaupt. Es gibt keinen „Instant"-Erfolg. Was so aussieht, ist de facto die Frucht harter Arbeit und mit Sicherheit auch die zahlreicher Niederlagen (Everly et al. 2015). Erfolg ist also eine direkte Folge davon, nach den Niederlagen nicht aufzugeben! Sondern weiter zu denken, sich zu trauen und Möglichkeiten durchzuspielen, im eigenen Kopf und in der Realität.

Sich Unterstützung suchen

Sind Sie ein echter Einzelgänger? Dann besitzen Sie wahrscheinlich eine ganze Menge Stärke – und das ist auch gut so. Ich ticke ähnlich. Nach dem Beschied von der IHK habe ich die Niederlage zuerst mit mir selbst ausgemacht. Es kann aber auch hilfreich sein, die Unterstützung anderer anzunehmen und die Dinge mit Vertrauten zu besprechen. Besonders dann, wenn wir eine Niederlage erlitten haben und uns wieder zurück nach oben kämpfen müssen (Everly et al. 2015). Als sich meine Pläne in meinem Kopf wieder neu formiert hatten, sprach ich viel mit meinem Mann über meine Ideen und darüber, wo sich mein Business hin entwickeln könnte. Wir können es natürlich auch allein schaffen – wir müssen es aber nicht!

Literatur

Höhmann, Ingmar (2017): *Fünf Minuten mit… Michael Stich.* Harvard Business Manager, Januar 2017, S. 102. Online verfügbar unter:http://www.harvardbusinessmanager.de/heft/d-148298222.html, letzter Zugriff am 16.5.2018.

Everly, George S. jr., et al. (2015): *Stronger: Develop the Resilience You Need to Succeed.* UK Professional Business Management, London.

Peters, Tom (2012): *Re-Imagine.* Gabal, Offenbach.

Mein Startschuss im Lampenladen – oder: Ohne Werbung keine Kunden

Auf dem Präsentierteller – Viel Licht, aber wenig Aufmerksamkeit – Bis Mitternacht war es hell – Allein unter Leuchtkörpern – Die Dekoration der drei Fensterfronten – Ein schönes Mädchen mit Headset – Präsenz an den Hotspots der Stadt – Da kommen Sie endlich! – Die Macht der Bilder – Vier Strategien für Ihre „CoCo" – Pinterest hat im Netz die Nase vorn

Die Lampen waren überall. Logisch, denn das hier war ein Ausstellungsraum für Lampen. Komplizierte Schienensysteme, Hängelampen, Wandlampen, Stehlampen, Nachttischlampen … und alle waren eingeschaltet. Am Strom wurde hier jedenfalls nicht gespart, und der kleine Raum war deswegen gleißend hell. Und sehr warm. Das war mein neues Büro im Belgischen Viertel in Köln. Klein, aber auffällig. Jeder, der vorbeiging, schaute hinein, denn drei der Wände waren Schaufenster. Den Vertrag hatte ich als Untermieterin eines Lampendesigners unterschrieben. Ich zahlte einen erträglichen Preis – die einzige Bedingung war: Die Lampen mussten eingeschaltet sein! Nach dem Einzug krempelte ich die Ärmel hoch und ging an die Arbeit; einrichten, Schreibtische aufstellen sowie Telefon, Computer und Fax installieren. Schließlich war ich fertig, und es fehlten nur noch die Kunden.

Tagelang kam jedoch kein Mensch rein. Ich bestellte trotzdem fleißig Blumen für die Vase auf dem Schreibtisch und füllte die Dose mit Bonbons, um sie dann selbst aufzuessen. Die Lampen und ich entwickelten langsam eine Beziehung. Ich hatte meinen Computer von zu Hause hierhergebracht und machte nun meine Übersetzungsaufträge in diesem Büro. Und die Lampen hatten eine wichtige Aufgabe: Sie machten mich sichtbar. Die

© Springer Fachmedien Wiesbaden GmbH, ein Teil von Springer Nature 2019
N. Kostadinova, *Ein Koffer voller Wollen*, https://doi.org/10.1007/978-3-658-23985-5_5

Zeitschaltuhr schickte mich um Mitternacht nach Hause, und dann blieben die Lampen bis sechs Uhr morgens ausgeschaltet. Am nächsten Tag begann es wieder von vorn: Ich wartete auf Kunden, und die Lampen leuchteten. „Keiner will mich", dachte ich. „Jeder, der vorbeigeht, schaut rein, aber nur wegen der Lampen." Mein (nicht beleuchtetes) Schild mit dem Namen „Lingua-World" blieb im Schatten dieser prachtvollen Leuchtkörper und beeindruckte niemanden. Ich musste etwas unternehmen!

Sichtbar werden! Aber wie?
Ich rief eine Firma für, ja tatsächlich (!), Lichtwerbung an und bestellte Werbung für die drei bodentiefen Fenster an den Seiten des kleinen Büros. „Groß, bitte!" lautete mein Wunsch. Dem Designer gab ich dazu eine Liste mit 80 Sprachen und bat ihn, alle diese Sprachen auf der Werbung zu platzieren. Und genau das tat er. Ich war der Vereinbarung mit meinem Vermieter treu geblieben (seine Lampen sah man trotzdem noch sehr gut), aber meine Dienstleistung stand nun im Vordergrund. Die Menschen begannen, den Laden als Übersetzungsbüro wahrzunehmen.

Dann der zweite Schritt: Ich wollte Werbung in der Stadt machen. Aber was für eine? Ich entschied mich für Fahrradständerschilder. Und wo? „Dort, wo sich viele Menschen aufhalten", dachte ich. Der Vertreter der Kölner Außenwerbung kam und präsentierte mir seine Orte, an denen die Werbeträger standen, und wo ich meine Werbung schalten sollte. Ich nahm seine Mappe und bat ihn, einen Tag später wieder zu kommen. Danach schlüpfte ich schnell in flache Schuhe und ging los. Von einem Fahrradständer zum anderen. Keiner dieser angebotenen Plätze war gut genug für mich, und ich gab dem Vertreter seine Mappe zurück. Ein paar Tage später kam er mit der richtigen Mappe, und ich unterschrieb den Vertrag gleich für 15 Standorte in Köln. Das war sehr teuer, aber ich dachte: „Augen zu und durch!" Ich wollte Kunden!

„Was sollen die Kunden auf diesen gut platzierten Schildern sehen?", dachte ich laut vor mich hin und aß noch ein Bonbon. Der Grafikdesigner machte mir ein paar Vorschläge. Ich war mäßig begeistert, nahm stattdessen meine Tochter als „Model" und bestellte einen Fotografen. Mit dem Motiv „hübsches Mädchen mit Headset" ging ich zurück zum Grafiker und suchte die Grundfarbe aus. Da ich mir nicht sicher war, wie das alles aussehen würde, besuchte ich auch die Produktionsfirma. Wir diskutierten ein bisschen – Farbe hin, Farbe her – und schließlich waren die Schilder fertig. Der Hintergrund war ein wunderbares, sanftes Blau – nicht zu hell und nicht zu dunkel – das Gesicht meiner Tochter lächelte von dem Foto, und ich war mir sicher, dass ich das Richtige tue.

Jeder kann sich vorstellen, was danach passierte. Die Kunden kamen! Endlich! Die Fahrradschilder führten sie zu meiner Adresse, die Werbung im Fenster sahen sie schon von weitem und die Lampen leuchteten einladend. Und ich? Ich war glücklich!

Ein Bild mehr sagt als tausend Worte…

Später, während meines Managementstudiums, habe ich die Erklärung für mein intuitives Handeln bekommen: Ich hatte aus dem Bauch heraus auf das richtige Pferd gesetzt, indem ich meine Bereitschaft zur Kommunikation und meine (mehrsprachige) Kompetenz in diesem Bereich in ein Bild „übersetzt" hatte. Dort an der Hochschule lernte ich, wie eine Werbeanzeige überhaupt wirkt und warum visuelle Reize in Form von Bildern viel besser funktionieren als reiner Text …

Wir sprechen hier nicht über Magie oder Zufall. Vielmehr geht es um „echte" Vorgänge im Körper bei der Aufnahme eines Bildes und bei dessen Verarbeitung im Gehirn. Bilder sind für Werbung unverzichtbar, denn sie werden viel schneller aufgenommen als Text. Das ist besonders wichtig, weil im Vorübergehen besonders wenig Zeit zur Verfügung steht. Alles muss also blitzartig passieren… Die Augen nehmen pro Sekunde etwa drei Informationsreize auf (de.wikipedia.org/wiki/Bildwahrnehmung_einer_ Werbeanzeige). In unserem Zeitalter der „Informationsflut" kann es also sein, dass für eine Werbebotschaft, an der wir in aller Eile vorbeilaufen, die Betrachtungszeit nur ca. zwei Sekunden beträgt. Wenn wir es schaffen, unsere Botschaft dann in maximal sechs Schlüsselreizen zu verpacken, haben wir sie an den Mann oder die Frau gebracht. Wenn nicht – dann nicht! Dabei ebnet so ein Bild wie das „hübsche Mädchen mit Headset" den Weg für die Kernbotschaft. Wie das? Ganz einfach. Schöne Bilder dringen viel leichter in unser Bewusstsein ein als bloße Bilder oder als Wörter. Je mehr Sprachanteile eine Anzeige hat, desto bewusster müssen wir hinschauen, damit wir in einen „Aufnahmemodus" kommen. Diesen Mechanismus macht sich die gesamte Werbeindustrie zunutze – Bilder mit schönen Menschen schaffen es mit hoher Wahrscheinlichkeit, die Hürde zu unserem Wahrnehmungsvorgang hin zu überspringen und kreieren so die nötige Offenheit für einen emotionalen Einstieg ins Thema.

… und wirkt gleich viermal

Aber Bilder können noch mehr: Als erstes haben sie eine aktivierende Wirkung – so entsteht überhaupt erst der Kontakt zwischen Bild und Betrachter bzw. der potenziellen Zielgruppe. Dann stehen Bilder immer an erster Stelle in der Informationsaufnahme (eben weit vor Wörtern, Schrift und Text) – wirken also immer zuerst in einer Reihe von Informationen, die angeboten werden. Und weil Bilder stärker aktivieren als Texte, können wir uns auch länger an sie erinnern; sie bleiben versteckt in unserem Gedächtnis haften. Und last, but not least sind Bilder viel besser dafür geeignet, emotionale Inhalte zu transportieren bzw. Inhalte grundsätzlich mit Gefühlen zu verbinden, sodass wir uns nicht unbedingt an eine Information, sondern eher an eine Art Erlebnis erinnern – und das ist etwas, das unser Gehirn besonders gut kann und gerne tut (Kroeber-Riel 1993).

In der Werbung für mein damals noch kleines Übersetzungsbüro hat das ausgezeichnet funktioniert. Sicher brauchten die Wenigsten, die an den Fahrradständern vorbeiliefen, just in diesem Moment eine Übersetzung oder eine Dolmetscherin. Aber wenn sie in die Situation kamen, machte es „klick" und vor ihrem geistigen Auge tauchte das schöne Mädchen, verbunden mit meinem Firmennamen, auf. Und an dieser Stelle wird es noch einmal besonders interessant … Denn ich hatte nicht nur in Fahrradständerschilder, sondern auch noch in schöne große Anzeigen in den Gelben Seiten investiert. Das war natürlich damals in einer Wirtschaft, die noch viel mehr offline funktionierte, das Mittel der Wahl. Und auch hier (wie bei meinen Fahrradständerschildern) sparte ich nicht und wollte eine „Pole-Position": Ich war dann also nicht nur in den Gelben Seiten gelistet (und auch da wäre ich unter „L" sicher prima gefunden worden), nein, ich hatte einige der Überschüsse aus meiner Arbeit direkt in Werbung auf der „Seite zwei", also der inneren Umschlagseite, angelegt. Die Wirkung dieser Medien griff ineinander – alles ergänzte sich und funktionierte perfekt. Heute ist das Erfolgsrezept natürlich eine Kombination von off- und online, und statt den Gelben Seiten brauchen wir eine informative und schicke Website. Aber auch hier müssen wir wieder Bilder nutzen – Bilder und Onlinemedien sind nicht voneinander zu trennen. Bilder erzeugen auch im Internet Emotionen und wecken Wünsche. Sie begeistern, sie faszinieren und sie beeindrucken. Gute und zielgerichtete Unternehmenskommunikation nutzt ganz besonders gute Bilder.

Wir können die vier Wirkungen guter Bilder von oben auf eine gelungene CoCo (Corporate Communication) übertragen. Was wird passieren, wenn Sie gute Bilder nutzen?

Grundfrage: Was sind überhaupt „gute" Bilder?
Kraftvoll und ästhetisch: Gute Bilder haben das Potenzial, die Bedeutung ihrer Inhalte direkt und im Moment der Betrachtung zu vermitteln. Dabei wirkt die ästhetische Komponente direkt auf unser Unterbewusstsein: Das

ist unter anderem der Grund, warum die schönen Menschen in der Werbung so gut funktionieren. Es gibt wohl nichts, was in unserem evolutionär bestimmten Programm interessanter ist als ein starker potenzieller Partner oder ein Konkurrent, der uns gefährlich werden könnte …

Universell gültig: Gute Bilder vermitteln eine (in einem bestimmten Kulturkreis) grundsätzlich gültige und leicht verständliche Botschaft. Nehmen wir wieder die schönen Menschen: Sie strahlen Gesundheit, Stärke und Überlebenswillen aus – alles Dinge, die wir an potenziellen Partnern hoch schätzen und an Konkurrenten fürchten.

Geschichtenerzähler: Gute Bilder erzählen Geschichten (oder deuten sie an). Sie lösen angenehme Assoziationen aus und berühren uns auch auf diese Weise emotional. Warum trägt das schöne Mädchen ein Headset? Werde ich sie am Telefon haben, wenn ich dort in der Firma anrufe? Oder wird sie simultan für mich dolmetschen, wenn ich dort einen Auftrag platziere? Das alles sind mögliche Assoziationen, die vielleicht mit meiner kleinen Anzeige verbunden waren. Natürlich ist das kein rationaler Prozess, der dann in unseren Kopf abläuft – aber ein wirksamer…

Eyecatcher: Gute Bilder müssen am richtigen Platz stehen, dann entfalten sie am besten ihre Wirkung. Das sieht man etwa auf den Seiten von Zeitungen. Diese Bilder rufen laut „Hier!", helfen dem Leser dabei, sich schnell zu orientieren und schaffen so Interesse für den jeweiligen Artikel. Im übertragenen Sinne gilt das auch für meine Anzeigen: Nicht umsonst habe ich die mir angebotenen Stellplätze der Fahrradständerschilder selbst überprüft und sie erst im zweiten Anlauf gebucht. Für Außenwerbung gilt derselbe Grundsatz wie für Immobilien: Lage, Lage, Lage…

Die besondere Sprache der Bilder

Bilder haben also eine ganz besondere Sprache und sind deshalb in der Kommunikation über Leistungen, Produkte oder Angebote unverzichtbar. Sie lösen Emotionen und Wünsche aus und tragen so maßgeblich zu Kaufentscheidungen bei. Bebildern Sie Ihre Angebote – Bilder wecken Aufmerksamkeit und ermuntern uns zum Handeln, sie machen neugierig und erzeugen Vorfreude.

Ohne Worte!

Wegen dieses großen Emotionalisierungspotenzials sollten wir als Unternehmer auf Bilder als Schlüsselelemente in unserer Kommunikation setzen. Beim Durchblättern einer Zeitschrift fallen uns ja auch zuallererst die Bilder auf – erst danach achten wir auf den Begleittext. Die nichtverbale Kommunikation hat in unserem Gehirn Vorfahrt und ist glücklicherweise immer an eine emotionale Wahrnehmung gekoppelt. Erst wenn die positiv ausfällt, sind wir bereit, weiter zu lesen und uns mit einer Textbotschaft auseinanderzusetzen. Über die entscheidende Wahrnehmungsschwelle schaffen wir es also nur ohne Worte!

Ganzheitliche Imageträger

Fazit: Bilder transportieren nicht nur „ordinäre" Werbung, sondern können Geschäftsideen, Visionen, Philosophien, Kompetenzen oder Alleinstellungsmerkmale vermitteln. Ziel muss es sein, einen bleibenden Eindruck zu hinterlassen, denn die „CoCo" über Bilder stellt sehr oft einen ersten oder sogar einen einzigen Berührungspunkt mit Unternehmen oder Marken dar. Wenn ein Unternehmen wächst, ist eine konsequente Bildsprache eine logische Weiterentwicklung meiner kleinen Anzeige. Die hohe Kunst ist es, schöne Geschichten in aussagekräftigen Bildern zu präsentieren, die unseren Markenkern unterstützen und ihn richtig in der Öffentlichkeit positionieren.

Zum Schluss ein Blick in die Zukunft und kleiner Exkurs in die hypermoderne Onlinewelt. Von meinen Fahrradständerschildern bis hierher ist es ein sehr langer Weg. Das Schöne ist aber, dass das Prinzip immer noch dasselbe ist …

Social Media goes Picture

Sicher haben Sie eine Unternehmenswebsite, und vielleicht nutzen Sie auch Facebook oder LinkedIn für Ihre Firma. Doch auch im Netz steht der nächste Shift schon vor der Tür und der geht (dreimal dürfen Sie raten) weg von Textbotschaften und hin zu Bildern. Pinterest oder Instagram sind die spannenden Dienste der Zukunft, und sie vermitteln Ihre Botschaft fast rein visuell und mit einem absoluten Minimum an Wörtern.

Nehmen wir Pinterest: Das soziale Netzwerk liefert die Plattform für Bilderkollektionen von Nutzern, die sie, mit ganz kurzen Beschreibungen versehen, an virtuelle Pinnwände heften können. Andere Nutzer teilen die Bilder, kommentieren sie usw. So weit, so bekannt – das Prinzip aller sozialen Netzwerke ist ähnlich. Jetzt aber wird es auch für unsere Unternehmen spannend: Mit der Funktion „Lens" (Linse) hat Pinterest neuerdings die Möglichkeit, Objekte in der realen Welt zu fotografieren und auf dieser Basis Empfehlungen zu bekommen. Als ein Beispiel mit einer kleinen eingebauten Zeitverschiebung: Sie hätten in meinem „Lampenladen-Büro" eine tolle Lampe entdeckt, sie mit Ihrem Smartphone und mit Pinterest Lens fotografiert und würden dann von Pinterest ähnliche Lampen gezeigt bekommen – oder im besten Fall genau diese Lampe auf der Website des

Designers, die Sie dann auch gleich online kaufen könnten (denn in meinem Büro standen nur Ausstellungsstücke). Mit dieser Funktion hat Pinterest einen echten Coup gelandet, denn sie wird sehr stark genutzt. Kurze Wege, Wunschprodukte nur ein Foto und einen Klick entfernt – ein Konsumentenparadies! (Grundmann 2017).

Tschüss, Keywords!
Und jetzt der Clou, denn aktuell öffnet sich diese Funktion auch für aktiv Werbetreibende. Das bedeutet, dass Unternehmen ihre Produkte zukünftig in den entsprechenden Suchvorschlägen, die auf das Foto des Users folgen, präsentieren können. Eine visuelle Suchtechnologie unterstützt nun Werbeformate – das ist ein echter Entwicklungssprung. Ein so passgenaues Reaktionssystem auf Nutzeranfragen macht langfristig keywordbasierte Anzeigen ebenso wie gezielte Targeting-Einstellungen überflüssig. Selbst Facebook mit seinen ausgetüftelten Targeting-Strategien kann da wahrscheinlich nicht mehr mithalten. Das könnte die Onlinewerbebranche über kurz oder lang ziemlich durchschütteln. Bei rund 250 Mio. visuellen Suchanfragen im Monat (nach Pinterests eigenen Angaben) sind das schon keine Peanuts mehr (Grundmann 2017).

Die Macht der Bilder bleibt ungebrochen – nutzen Sie sie!

Literatur

Grundmann, Melanie (2017): *Erfolgreich auf Pinterest.* Eigenverlag, Berlin.
Kroeber-Riel, Werner (1993): *Bildkommunikation: Imagerystrategien für die Werbung;* Vahlen, München.
https://de.wikipedia.org/wiki/Bildwahrnehmung_einer_Werbeanzeige, letzter Zugriff am 5.1.2019.

Bekannt wie ein bunter Hund? Mit „Kölle Alaaf!" zu wirksamer Pressearbeit

Inspiration aus der Eckkneipe – Der Karneval als Zugpferd – Eine tolle Idee wird geboren – Nah beim Kerngeschäft geblieben – Mühsames Anschieben – Läuft bei uns! – Die Erfolgswelle rollt und alle kommen – Jetzt sind wir bekannt wie ein bunter Hund! – Warum am Aschermittwoch alles vorbei ist – Gesicht zeigen! – Viele Kanäle bespielen – Marketing und Pressearbeit: Zwei Seiten derselben Medaille

Wir lebten gerade in der „fünften Jahreszeit". Mein Büro im Belgischen Viertel war zehn Meter entfernt vom Alcazar, einer besonderen Kneipe, die in dieser Zeit -zig Hektoliter Bier an ihre Gäste ausschenkte und pausenlos kölsche Lieder spielte. Ambiente, Menschen, Freude, Tradition – dachte ich und war sogar irgendwie neidisch auf die Feiernden, die nur eine Aufgabe hatten: sich im Karneval zu amüsieren. Früh morgens schon entdeckte ich dann die vor meiner Bürotür abgestellten Biergläser, die ich brav zum Alcazar zurückbrachte. Ein paar Blicke in diese wunderbare Atmosphäre waren genug, und ich fühlte mich motiviert, Lingua-World mit in die Karnevals-emotionen einzubeziehen. In diesem Moment dachte ich nicht einmal daran, dass es komisch wirken könnte, dass ich, die „Neudeutsche", in die Traditionen Kölns einsteigen wollte. Köln und die Kölner waren und sind berühmt dafür, dass sie Neuankömmlinge so offen empfangen, dass sie den Karneval und die Menschen hier gleich restlos ins Herz schließen.

Karneval als Aufhänger

Mein Freund Hans aus Pulheim war die erste Anlaufstelle für meine Idee. Die Planung für „unseren Karneval" machten wir gemeinsam, schließlich wollten wir vielen Menschen Freude bringen. Punkt eins in unserem Plan

© Springer Fachmedien Wiesbaden GmbH, ein Teil von Springer Nature 2019
N. Kostadinova, *Ein Koffer voller Wollen*, https://doi.org/10.1007/978-3-658-23985-5_6

war es, einen Besuch des Kinder-Dreigestirns in meinem kleinen Büro zu organisieren. Die wunderschöne Tochter von Hans und Angelika, Ramona, war nämlich in diesem Jahr die stolze Jungfrau dieser Karnevals-Institution. Die weiteren Punkte (wie Getränke und Pizza) waren auch leicht umsetzbar, weil wir von kompetenten Anbietern quasi umzingelt waren. Für die Musik besorgte ich einen DJ, dessen Anlage im Büro untergebracht werden sollte. Wir schafften so alle Voraussetzungen für eine echte kölsche Karnevalsfeier, aber die eigentliche Arbeit begann erst danach.

Werbung, Öffentlichkeit, Presse! – pochte es in unseren Herzen, und wir planten, die Karnevalsfreude zu einer wirkungsvollen PR-Kampagne werden zu lassen. Wie sollte das funktionieren? Wir waren ja nur ein kleines Übersetzungsbüro, aber eines mit Weltambitionen! Weil das aber noch keiner wusste, mussten wir die Welt zu unserer Feier einladen – so unser Entschluss. Übersetzer aus allen Staaten, die wir seit zwei Jahren schon fleißig rekrutiert und beauftragt hatten, sollten eingeladen werden und sich aktiv an unserem Feierkonzept beteiligen. Attacke!

„Wissen Sie, was ‚Kölle Alaaf' bedeutet?" – fragten wir alle diese Übersetzer über Anzeigen in einschlägigen Berufsportalen und über persönliche E-Mails. Wir legten ein Zeitfenster für die Antworten fest und für das Feedback hatten wir alle damals vorhandenen Kommunikationsmittel (Telefon, Fax, E-Mail) „scharf geschaltet".

Kein Interesse?!

Und jetzt noch die Presse einladen! Denn was ist eine PR-Aktion ohne die Einbindung der Öffentlichkeit? Alle Medien in Köln und Umgebung hatten meine selbst geschriebene Pressemitteilung bekommen. Die ließ ich meine Mitarbeiter noch nachtelefonieren, und sie erklärten den Redaktionen, was wir vorhatten. Wir wollten erst einmal ein Interesse an den Menschen, die in verschiedenen Ländern leben und die für die Bedürfnisse eines immer globaler werdenden Marktes als Übersetzter tätig waren, wecken. Aber: Anrufe, Anrufe, Anrufe und keine einzige Zusage seitens der Presse! Die Sache schien den Redakteuren zu klein, zu abstrakt und irgendwie fremdartig.

Aber ich machte aus der Not eine Tugend und setzte unseren Plan, den Karneval als Sprungbrett zu nutzen, um. Unsere Gäste kamen sehr zahlreich – mit und ohne Karnevalkostüm. Die ausländischen Übersetzer aus Köln, die für uns arbeiteten, nutzten die Gelegenheit, um einmal die Menschen persönlich zu treffen, die ihnen die Aufträge vermittelten. Und noch interessanter: Sie wollten die Frau sehen, die ihre Rechnungen bezahlte! Dafür war unsere Karnevalsparty die perfekte Gelegenheit. Wir klebten also Sterne und Glitzer auf unsere Wangen und begrüßten die Gäste vor der Tür. Das Büro war so klein, dass sowieso kaum jemand auf die Idee kam, sich drinnen aufzuhalten. Mit uns im Team war noch ein bekannter Radiomoderator und sorgte für die richtigen Karnevalssprüche.

Die große weite Welt der Sprachen

Als die Zeit für das Eintreffen des Kinderdreigestirns gekommen war, erhöhte der Moderator die Spannung und alle schauten ungeduldig die Straße hinunter. Endlich! Sie stiegen aus einem geschmückten Wagen und betraten unter großem Hallo und Applaus das Büro. Wir öffneten die Antwort-E-Mails unserer weiter entfernten Übersetzer und setzten den kleinen Prinzen vor den Monitor. Aus dem Fax gleich daneben kam das typische, piepsende Geräusch. Und nur eine Minute später klingelte das Telefon. Ein Übersetzer aus Washington plauderte mit dem Bauern des Dreigestirns und begrüßte ihn mit „Kölle Alaaf!". Zahlreiche E-Mails dokumentierten zusätzlich die „kölsche Kompetenz" unserer Übersetzer aus verschiedenen Ländern der Welt. Die Kinder sprudelten vor Freude und Begeisterung bei der Berührung mit dieser großen, für sie noch unbekannten Welt, die in den nächsten Minuten immer näherkam. Meine Mitarbeiter Erika und Daniel versuchten zusätzlich, die Neugier der Kinder zu stillen und ihnen so viel wie möglich von unserem Business zu zeigen.

Erfolg in letzter Sekunde

Und dann kamen sie doch: Die Zeitungen, das Radio und die Fotografen! Mir schien es, als sei das Alcazar gegenüber regelrecht still geworden. Die Menschen auf der Straße waren laut und fröhlich, die Übersetzer erklärten den Besuchern, was sie so machen und der Moderator und alle Anwesenden ließen immer wieder lautstark Dolmetscher, Anwesende und Institutionen mit dem weltberühmten „Dreimal Kölle Alaaf" hochleben. Und auf einmal hörte ich: „Lingua-World, Alaaf!", „Kinderdreigestirn Alaaf" und dann „Alle Sprachen Alaaf!". Weiter hörte ich dann nichts mehr – ich war überwältigt und musste mich erst einmal sammeln. In Köln, dieser Wiege des Rheinländischen Karnevals, wussten nun alle Anwesenden, Anwohner und Gäste in diesem Moment, dass in dem kleinen Büro an der Ecke in allen Sprachen Übersetzungen gemacht und vermittelt wurden und dass dabei mit Übersetzern aus der ganzen Welt gearbeitet wird. Eine bessere Liebeserklärung hätte man meinem Baby „Lingua-World" in dieser Zeit nicht machen können. Den Rest erledigten dann die Zeitungen und die Radiosendungen.

„Der Karneval in Köln ist eine große Sache" – erklärte mir Erika zu später Stunde der Feier zum wiederholten Male. Sie war eine Enthusiastin, nannte sich selbst ein „Kölsch Mädsche" und feierte Karneval, seitdem sie geboren wurde. Ich kann für mich nur sagen, dass der Karneval und der Dom aus den Kölnern tatsächlich „beste Fründe" machen, wie es in dem Lied heißt. Darum benutze ich für diese Menschen und für diese Stadt eins der für mich heiligsten Worte überhaupt: Heimat. Ja, meine zweite Heimat ist Köln und sind die Kölner. Alaaf!

Viel mehr als Werbung

Unsere Idee, mit einer kleinen PR-Kampagne auf den „Karnevalszug" aufzuspringen, wurde ein voller Erfolg. Wir waren mit Fotos und einem Bericht in allen Kölner Zeitungen. Der WDR sowie ein paar kleinere Regionalsender brachten einen Radiobeitrag, der neben viel „Karnevals-Atmo" auch den wahren Kern meines Geschäftes porträtierte. So hatte ich ein paar Tage lang das tolle Gefühl, ich sei nun ein echter „Neukölner" Promi und stellte mir vor, wie mir Kunden zukünftig die Tür einrennen würden. Natürlich folgte die Ernüchterung auf dem Fuße, denn die „Halbwertszeit" unserer Berühmtheit war nur sehr kurz: Nach dem Karneval war alles wieder vergessen und (fast) wie vorher.

Was sich verändert hatte, oder vielmehr wer, war natürlich (wieder einmal) ich. Ich hatte Blut geleckt und das kurze und heftige Rampenlicht genossen. Das war noch etwas ganz anderes als die Gelben Seiten oder meine andere Vor-Ort-Werbung! Ich fing plötzlich an, in Kategorien wie Reichweite, Auflagenstärke und Zuhörerzahlen zu denken. Das war eine ganz andere „Dimension" von Werbung, ja eigentlich war es gar keine echte Werbung. In der Presse präsent zu sein, fühlte sich eher wie eine Art „Ritterschlag" an: Sie berichtete über meine Firma und über mich, das gab mir ein echtes geschäftliches Standing und meiner Leistung eine Menge Glaubwürdigkeit. Aber ich merkte noch etwas: Ich hatte mir von der Aktion vor allem einen geschäftlichen Nutzen versprochen. Aber daran, wie der Kontakt mit den Journalisten gewesen war und daran, wie gut sich meine Fotos in den Medien machten, merkte ich, dass für mich die Firma und meine Person nur schwer voneinander zu trennen waren. Also wollte auch ich, ich ganz persönlich, mehr davon!

Heute unverzichtbar: „Personal Branding"

Doch ich war damit meiner Zeit zu weit voraus. Erst als die Firma wuchs, die Digitalisierung voranschritt und das Internet immer mehr an Bedeutung gewann, war die Zeit für diese Art personalisierter Marketingstrategie reif. Früher blieben Unternehmer öfter im Hintergrund, waren graue Eminenzen und mieden das Blitzlichtgewitter. Doch die Digitalisierung bedeutet heute maximale Transparenz und Vergleichbarkeit – Produkte und Dienstleistungen laufen zunehmend in die Austauschbarkeitsfalle. Was liegt da näher, als dem Geschäft eine Persönlichkeit und ein Gesicht zu geben? Jetzt war der richtige Zeitpunkt gekommen – also trug ich meine Haut zu Markte, und ich tat es gerne (und tue es immer noch). Meine Geschichte („Preisgekrönte Journalistin aus dem Ostblock kommt mit 50 DM nach Deutschland und wird eine international erfolgreiche Unternehmerin") erwies sich als enorm starkes Zugpferd. Und ich lernte, dass mich mein erstes Gefühl nicht getrogen hatte: Erfolg braucht ein Gesicht! (Schulz/Geffroy 2016).

Doch in den ganzen Jahren, die ich nun im Presse- und Mediendschungel unterwegs bin, lernte ich noch einiges mehr ...[1]

Vom „Grundrauschen" bis zur Top-Story
Damals wunderte ich mich darüber, dass der große Erfolg meiner karnevalistischen PR-Aktion so schnell wieder verpuffte. Das lag natürlich daran, dass ich in der Medienarbeit damals noch ein echter „Frischling" war. Ich war so stolz auf meine „Clippings", meine Zeitungsausschnitte, dass ich dachte, sie würden sicher in ganz Köln eingerahmt für lange Zeit an allen möglichen Bürowänden hängen. So, wie sie das bei mir taten! Das aber war leider ein massiver Trugschluss. Das erste, was ich lernte, war, dass man heute in die Zeitung von gestern auf dem Markt die Fische einwickelt. Dito verpufften die schönen Radiobeiträge und -interviews im Äther und mein schöner Promi-Status löste sich in nichts auf. Mittelfristig brachte mich das zum Nachdenken: Ich hatte viel Energie investiert, eine gute Idee (mit aktuellem Bezug!) konsequent umgesetzt und initial damit viel Erfolg gehabt. Meine „Coverage", die Berichterstattung, konnte sich sehen lassen. Aber von Nachhaltigkeit leider keine Spur – am Aschermittwoch war, wie im bekannten Karnevalslied, buchstäblich alles vorbei... „Kein Wunder eigentlich", dachte ich später, denn ich war ja nicht wirklich strategisch an die Sache herangegangen. Das würde ich ändern!

Heute mache ich PR auf ganz unterschiedlichen Kanälen und nutze viele verschiedene Medien. Ein wichtiges Kriterium dabei ist die Unterscheidung zwischen den „klassischen Medien", also Print, Radio und Fernsehen, und den Onlinemedien. Ich habe oben schon den Begriff „Halbwertszeit"

---

[1]In den Büchern unter den Literaturtipps finden Sie alles zum Thema „Basics" bzw. „Handwerkszeug" für wirksame Pressearbeit – von den W-Fragen, die eine Pressemitteilung bedienen muss, über das KISS (Keep it short and simple)-Prinzip bis hin zum korrekten Aufbau einer Unternehmenspressemappe. Ich werde mich stattdessen hier den grundsätzlichen und strategischen Überlegungen widmen, die Sie als Unternehmer (auch, wenn Sie mit Agenturen arbeiten) aus Ihrer Adlerperspektive im Blick haben sollten.

benutzt. So nenne ich den Zeitraum, in dem eine Meldung oder ein Bericht gefragt ist, wahrgenommen und gelesen, gehört oder gesehen wird und Aktualität besitzt. Die Medienwelt ist ein komplexes Gefüge. Wenn man sie richtig bespielt, lässt es sich relativ einfach vermeiden, dass man aus der Aufmerksamkeitszone herausfällt und diese Halbwertszeit negativ zuschlägt. Das wusste ich aber während meiner Karnevals-PR noch nicht.

Bunte Mosaike und hell leuchtende Strohfeuer

Denken wir zuerst an die „klassischen Medien": Eine Headline in einer großen, überregionalen Tageszeitung oder ein Auftritt in einer Talkshow im Fernsehen sind echte „Top-Storys". Jeder, der in Pressearbeit investiert, möchte so ein Ergebnis! Das Ego jubelt und wir sind stolz wie Oskar. Nur: Das sind genau die Presseergebnisse, für die sich morgen keiner mehr interessiert. Die Halbwertszeit ist äußerst gering, denn morgen kommt eine neue Zeitung und das Fernsehprogramm wechselt jeden Tag. Um erfolgreich Pressearbeit machen zu können, müssen wir verstehen, dass wir ein buntes Mosaik mit vielen, vielen Steinchen anstreben sollten, das auch nach Jahren noch stabil ist und attraktiv leuchtet – und nicht einzelne Strohfeuer, die kurz und hell brennen und dann schnell wieder verlöschen. Zugegeben, die Onlineausgaben der Zeitungen und die Mediatheken der Fernseh- und Radiosender haben heute dieses Problem entschärft, weil die Presseergebnisse nicht mehr so sang- und klanglos in der Versenkung verschwinden wie noch vor fünfzehn Jahren. Aber eine solide Strategie für Pressearbeit wird immer dafür sorgen, im Printbereich die „Dailies", „Weeklies" und „Monthlies" zu bespielen, um im Rennen und im Gespräch zu bleiben. Mit Radio und Fernsehen on top sind wir dann im Bereich der klassischen Medien gut aufgestellt.

Das Internet vergisst nicht

Online dagegen ist diese Halbwertszeit recht unwichtig. Dazu kommt, dass (wie oben angedeutet) eine Art Grauzone entsteht, weil die Medienlandschaft mehr und mehr zusammenwächst und Printartikel zusätzlich online erscheinen und etwa Radiosendungen als Audiodateien nach der Erstausstrahlung verfügbar bleiben. Denn auch abgesehen davon sind Onlinemedien ein echter Segen für jeden, der PR machen möchte. Ich spreche hier nicht von den „Presseschleudern", die Pressemitteilungen täglich zu tausenden ins Netz pusten und damit Informationsmüll produzieren. Und auch nicht von den Social Media, die in erster Instanz nichts mit Pressearbeit zu tun haben. (Trotzdem sollten Sie diese im Rahmen Ihrer PR bespielen, aber mein guter Rat dazu lautet: Überlassen Sie das als Unternehmer den

Experten und Agenturen, die etwas davon verstehen.) Überhaupt ist Ihre PR bei einer guten Agentur oder bei einem fähigen Mitarbeiter prima aufgehoben. Aber Sie müssen verstehen, worum es im Kern geht und sollten in der Lage zu sein, auf Augenhöhe mitzureden und Ihre Dienstleister zu steuern.

Zurück zum Internet: Je nachdem, was Sie erreichen möchten, sind der Möglichkeiten dort Legion. Schon bei einer schnellen Recherche werden Sie (oder die Agentur Ihres Vertrauens) auf einige zentrale Medien oder Portale stoßen, die Ihre Zielgruppe liest oder in denen sie recherchiert. Wenn Sie dann dem Redakteur einen passgenauen Themenvorschlag schicken, zu dem Sie einen Artikel anliefern oder ein Interview machen können, sind Sie so gut wie drin. Die Qualität Ihrer Inhalte oder die Originalität Ihres Aufhängers bzw. Ihrer Persönlichkeit ist hier allerdings fast noch wichtiger als im Print. Logisch, denn das „Clipping", das Presseergebnis, wird im Netz ein nahezu ewiges Leben führen. Ihr Name oder der Ihrer Firma wird auf sehr lange Zeit damit verbunden sein – Google macht's möglich!

Vielfalt, aber bitte ohne Gießkanne!

Sie sehen, der richtige Medienmix produziert schließlich das stetige „Grundrauschen" (das schöne bunte Mosaik), das Sie im Gespräch hält und vor dessen Hintergrund die Top-Stories dann erst richtig zur Geltung kommen. Und länger interessant bleiben! PR funktioniert am besten von klein nach groß, von lokal in Richtung überregional, von Fachthemen über einen Expertenstatus hin in die Breite zum „Human Interest" und Unternehmer-Promitum. Der (manchmal steinige) Weg führt, bildlich gesprochen, vom ersten Fachartikel in einem relevanten Onlineportal vielleicht am Ende in die Talkrunde bei Markus Lanz. Dieser Weg und dieser Ehrgeiz sollten sich in Ihrem Presseverteiler widerspiegeln. Er muss, sauber gegliedert, möglichst viele für Sie und Ihr Thema relevante Medien aller On- und Offlinekategorien enthalten. Wenn Sie eine gute Agentur einkaufen, sind Sie von der Sorge, einen eigenen Verteiler haben oder erstellen zu müssen, befreit (ein kritischer Blick auf das vorhandene Material kann aber nicht schaden!). Läuft Ihre PR inhouse, können Sie bei seriösen Anbietern (z. B. Zimpel, www.zimpel.de) Kontakte einmalig oder mit Aktualisierungen im Abo kaufen. Letztere Möglichkeit ist bei der aktuellen Fluktuation in den Redaktionen auf jeden Fall nicht dumm…

Wenn Sie mit Fachleuten arbeiten, können Sie sich wahrscheinlich drauf verlassen, dass sie passgenaue Themenvorschläge an die richtigen Medien schicken. Das „Gießkannenprinzip" von „viel hilft viel" ist nämlich in der PR absolut kontraproduktiv. Journalisten werden täglich mit Themenvorschlägen bombardiert und nur der, der sich durch Seriosität, Originalität, Aktualität und Textqualität auszeichnet, kann auf eine fruchtbare Zusammenarbeit hoffen. Die Texte derer, die Ihnen zuarbeiten, zu prüfen oder zumindest quer zu lesen, ist aber auf jeden Fall Chefsache, also Ihre. Im Zweifel wird Ihr Name mit den Inhalten verbunden, also Augen auf!

Der Clou: Die Pressearbeit ins Marketing einbinden

Ich bin stolz auf die Geschichte, die ich oben erzählt habe, denn ich habe damals schon vieles richtig gemacht. Auf ein aktuelles und wichtiges Ereignis (wie den Kölner Karneval in Köln) aufzuspringen, war eine tolle Idee, um überhaupt das Interesse der Redaktionen zu wecken. Die Verknüpfung mit „meinem" Thema (den Übersetzungen) über „Kölle Alaaf" war kreativ und lustig – ein weiterer Pluspunkt. Und das Bild einer strahlenden Nelly mit Glitzer im Gesicht in der Zeitung und meine Stimme mit ihrem leichten und warmen Akzent im Radio – sehr sympathisch und werbewirksam…

Wie gesagt, nur mit der Nachhaltigkeit haperte es ein bisschen. Aber auch da habe ich instinktiv schon das Richtige getan: Die physischen „Clippings", also die echten Ausschnitte aus der Zeitung, einzurahmen und im Büro aufzuhängen, war genau *der* Weg. So gingen sie wenigstens nicht ganz verloren und alle Besucher hatten immer einen „Beweis" meiner „Expertise" vor Augen. Dieser Gedanke, mit Presseergebnissen Marketing und Werbung zu machen, hat heute, in Zeiten des Internets, noch viel mehr Power! Früher konnten wir von Titelgeschichten oder großen Artikeln oder Interviews in renommierten Medien „Sonderdrucke" anfertigen lassen und sie an unsere wichtigen Kontakte verschicken. Das war eine tolle „Gesichtskosmetik" und wir konnten in der Öffentlichkeit ein bisschen die Muskeln spielen lassen.

Heute pflegen wir (wenn wir gut unterwegs sind) auf unserer Website einen Pressebereich, in den wir alle Presseergebnisse einstellen (wobei wir immer vorher die Rechte- und Nutzungsfrage mit dem jeweiligen Medium abklären!). Wir können besonders tolle Artikel für E-Mailings nutzen. Wir können Links zu unseren Fernsehauftritten in unseren Social-Media-Accounts platzieren, vorher schon ein Bild aus der Maske posten, um Spannung zu erzeugen, und nach einiger Zeit vielleicht noch einmal mit einem Zitat aus der Sendung überraschen. Es gibt so viele Möglichkeiten! Also, begnügen Sie sich nicht damit, in der Presse zu sein. Bringen Sie vielmehr Ihre PR-Ergebnisse noch weiter unter das (interessierte) Volk und rühren Sie damit Ihre ganz persönliche Werbetrommel!

Literatur

Erens, Oliver (2012): *Pressearbeit für Dummies.* Wiley-VCH, Weinheim.

Rupp, Miriam (2016): *Storytelling für Unternehmen: Mit Geschichten zum Erfolg in Content Marketing, PR, Social Media, Employer Branding und Leadership.* mitp Business, Frechen.

Schulz, Benjamin / Geffroy, Edgar (2016): *Erfolg braucht ein Gesicht.* Redline, München.

Silberzahn, Stefan (2015): *Erfolgreiche Pressearbeit: für Gründer und kleine Unternehmen.* Kindle.

www.zimpel.de

Ein Haus für meine Ideen: Büro auf Zuwachs

Wir sind rausgewachsen – Ich will nicht gehen, sondern rennen – Mein cooler Bankberater – „Sie haben eine Million Umsatz gemacht!"– Meine Idee vom Wachstum – Bruchbude oder Traumhaus? Immobilienkauf mit Vision – Nur vom Feinsten dank KfW-Kredit – Bodenständig und doch global orientiert

Die Lampen und meine meist studentischen Mitarbeiter, das Belgische Viertel und der Karneval … der Tag kam, an dem ich das nicht mehr wollte! „Warum?" – fragt man sich. Ich war sehr gefragt als Dolmetscherin, mein kleines Büro war voller Leben und alles lief. Und das war es: Es lief – und ich ging mit. Aber ich wollte nicht gehen, sondern auch laufen – oder vielmehr rennen. Ich wartete nicht, bis die Chancen an meine Tür klopften, sondern ich war wild darauf, sie selber zu finden. Ich beschloss, ein richtiger Arbeitgeber zu werden und feste Mitarbeiter mit 40-h-Woche einzustellen. Dafür brauchte ich mehr Platz und mehr Schreibtische. „Ich werde für die Firma eigene Räume kaufen", teilte ich meinem Mann mit und drehte mich um, damit ich sein verwundertes Gesicht nicht sah. Seiner Frage aber konnte ich nicht ausweichen: „Womit?" „Ich gehe zur Bank!" kam meine Antwort wie aus der Pistole geschossen und ich ging hinaus.

Banken sind manchmal richtig cool
Gesagt, getan. Und ich kann schon einmal vorweg schicken: Der Banktermin war ein Erlebnis!

© Springer Fachmedien Wiesbaden GmbH, ein Teil von Springer Nature 2019
N. Kostadinova, *Ein Koffer voller Wollen,* https://doi.org/10.1007/978-3-658-23985-5_7

Der Banker, ein gut aussehender und charmanter Mann, hatte eigens den hauseigenen Kreditvergabespezialisten zu dem Gespräch eingeladen. Kaffee und Plätzchen warteten schon auf mich. Ich genoss die Gastfreundschaft und konnte es kaum abwarten, dass wir zum Wesentlichen kamen. „Sie haben fast eine Million Umsatz im letzten Jahr erwirtschaftet!", sagte er mit einer Mischung aus Skepsis, Respekt und Freude und spuckte dann den Grund für seine Skepsis aus. „Wie groß ist eigentlich Ihr Büroraum?" Ach so! „Die geringe Größe des Büros passt wohl nicht zum erwirtschafteten Umsatz", dachte ich und antwortete schnell, um die Irritation aus der Welt zu schaffen. „30 Quadratmeter, inklusive Toilette und Abstellflächen, und ich bin dort nur Untermieterin." Schade, denn Vertrauen konnte ich mit dieser Antwort nicht schaffen. Darum ging ich ging selbst in die Offensive. „Woher wissen Sie, wie viel Umsatz ich habe?" fragte ich ein bisschen naiv. „Aus Ihrem Bankkonto, natürlich! Oder haben Sie noch eine Bank an Ihrer Seite?", schoss er zurück. Quatsch! Wie viele Banken sollte ich schon haben? Ich hatte gerade angefangen, ein echtes Business zu gründen! Meine Gesprächspartner repräsentierten nicht nur meine einzige Bank, sondern ich hatte auch nur ein einziges Konto – das ich eröffnet hatte, als ich nach Deutschland kam, damit mein Stipendium darauf überwiesen würde.

Der Bankberater wusste aus den Kontoauszügen, dass ich eine kleine Miete bezahlte und änderte nun seine Einstellung schnell. Seine Skepsis verwandelte sich in Bewunderung. Jetzt war er sicher, dass mich das Anfängerglück begleitete und nicht etwa dubiose Manipulationen im Spiel waren. Was er sah, war eine hart arbeitende junge Frau mit gesundem Menschenverstand. Den Rest interpretierte er als Wachstumskonzept. Wenig Kosten für das kleine Büro und das Personal, Ratenzahlungen für die Werbung und hohe Präsenz durch die Fahrradständerschilder in der Stadt. Alles das ging durch seinen Kopf. Vielversprechend sah das Ganze aus, trotzdem wollte er wissen: „Wie soll es denn weiter gehen?" Ich gab ihm die gewünschte Antwort: „Ich brauche Raum, um zu wachsen!"

Weitere Erklärungen waren unnötig. Heute denke ich: Der Erfolg gibt einem halt Recht. Ich konnte aber in dieser Zeit meinen Erfolg noch nicht in Worte fassen: Die Zahlen haben für mich gesprochen. Meine Gewinnmarge war extrem hoch, weil ich selber ca. 15 h lang sieben Tage in der Woche Leistungen in die Firma hinein gab, und sich bei meiner kleinen Firma so rasch finanzielle Stabilität einstellte. Mit einem Schuss Humor könnte man auch sagen: Ich hatte einfach keine Zeit, mein Geld auszugeben. Die Bank stimmte meinem Kreditantrag für einen Immobilienkauf zu und übermittelte mir ein attraktives Angebot mit sehr niedrigen Zinsen. Der Banker war schlau und sah das weitere Potenzial meiner Firma.

Eine Bauchentscheidung kann die beste sein

In den Zeitungsanzeigen sah ich in der Rubrik „Immobilienverkäufe" etwas Interessantes und rief schnell unter der angegebenen Nummer an. Der Verkäufer sprach über sein Haus und war mit einem Besichtigungstermin einverstanden. Wann? Am Montag? Es war Samstagabend, wie hätte ich bis Montag warten können? „Ich möchte die Räume sehen – jetzt!", war meine eindeutige Botschaft. Der Ton und (wieder einmal) die Lava, die in offensichtlich meiner Brust floss, beeindruckten ihn offensichtlich, und er antwortete schnell: „Lassen Sie mich mein Abendbrot zu Ende essen. Ich bin um 20 Uhr da."

Draußen schneite es, als ich vor dem Gebäude stand. Untypisch für Köln, aber ich fand das Wetter schön. Ich betrachtete die Schneeflocken und atmete leicht. Nun wollte ich eigene Räume kaufen, obwohl ich sie noch gar nicht so richtig brauchte. Was ich wirklich brauchte, war ein Haus für alle meine Ideen, die man nicht mehr in diese 30 m² gemieteter Bürofläche stopfen konnte. Es war Zeit für freie Räume, Luft und mehr Arbeitsplätze. An diesem Samstagabend in Köln. „Ich kaufe die Immobilie", war 15 Min später meine Ansage.

Wie sieht es denn hier aus?

Ein verstaubter, nikotingelb ausgeblichener Empfangsbereich, verbaut und klein, dazu nach Zigaretten stinkend. Ein paar Räume im Erdgeschoss, frei von jeglichem Charme und quasi unrenoviert. Dann eine untere Etage, die man über eine eklige und enge Treppe erreichte. Das habe ich also gekauft: 200 m² für mich und meine inzwischen immerhin zwei Festangestellten. Die eine sollte im ersten Büro bleiben, die andere mit in die neuen Räume kommen. Ich begann zu renovieren. Dafür brauchte ich wieder Geld und kontaktierte diesmal die KfW über meine Hausbank. Der Berater war schon von meinen Plänen überzeugt und verhielt sich weiterhin sehr kooperativ. Eine Woche später war auch dieses Geld auf dem besagten Konto, und ich konnte mich wirklich austoben. Fantastische Fliesen und extravagante Waschbecken für die Waschräume, Marmorstufen für die Treppe, Wände rausnehmen und neu ziehen und riesige Schiebetüren in Blau und Rot vor die Regalwände setzen. Dazu Parkettboden und die Beleuchtung aus der aktuellen Ausstellung des Marktführers in Deutschland. Alles vom Feinsten!

Ein solides Fundament schaffen

Und das alles für die eine Mitarbeiterin, die sich mit Ihrer Kollegin aus dem ersten Büro die Kunden teilen sollte? In der Tat, ich hatte ja nur diese zwei Festangestellten. Es klingt weltfremd und kaufmännisch unsinnig. Ich hinterfragte mich nochmals. Schließlich wäre ich nicht die Erste gewesen, die aus lauter Übermut auf die Nase fiel. Ich tröstete mich damit, dass sich manche Gründer sogar dicke Autos vom ersten Kredit kaufen – bevor sie überhaupt einen Kunden haben. Andere haben vielleicht schon einen großen Kunden und hoffen einfach, dass sie noch weitere Kunden bekommen werden. Wenn sie den ersten aber verlieren, bevor der nächste da ist, bricht alles zusammen. So war es bei mir nicht!

Mein eigentlicher Plan war aber zuerst gar nicht unbedingt das finanzielle Wachstum, denn das eigentliche Bedürfnis, das mich antrieb, war: Weiter, weiter, immer weiter machen und etwas schaffen! Dieses „weiter machen" bedeutete für mich in dem Moment auch: Ich will kein Geld aus dem Fenster schmeißen. Mit meinem bodenständigen Verständnis vom Business wollte ich eben nicht mehr Mieter sein, sondern in eine Immobilie investieren, mich damit langfristig finanziell unabhängiger machen und ein solides Fundament für mein Unternehmen schaffen. Ich würde mit meinen Raten an die Bank die Miete in die eigene Tasche zahlen, jedenfalls solange ich noch Einzelunternehmerin war. Über eine GmbH-Gründung und mögliche Steuervorteile würde ich mich später informieren, nahm ich mir vor. Diese Langfristigkeit, die plötzlich in mein Denken kam, zeugte von einer Art Bodenständigkeit. Meine Natur war zwar damals noch experimentier- und risikofreudiger als heute, aber meine Grundeinstellung im Leben orientierte sich damals schon an den Worten meines Großvaters, dessen Namen ich trage: „Pflanze einen Baum, baue ein Haus, ziehe ein Kind groß – dann bist Du ein Mensch, der nicht schnell vergessen wird".

Erfolgsmentalität für Gründer: Bodenständig, divers aufgestellt und unabhängig

Diese Einstellung war sicher ein Erfolgsfaktor in meiner Wachstumsphase. Dazu kam: Meine Kundenstruktur war vielfältig und gesund. Meine Planung stand auf mehreren Füßen: Selber dolmetschen, selber übersetzen und so viele Übersetzungsaufträge wie möglich an andere Profis vermitteln und eine gute Marge dabei verdienen. Die Kredite, die ich aufgenommen hatte, flossen hundertprozentig in meine Firma. Und was mir noch sehr wichtig war: Dieses Geld von den Banken war zwar klassisches Fremdkapital, aber solange ich es zurückzahlen konnte, blieb ich unabhängig. An diesem System „Kredite ja, Investoren nein" habe ich (fast) mein ganzes Unternehmerleben lang festgehalten. Nie wollte ich meine Firma teilen und Anteile verkaufen, um mir Kapital für Wachstum zu verschaffen und so einen Teil der Kontrolle abgeben. Eigentlich war Lingua-World unter diesem Gesichtspunkt so etwas wie ein Familienunternehmen – mein Familienunternehmen eben.

Allerdings war diese Bodenständigkeit für mich kein Hinderungsgrund dafür, trotzdem expandieren zu wollen. Dazu experimentierte ich zu einem späteren Zeitpunkt mit dem Aufbau eines Franchisesystems. Wenn Sie die letzten Absätze aufmerksam gelesen haben, wissen Sie schon, wie das ausging: Ich hörte damit schnell wieder auf und kehrte schleunigst zu dem Aufbau eigener Filialen zurück ... Aber soweit war ich zum Zeitpunkt meines Immobilienkaufs ja noch gar nicht: Erst mal musste ich mein Büro richtig ausstatten und das Geschäft weiter zum Laufen bringen...

30 Telefonleitungen für zwei Mitarbeiter: Groß denken macht erfolgreich

Ein raffiniertes Geschäftsmodell – Gesunde kriminelle Energie – Ein ungewöhnliches Verkaufsgespräch – Das Wachstum gibt mir recht – Fremdkapital, ja bitte! – Bodenständig bleiben – Die Kraft aus meinem Bauch – Exponentiell statt linear – Meine langlebige Telefonanlage verabschiedet sich

Machen Sie mit mir eine weitere kleine Reise ins vor-digitale Zeitalter: Ich hatte gerade meine neuen Büroräume renoviert und war dabei, das Tüpfelchen aufs „i" zu setzen, als ich bei einem Dolmetscherauftrag einen für seine Zeit genialen Ganoven kennen lernte. Damals war ich mit der Bedeutung von Telefonleitungen fürs Business noch überhaupt nicht vertraut, aber der kleine Gangster gab mir ein wertvolles Tutorial. Was hatte er verbrochen? Der Schaden, den dieser Ganove aus eigener Kraft angerichtet hatte, lag im Millionenbereich. Der Angeklagte, für den ich im Auftrag des Gerichts dolmetschen sollte, war ein junger, 20-jähriger Mann aus Russland. In dem Prozess ging es um Wirtschaftskriminalität. Firmen und Menschen, die als Kunden Zahlungen im Voraus geleistet hatten, waren betrogen worden, denn sie hatten zuvor telefonisch bestellte Ware nie erhalten. Der Geschäftsführer des Betrugsunternehmens wusste anscheinend von nichts, und der 20-Jährige nahm die ganze Verantwortung auf sich. Ein bekanntes Muster, aber darum geht es hier nicht.

Interessant war: Wie genau war der Betrug abgelaufen? Ich erfuhr es im Rahmen des Dolmetschens, und es war ganz einfach: Der junge Mann mietete im Namen der Firma einige kleine, karge Büros an und ließ dort eine Menge Telefonleitungen installieren. Ein klassisches „Briefkastensystem", das

© Springer Fachmedien Wiesbaden GmbH, ein Teil von Springer Nature 2019
N. Kostadinova, *Ein Koffer voller Wollen,* https://doi.org/10.1007/978-3-658-23985-5_8

mit seinen verschiedenen Standorten Seriosität vermittelte, wo in der Realität nur heiße Luft war. Mit den Adressen und Telefonnummern gestaltete er kleine Werbeblättchen, die bei den späteren Kunden anscheinend wilde Kauflust weckten. Diese Anziehungskraft wurde vor allem durch die Preise der Produkte ausgelöst, die etwa ein Drittel niedriger waren als die üblichen Marktpreise. Die Kunden waren begeistert, riefen die eine oder die andere Nummer an, und der junge Mann nahm die Bestellungen auf, ohne wirklich die Absicht zu haben, etwas zu liefern. Er selbst hatte alle Nummern der verschiedenen leeren Büros auf die Nummer seiner Wohnung umgeleitet und führte die Verkaufsgespräche unbeschwert in seiner gemütlichen Wohnzimmeratmosphäre. Schnell, eine nach der anderen, gingen Bestellungen von über 200 Kunden ein! Bis die ganze Sache dann unweigerlich aufflog …

Illegale Inspiration

Reaktionsschnell, flexibel und ideenreich fand ich das Verhalten dieses jungen Mannes. Aber leider war es auch kriminell! Mich beeindruckte die Geschichte jedoch, und ich übernahm die Idee mit der Umleitung der Telefone – ohne das betrügerische Element natürlich. Heute erscheint es lächerlich, davon beeindruckt zu sein. Aber damals war dieses „Licht- und Schattenspiel" eine Illustration moderner Wachstumsmöglichkeiten. Die Telefonsysteme entfalteten ihre Macht und ich spürte, dass ich die Dimensionen dieser Macht im Wachstumsprozess noch nicht richtig kannte, sie aber unbedingt kennen lernen und nutzen musste. Ich machte also einen Termin mit der Telekom aus, um meinem Instinkt zu folgen.

Deren Vertreter kam mit den neuesten Angeboten für Geschäftskunden, und wir begannen mit einem schnellen Rundgang durch meine neuen Räumlichkeiten. Das Infogespräch über die neuen ISDN-Leitungen war recht kurz, und trotzdem spannend. Es war schnell klar: Eine Telefonanlage war für meine Geschäftsidee der in ihren Heimatländern ansässigen Übersetzer absolut notwendig. Der Vertreter stellte die Fragen, ich antwortete. „Wie viele Leitungen brauchen Sie?" Meine Antwort hatte ich längst vorbereitet: „30!". Der Mann blätterte in seinen bunten Prospekten und öffnete einen davon auf dem Tapeziertisch, der vor mir stand. „Das kostet um die 35.000 DM!", las er mir den Preis aus dem Prospekt vor. 35.000 DM? So teuer? An so eine Summe hatte ich im Leben nicht gedacht! Zu teuer? Nein, kein Problem! Der Vertreter suchte nach anderen Lösungen. Eine kleinere Anlage? Oder eine noch kleinere? Die gab es auch! Ich hätte sogar eine Anlage mit nur drei Leitungen nehmen können, wie in meinem kleinen Büro zuvor im Belgischen Viertel. Der Berater war wirklich bestrebt, mir zu helfen und wendete mein Kommunikationskonzept hin und her. Plötzlich fiel ihm ein zu fragen: „Wie viele Mitarbeiter haben Sie denn?" „Zwei", antwortete ich ehrlich.

Wo ein Wille ist ...

Die plötzlich Stille auf meiner Bürobaustelle und der Blick des Mannes fesselten mich. 30 Telefonleitungen für zwei Mitarbeiter! Augenblicklich stellte ich mir vor, wie er (verärgert über die verlorene Zeit) seine bunten Prospekte einsammeln und gehen würde ... Er hätte auch Recht gehabt, aber eben doch nicht so ganz. Es gab eine Antwort, die ich ihm noch geben konnte. Eine einzige Antwort, die mein Interesse an dieser großen Anlage begründen konnte. Die Antwort, die ich auch der Bank beim Kauf meiner Immobilie gegeben hatte. Diese Antwort kannte nur ich: „Ich werde wachsen und brauche diese Anlage!", sagte ich entschlossen und zeigte mit dem Finger auf den Prospekt mit dem Preis von 35.000 DM. Der Rest lief für mich erstaunlich einfach. Wir fanden eine Lösung: Ein Mietkauf der Anlage minimierte die Gesamtkosten und machte es mir möglich, meine Kommunikationsvision umzusetzen. Die große Anlage spielte in den folgenden Jahren fantastisch mit. Sie fing mein Wachstum perfekt auf und war für mich wie eine beste Freundin. Neue Büros, neue Länder, mehr Mitarbeiter, Vertretungen und Nachtschichten, Support von Übersetzern auf der anderen Seite der Weltkugel – das alles konnte sie perfekt unterstützen. Meine Idee war also nicht verrückt und meine (zugegebenermaßen sehr weit in die Zukunft blickende) Entscheidung richtig gewesen.

Zum wiederholten Male hatte ich instinktiv etwas entschieden und die Weichen auf Erfolg gestellt, ohne dafür eine theoretische Grundlage zu kennen (oder auch nur zu wissen, dass es so etwas überhaupt gab). In meinem späteren Managementstudium lernte ich dann, dass es von „unternehmerischem Weitblick" zeugt, wenn man groß denkt. Wenn man Wachstum antizipiert und seine Firma dementsprechend ausrichtet. Dass man einen „Businessplan" schreibt und wie man dann Investitionen steuert, Abschreibungen und Steuervorteile nutzt. Und wann und wie man am besten auf Fremdkapital zurückgreift. Damals ging es bei mir „nur" um eine Telefonanlage, aber sie war das entscheidende technische Equipment für die Betriebsfähigkeit meiner speziellen Geschäftsidee. Ich hatte es einfach gewusst: Irgendwann würde ich so viele Übersetzungsaufträge haben und an Übersetzer in aller Welt herausgeben, dass die Kommunikationstechnik auf hohem Niveau unverzichtbar war und einfach nur funktionieren musste. Mir stand klar vor Augen, dass ich mir mit den großen Büroräumen und dieser Anlage in meiner späteren Entwicklung einen großen Schritt sparen würde. Dafür allerdings lehnte ich mich aktuell finanziell ziemlich aus dem Fenster ...

Fremdkapital: Unverzichtbar, aber bitte überschaubar

Ein wenig Bauchschmerzen hatte ich schon, als ich den Leasingvertrag für die Telefonanlage unterschrieb. Aber ich grübelte nicht und hatte auch keine Zweifel daran, dass ich das Richtige tat. Ich wusste, dass ich mir einiges vorgenommen hatte, aber ich konnte das meistern. „Ich bin eine Macherin", dachte ich und entwickelte schon Ideen, wie ich meinen Cashflow weiter verbessern konnte. Meine Fixkosten waren hoch, aber nicht unübersichtlich: Die Raten für meine neue Firmenimmobilie an die Bank und die KfW, die Leasingzahlungen an die Telekom und die Gehälter für meine zwei fest angestellten Mitarbeiter. Plus noch ein paar (auslaufende) Zahlungen für die extravaganten Werbeideen in meinem ersten Büro. Meine Bonität stand also nie in der Schusslinie, die Bank war mein verlässlicher Partner. Sie hatten mir Kapital gegeben, weil ich in den letzten Jahren bewiesen hatte, wie „kapitaldienstfähig" ich war: Ich hatte aus meinem operativen Geschäft heraus so viel erwirtschaftet, dass es keinen Zweifel daran gab, dass ich meine Verbindlichkeiten auch bedienen konnte. Dasselbe galt für die Telekom. Mit der Investition in eine Firmenimmobilie hatte ich darüber hinaus zwei Fliegen mit einer Klappe geschlagen: Sie bedeutete auf der einen Seite faktisch Vermögensaufbau sowie Konsolidierung und auf der anderen Seite buchhalterisch Steuervorteile und Abschreibungsmöglichkeiten (wie mir der unverzichtbare Buchhalter, den ich bald darauf ebenfalls einstellte, bald erklären würde).

Vision und Mission – alles aus dem Bauch heraus

Rückblickend freue ich mich sehr darüber, dass ich so viel Glück gehabt habe. Aber ich denke auch, dass mich einfach mein gesunder Menschenverstand ein Stück weit gut geleitet hat. Hätte ich meine Managementausbildung früher gemacht, wäre mir klar gewesen, dass ich mich in einem Prozess befinde, den jeder Gründer in der einen oder anderen Form durchläuft. Ich sage nicht, dass es dann unbedingt besser für mich gelaufen wäre. Vielleicht hätte ich mich manchmal etwas sicherer gefühlt, und nicht so sehr als die Einzelkämpferin, die mit ihrem Dickkopf und dem ganzen Feuer im Herzen auf „Teufel komm raus" ihre Wünsche durchdrückt.

„Strategische Unternehmensplanung" oder „Businessplan" waren jedenfalls Begriffe, die mir in diesen Jahren nicht ein einziges Mal durch den Kopf gegangen sind (und ich hatte auch Glück, dass die Bank bei der Finanzierung des Hauses keinen „Businessplan" von mir sehen wollte ...): Eine echte Marktanalyse hatte ich dementsprechend nie gemacht. Mittlerweile war mein Frust über meinen missglückten Besuch bei der IHK einige Jahre zuvor zwar verraucht, aber ich vertraute weiterhin nur meinen Erfahrungen

und nicht dem Rat der sogenannten Experten, die heute ein Übersetzungsbüro und morgen einen Schrotthandel beraten wollen. Mein Vorteil war,
dass die Firma noch klein war und ich alles im Blick hatte. So kannte ich
den Bedarf des Marktes und nahm wahr, dass er wuchs. Ich arbeitet hart am
Ausbau meines Übersetzerpools, um auch ausgefallene Wünsche bedienen zu
können. Ich kannte meine Arbeitswut und meine Kräfte, die so maßgeblich
zum gesunden Cashflow beitrugen und hatte Vertrauen zu mir selbst. Und
ich hatte noch ein paar Ideen in petto, um mein „Büro auf Zuwachs" in der
Interimsphase Gewinn bringend zu nutzen (mehr davon gleich).

Das reichte mir intern als Festlegung meiner aktuellen und langfristigen
Unternehmensziele. Sie wuchsen und erschienen aus dem Tagesgeschäft
heraus. Allerdings hatte ich ja bereits meine Vision und meine Mission, die
ich so felsenfest nach der IHK-Episode für mich formuliert hatte, und auf
diesen beiden baute ich auf:

*„Ich werde eine andere Art von Übersetzungsbüro gründen, nicht etwas, das es
schon gibt. Ein Büro, das nicht auf einen Ort beschränkt ist, nur die Umgebung
Kölns bedient und im regionalen Saft schmort. Mein Büro wird sein Gesicht der
Welt zuwenden und sich für alle Länder öffnen."*

Und:

*„Mein Büro wird Transparenz vermitteln und die Menschen lehren, sich besser
zu verständigen. Ich will Gebrauchsanleitungen von Maschinen so übersetzen,
dass die Fachleute mit der Übersetzung diese Maschine auch bedienen können.
Ich will medizinische Diagnosen so übersetzen, dass die Ärzte erfolgreich operieren können. Ich will Kinderbücher, die Kinder zum Lachen bringen, in allen
Sprachen sehen und ich will Menschen miteinander verbinden."*

Beides war in meinem Inneren fest verankert. Ohne zu wissen, was ich
tat, hatte ich mit der Vision den idealen Zustand meines Unternehmens in
der (fernen) Zukunft beschrieben und somit die Frage beantwortet, wie ich
mich langfristig (also in 10 bis 25 Jahren) mit meinem Unternehmen positionieren wollte. Wenn man so will, war die Vision somit ein übergeordnetes
Unternehmensziel. Und mit meiner Mission hatte ich den Zweck meiner
Firma dargelegt und festgelegt, was mein Unternehmen für meine Kunden
oder für die Gesellschaft leisten wollte. Die Mission war von der Vision
abgeleitet und hatte sie ins Konkrete überführt. So weit, so gut.

In einem echten Businessplan hätte ich nun die kurz- und mittelfristigen
Unternehmensziele festlegen und Meilensteine entwickeln müssen, an denen
ich mich beim Erreichen dieser Ziele orientieren könnte. Das hatte ich nicht
getan – wie Sie oben gelesen haben. Mein Stil war immer eher konkret:
Große Ideen ja, aber Schritt für Schritt vorgehen und Probleme lösen, wenn
sie auftauchen. Und in einer aktuellen Situation überlegen: Was brauche ich

an inneren und äußeren Ressourcen, um dahin zu kommen, wo ich hinwill? Und dann alles tun, damit diese Ressourcen auch zur Verfügung stehen. Das ist anstrengend, das braucht viel persönlichen Einsatz – aber das bin eben ich. Und wer sagt, dass nicht das genau richtig ist? Und dazu noch modern und agil, wenn ich recht darüber nachdenke und mal ein echtes „Buzzword" in die Diskussion werfe …

Linear war gestern, heute ist exponentiell

Denn zum Schluss noch ein Wort über die Zukunft: Aktuell ist es sowieso nicht mehr so leicht, als Unternehmer sein Wachstum vorausschauend zu planen. Und ein Umdenken weg von der kleinteiligen strategischen Planung ist darum vielleicht gar nicht so verkehrt. Sich in großem Denken zu üben und wilde Ideen zu haben, ist heute sicher einfacher denn je – Globalisierung und Digitalisierung sei Dank. Aber es ist viel schwerer geworden, sinnvolle oder notwendige Wachstumsmöglichkeiten konkret vorauszusehen und zu planen. Denn Innovationen und Technologien wachsen heute nicht mehr in einem „gemütlichen" linearen Tempo, sondern sie können innerhalb kürzester Zeit groß, virulent und fürs Unternehmen einerseits unverzichtbar oder andererseits (und das ist schlimmer) obligatorisch werden. Exponentielles Wachstum wird also einerseits möglich, ist andererseits aber vielleicht auch unbedingt nötig, schon um konkurrenzfähig zu bleiben. Das ist Chance und Belastung zugleich – und daran müssen wir unser Denken anpassen. Zum Beispiel: Wie kommen wir heute schneller oder unkomplizierter an Fremdkapital, um zu wachsen oder ein wenig zu experimentieren? Um mal einen Prototyp von etwas zu entwickeln und zu schauen, ob er funktioniert? Banken sind tolle Partner, aber auf Sicherheit bedacht und darum manchmal langsam. Um als Unternehmer am Ball zu bleiben, brauchen wir Alternativen, müssen offen sein und uns umschauen.

„Crowdfunding", also eine Finanzierung aus einer Initiative heraus, bei der viele Menschen für eine Idee (jeder einzeln, aber auf der Basis einer organisierten Struktur) einen kleinen Betrag investieren, kann eine Möglichkeit sein. Es gibt sogar schon Banken, die mitdenken und eigene Crowdfunding-Plattformen bespielen und steuern. (Diamandis/Kotler 2015) Oder vielleicht muss Wachstum auch gar nicht so teuer sein? Die Technik des „Design Thinking" kann es uns ermöglichen, mit vorhandenen Ressourcen neue Wege einzuschlagen, kreativer zu werden und effektiv in einem sich schnell ändernden Marktumfeld erfolgreich zu bleiben. (Gerstbach 2016) Ideen gibt es viele …

Nach 15 Jahren schließlich holte die Digitalisierung auch mich und meine analoge Telefonanlage ein: Ich stieg um – diesmal auf eine IP-basierte

Anlage, die in der neuen, digitalen Welt noch mehr technische Möglichkeiten bot. Und wieder scheute ich nicht vor großen Investitionen zurück, denn ich hatte noch immer Vertrauen in mein Geschäftsmodell. Und Geld war kein sehr großes Thema mehr, denn die Kapitalstruktur von Lingua-World war inzwischen über jeden Zweifel erhaben: Mein Unternehmen ist schon im „Himmel" angekommen, aber ich stehe glücklicherweise immer noch mit beiden Beinen auf dem Boden …

Literatur

Diamandis, Peter / Kotler, Steven (2015): *Bold – Groß denken, Wohlstand schaffen und die Welt verändern.* Plassen, Kulmbach.
Gerstbach, Ingrid (2016): *Design Thinking.* Gabal, Offenbach.

Wie man die Konkurrenz auskundschaftet: Wissen ist Macht

Meine zweite Geschäftsidee – Inspektion und Recherche vor Ort – Cologne's next topmodels – Schick, schicker, am schicksten – Improvisation ist Trumpf – Hilfe, die Kunden kommen! – Die Schnüffel GmbH & Co. KG – Wie bei James Bond – Profiler at work – Wer ist da zimperlich im internationalen Vergleich?

Jetzt saß ich da mit meiner großen Idee und den teilweise schon sehr schön renovierten Geschäftsräumen. Die waren (noch) zu groß und zu teuer für mich – aber ich hatte schon wieder einen Plan! Und der basierte nicht auf Zahlen, sondern auf Beobachtungen, Gesprächen, eigenen Erfahrungen und natürlich auf Intuition: Ich wollte Konferenz- und Seminarräume anbieten. Wir brauchten einen richtig großen Büroraum für Lingua-World, und den Rest unserer Räume wollten wir gemäß dieser neuen Idee nutzen. Nein, eigentlich hatte ich sogar zwei Ideen… Erstens: Ich wollte für Konferenzdolmetscheranfragen aus meinem Kerngeschäft eigene Räume anbieten, statt den Hotels die entsprechenden Konferenzen zu überlassen. „Alles aus einer Hand" lautete mein Prinzip hier. Ich zielte damit auf die Bequemlichkeit und das Bedürfnis nach Kostenkontrolle, das für sehr viele Kunden eine Rolle spielt. Die Kostenreduzierung für solch ein Inhousemeeting mit Dolmetscher war offensichtlich und auch ohne Taschenrechner sofort nachvollziehbar. Und zweitens wollte ich in den „ganz normalen" Markt der Seminarraumvermietung einsteigen. Meine Aufgabe war es jetzt, den erforderlichen Komfort und ein entsprechendes Ambiente zu schaffen, die (wenigstens im Ansatz) an das heranreichten, was meine Konkurrenz (die Hotels) anboten. Aber die wichtigste Frage war: Wie sollte ich mein Angebot aufziehen, um Kunden zu gewinnen?

© Springer Fachmedien Wiesbaden GmbH, ein Teil von Springer Nature 2019
N. Kostadinova, *Ein Koffer voller Wollen*, https://doi.org/10.1007/978-3-658-23985-5_9

Recherche vor Ort

Ich rief einige dieser Konferenzhotels an und bat sie um Termine. Meine „Legende" war, dass ich „die Räume sehen wollte, die ich für Kunden meines Dolmetscherservices buchen wollte". Ich lernte viel bei meinen Besuchen: Die Konferenzräume unterschieden sich nach Ausstattung, Größe und in der Bestuhlung – und hatten je nachdem einen ganz unterschiedlichen Charakter. Ich bekam entsprechende Prospekte und bestellte von weiteren Konferenzraumanbietern noch mehr Informationen. Nachdem ich das Material sortiert und die jeweiligen Prospekte geöffnet hatte, gab ich den Papieren einen Platz auf dem Boden meines Arbeitszimmers. Dann betrachtete ich die Angebote aus dieser Helikopter-Perspektive: Theater-Bestuhlung, Bestuhlung in U-Form, Table-Meeting usw. Für weitere Analysen gab es keine Zeit, denn ich musste dolmetschen!

In der Nacht darauf lag ich wach und dachte über mein neues Angebot nach. Ich ließ meine Fantasie spielen und rechnete jede Variante durch. Die Prospekte lagen brav am Boden und lehrten mich, was in diesem Markt wichtig war. „Sie möchten die Kosten Ihres Meetings senken" – war die Ansprache, die ich dann für meine eigenen Unterlagen im Hinterkopf behielt. Und tatsächlich würde das Angebot, das ich potenziellen Kunden machen konnte, günstiger als das der Mitbewerber sein. Jetzt musste ich Gas geben: Die Räume so renovieren und einrichten, dass Kunden mein Angebot überhaupt anschauen und in Betracht ziehen würden, und dann selbst Prospekte entwickeln!

Schick und schicker – zweite Runde!

Durch meine Vor-Ort-Besichtigungen war ich inspiriert und hatte eine Vorstellung, wie alles aussehen sollte. Die Bestellung der Einrichtung für die Konferenz- und Seminarräume ließ ich über den gleichen Anbieter laufen, der im Büro von Lingua-World schon die Schränke, die riesig großen Schiebetüren und die Küche eingebaut hatte. Es versteht sich von selbst, warum: große Bestellung, großer Rabatt! Dafür waren die Stühle, die Tische und die Beleuchtung auch das Beste vom Besten. Elegant, teuer, bequem und langlebig. Renovierung und Bestellung liefen parallel – ich feuerte aus allen Rohren. Und wo waren die Kunden? Ich musste in die Akquise einsteigen!

Zuerst organisierte ich ein kleines Callcenter im fertigen Büro mit meinen Studenten. Ich hatte Adressen auf CD gekauft, alle von potenziellen Kunden. Für sie entwickelte ich einen Fragenkatalog, den die Studenten abklopfen sollten. Auch das Internet war einerseits ein Vertriebskanal, und andererseits eine gute Informationsquelle – ich ließ hier fleißig recherchieren.

Einen Monat später wusste ich: Mein Bauch liegt richtig, es gibt einen Markt. Auch für Anbieter wie mich! Dann die Präsentation meines Angebotes: Ich brauchte auch so einen schicken Prospekt wie die Konkurrenzhotels und ging meinen Fundus nochmals durch, um mir Anregungen zu holen. Nur: Meine Räume waren noch nicht fertig, ich hatte keine Kulisse – also musste ich improvisieren! Ich hatte eine Idee und wandte mich an wieder mein Lieblingsmöbelgeschäft, bei dem ich alle meine Bestellungen getätigt hatte. Diesmal mit einer anderen Bitte: Ich plante, mein Fotoshooting in dem Geschäftslokal zu machen und vor Ort Konferenzraum-Situationen zu improvisieren. Schließlich waren die meisten Sachen, die ich gekauft hatte, dort ebenfalls ausgestellt – das Ambiente stimmte also. Die beiden Brüder und die Familie, die das Geschäft neu eröffnet hatten, waren begeistert und unterstützten mich.

Meine fotogene Belegschaft

Als Models mussten meine zwei Festangestellten und Daniel, ein Student der ersten Stunde, der immer noch bei uns jobbte, und die Studenten aus dem Callcenter herhalten. Alle bitte zum Friseur! – war der erste Schritt für die werdenden Fotomodelle. Outfits besorgte ich in der Stadt, eine befreundete Visagistin machte uns fototauglich, und wir alle schlüpften in unsere neuen Rollen. Auch mein Sohn und meine Tochter, plus Emi, die Frau eines bulgarischen Fußballspielers aus Köln, und meine Freundin Alexandra machten mit – für einen Tag tauchten wir ein in die Welt der unerreichbaren Models und freuten uns über die Abwechslung. Wir posierten und räumten, konstruierten ganz verschiedene Settings und schossen viele, viele verschiedene Bilder. Bezahlt habe ich niemanden, und keiner hat eine Gage oder Entlohnung erwartet. Es ging darum mitzumachen, dabei zu sein, wenn etwas Neues geboren wird – und wir alle hatten enorm viel Spaß.

Als der Prospekt fertig gedruckt war, verschickten die Studenten aus dem Callcenter ihn an die Kunden aus der Rubrik „Wir haben Bedarf", die sie in den Vortelefonaten ermittelt hatten. Nach dem Verschicken kam das Nachtelefonieren. Und dann kamen die Buchungen! Das einzige große „Aber" dabei war die Tatsache, dass die Räume immer noch nicht fertig waren. Meine Familie arbeitete Tag und Nacht. Mein Mann spannte sogar seine Neffen aus dem Umland ein. Maurer, Anstreicher, Parkettleger und Elektriker machten aus der ehemals „stinkenden Bude" einen echten Traum. Am 1. Juli dann war es so weit: Ich brachte selbst gebackenes bulgarisches Brot mit ins Büro und lud alle Helfer ein. Ich verkündete die Eröffnung der neuen Räume, und es gab Catering und viele glückliche Menschen. Sowie einen besonderen Moment: Meine Büroleiterin Erika und ich schauten auf die

Schönheit der neuen Räume, hielten uns an den Händen und sagten: „Wir haben es geschafft!" Für mehr gab's keine Zeit. Die erste Buchung war nur zwei Tage später …

Professionelle Schnüffler?

Was ich damals in aller Arglosigkeit (aber doch mit einem Schuss Raffinesse) bei meiner Hotelkonkurrenz getan habe, hat in der Wirtschaft einen hochtrabenden Namen: „Competitive Intelligence"! Jedes international operierende Unternehmen, das etwas auf sich hält, hat dafür eine kleine, feine und sehr diskret operierende Abteilung. Und die hat nur eine Aufgabe: Die Mitbewerber im Auge zu behalten und zu dokumentieren, was sie planen und treiben! Ich war natürlich sehr „harmlos" mit meiner Vor-Ort-Recherche unter dem Deckmäntelchen einer potenziellen Kundin. Die Profis gehen das sehr viel systematischer an: Öffentlich zugängliche Dokumente wie Geschäftsberichte oder Messeprospekte „verraten" oft schon wichtige Eckdaten darüber, was die Konkurrenz so macht. In der Industrie und der Produktwirtschaft kann ein Blick in die Patentdatenbanken hilfreich sein und zeigen, was der Mitbewerber als neuestes Produktgadget in der Pipeline hat. Dann allerdings ist man recht spät dran, weil das Patent ja schon angemeldet ist. Die Königsklasse ist es also, möglichst schon vorher zu wissen, mit was man es zu tun bekommen wird. Die Recherchemethoden sind dabei gemischt; auch hier setzt die Digitalisierung neue Maßstäbe. (Fast) vorbei sind die Zeiten, als konkurrierende Autobauer dem „Erlkönig" (dem neuesten Prototypen der Konkurrenz) nur mit Ferngläsern und Teleobjektiven hinter Büschen am Rande der Teststrecke versteckt nachspionierten.

Ein Puzzlespiel!

Echte „Competitive Intelligence Professionals" setzen auf einen Methoden-Mix, dessen Spannweite enorm ist: Von „ganz persönlich" bis „Cyberspace" ziehen sie alle Register. Da wird auf Messen das Standpersonal des Mitbewerbers mit allen Tricks und einer scheinbar harmlosen Fragetechnik ausgefragt. Andererseits wird viel Geld in hoch spezialisierte Suchprogramme gesteckt, die das Internet mit dem ganz feinzinkigen Kamm nach relevanten Informationen durchsuchen. Nur eines tun die „CIPler" nicht: Sie wenden keine illegalen Methoden an. Unter falschem Namen zu recherchieren oder Persönlichkeitsrechte durch das heimliche Nehmen von Fotos zu verletzen, kommt in der Agenda nicht vor. Vielmehr ist der Trick, aus allen öffentlich zugänglichen und legalen Quellen möglichst viel und möglichst belastbare Informationen zu sammeln. In Finanz- und Pressedatenbanken kann man etwa nach Anmeldung und mit nur geringen Kosten oft schon fündig werden (Michaeli 2006).

Die Kunst ist es aber, aus allen gesammelten Informationen die wirklich wichtigen herauszudestillieren. Aus dem oft unübersichtlichen Material aus Zahlenfragmenten, aufgeschnappten Randbemerkungen und „Nuggets" aus dem Internet können Sie Dossiers erstellen, die diese „schwachen Signale" über die Konkurrenten systematisieren. Je diverser dabei ihre Quellen, desto mehr werden Sie sich wundern, wie tragfähig Ihre Prognose am Ende ausfallen wird! In der Industrie wird oft noch mehr Aufwand betrieben: Mit „Reverse Engineering" nehmen Forschungsabteilungen neue Produkte der Konkurrenz unter die Lupe und erhoffen sich dadurch bahnbrechende Erkenntnisse (Selbach 2006).

CIA und BND: Von den Besten abgekupfert

Das alles klingt schon ein bisschen nach Geheimdienst – so wie ich mich bei meinem „Undercover"-Einsatz in den Konferenz- und Seminarhotels beinahe auch in Hut und Trenchcoat gekleidet hätte (wäre es nicht ein so warmer Frühling gewesen …). Wenn Sie mit Profi-CIPlern arbeiten, werden Sie sich auch an den entsprechenden Geheimdienstjargon gewöhnen müssen: „Reconnaissance" (Aufklärung und Erkundung), „Intelligence" (das Nachrichtenmaterial) und „Counter-Intelligence" (der Abschirmdienst oder auch falsches Material, das zur Verwirrung der „feindlichen Macht" extra fabriziert wurde) geistern als Begriffe durch die Branche. Von besonderer Bedeutung ist auch die „Humint" (Human Intelligence) – ein echter CIA-Begriff! Hier werden vor allem Informationen über Menschen gesammelt. Sehr wichtig, wenn Sie z. B. vor schwierigen Verhandlungen wissen möchten, mit wem sie es zu tun bekommen werden. Oder wenn Sie nach einem Führungswechsel die neue Person auf dem Chefsessel des Mitbewerbers einschätzen wollen …

Auch für diese Art der Informationsbeschaffung gibt es Profis: „Wirtschaftsprofiler", meist Psychologen oder Ex-Beamte der Kriminalpolizei, die sich in Zeiten des Internets vor allem auf „Distant Profiling" spezialisiert haben. Diese Spezialisten zaubern aus wenigen biografischen Daten, Informationen aus der Presse und Fotos ein psychologisches Profil. Dabei helfen ihnen kleinste Details: die Wortwahl in veröffentlichten Interviews, die Büroeinrichtung oder der Kleidungsstil (Selbach 2006).

Deutschland tanzt aus der Reihe

Hierzulande hat das professionelle Auskundschaften der Mitbewerber leider ein „Geschmäckle", wie der Schwabe sagen würde. Oft wird es sogar als

„Ideenklau" abqualifiziert. Firmeninterne Abteilungen oder externe Profis operieren deswegen eher im Verborgenen oder betonen, wie eng die eigene Tätigkeit an „ganz normale Recherche" oder gar an investigativen Journalismus angelehnt sei. Dabei ist diese Art der Vorsicht international total überflüssig – da wird einfach und offen mit harten Bandagen gekämpft. Die Competitive Intelligence ist in den meisten großen Unternehmen eine ganz normale Abteilung. In den USA geht es sogar so weit, dass in großen Konzernen „War Games" gespielt werden, in denen simuliert wird, was die Konkurrenz sich ausgedacht haben könnte. In Frankreich gibt es in Paris die „Ecole de Guerre Economique", die explizit Fachleute für den „Kampf zwischen Wettbewerbern" ausbildet, und wo „CI" ganz selbstverständlich auf dem Lehrplan steht … (Selbach 2006).

Literatur

Kairies, Peter (2017): *So analysieren Sie Ihre Konkurrenz. Konkurrenzanalyse und Benchmarking in der Praxis.* expert verlag, Renningen.

Michaeli, Rainer (2006): *Competitive Intelligence: Strategische Wettbewerbsvorteile erzielen durch systematische Konkurrenz-, Markt- und Technologieanalysen.* Springer, Berlin.

Selbach, David (2006): *Die Schnüffler GmbH: Wie deutsche Unternehmen ihre Konkurrenten auskundschaften.* Die Zeit vom 6.4.2006. Online verfügbar unter: https://www.zeit.de/2006/15/Competitive_Intelligence, letzter Zugriff am 3.8.2018.

Zeidler, Stefanie (2010): *Die eigene Konkurrenz verstehen: Auch mit einfachen Mitteln können Informationen kostengünstig intern oder extern aufbereitet werden.* Online verfügbar unter: https://www.gruenderszene.de/allgemein/wettbewerbs-analyse-konkurrenzanalyse, letzter Zugriff am 3.8.2018.

„Können Sie auch Catering?" – Kreatives Machertum

Die ersten Buchungen – Ich spiele Ordnungsamt – Das Minus-Minus-Geschäft – Multi-Kulti-Menus – Frag' Deine Mitarbeiter! – Der Aufwand lohnt sich – Flexibel im Kopf und in der Küche – Von der Überlebenskünstlerin zur Unternehmerin – Wie Sie als Querdenker erfolgreich machen, machen, machen!

„Ein Seminarraum für 30 Leute" – so lautete unser erster Auftrag, der von einer Versicherung kam. Die Räume waren jetzt topp, und dazu gehörte natürlich Service: Wasser, Kaffee, und die Gläser und Tassen in der Pause austauschen. Wir hatten keine Erfahrung, aber ein Gefühl für Gastfreundschaft, das uns leitete. Parkplätze hatte der Kunde direkt mitgebucht. Für 20 Autos (!) – aber ich hatte nur zwei Plätze! Was mich da bloß geritten hatte… Ich versuchte, konstruktiv zu denken, schaute mich in der Umgebung um und beschloss, in Eigenregie einen Teil des sehr breiten Bürgersteigs abzusperren und ihn meinen Seminarteilnehmern zur Verfügung zu stellen. Es war schließlich ganz einfach: Rot-weißes Absperrband aus dem Baumarkt und eine meiner Studentinnen, die als Einweiserin fungierte. So, wie ich es aus dem Stadion kannte. Was ich nicht kannte (und womit ich nicht gerechnet hatte) war die Schnelligkeit der Stadt Köln. Dort, wo jeden Tag viele Autos ebenso ordnungswidrig wie unbehelligt parkten, war jetzt eine deutlich sichtbare Absperrung. Und plötzlich standen die Politessen auf meiner Matte. „Wer ist hier der Verantwortliche?" Ich ging nach vorne und sagte leise „Ich", weil die Seminarteilnehmer es nicht hören sollten. Immerhin übten die Mitarbeiter der Stadt ein bisschen Toleranz gegenüber meinem Anfängerfehler: Die Autos durften bis zum Ende des Seminars stehen bleiben. Nur die Strafzettel waren nicht zu vermeiden… In der Pause musste

© Springer Fachmedien Wiesbaden GmbH, ein Teil von Springer Nature 2019
N. Kostadinova, *Ein Koffer voller Wollen*, https://doi.org/10.1007/978-3-658-23985-5_10

ich das den Teilnehmern erklären. Das war der peinlichste Moment überhaupt! Ich stand in der Mitte und verkündete die schlichten Tatsachen, aber auch, dass ich alle Strafzettel bezahlen würde.

Mein „Flex"-Business nimmt Fahrt auf

Das war ein Minus-, Minus-, Minus-Geschäft! Diese Kunden kamen natürlich nicht wieder. Dafür kamen aber andere, denen ich natürlich keine Parkplätze mehr angeboten hatte. Trotzdem musste ich ständig nachbessern und neue Sachen kreieren. Die Anfragen der Kunden wurden immer komplexer. Meine drei Räume mit den tollen Namen „Picasso", „Dali" und „Miro" wurden gebucht, aber zu einem einwöchigen Seminar gehörte natürlich neben dem passenden Ambiente auch die Verpflegung. Zuerst war das noch harmlos: Meine Büroleiterin Erika hatte ein Team von Helferinnen, die Frühstücksbrötchen zubereiteten und servierten. Für alle hatte ich passende Outfits gekauft. Eine große spanische Modekette hatte gerade in Köln eröffnet, und ich besorgte zehn schicke Hosenanzüge. Während die Teilnehmer in den Räumen den Trainern lauschten, saßen meine Mitarbeiterinnen wieder am Computer und vermittelten Übersetzungen. In der Pause waren sie die Bedienung. „Flex"-Business in Reinkultur, aber allen machte es Spaß. Und dann kam eines Tages ein großer Kunde, der fragte: „Können Sie auch Catering?" Angst habe ich ja fast nie, und darum antwortete ich vollmundig: „Ja, selbstverständlich!" Aber bei mir im Kopf schrillten die Alarmglocken: „Wie um Himmels willen bekommen wir das hin?", dachte ich.

„Wir machen ein Brainstorming" – war meine spontane Idee und ich berief ein komplettes Meeting ein. Das Schöne war, dass meine bunte Gesellschaft aus Angestellten und Studenten sich bei jedem neuen Job amüsierte und viele Ideen hatte. Ich fragte nach Lieblingsgerichten aus verschiedenen Ländern – und die Vorschläge prasselten wie ein Wasserfall auf mich herab. Ich brauchte sie nur aufzuschreiben und mein (noch theoretisches) Menu für die Konferenzteilnehmer war fertig! Die Umsetzung hingegen gestaltete sich nicht so einfach. Die Geschmäcker der Mitarbeiter waren recht ausgefallen, und ich hatte nun die ehrenvolle Aufgabe, sie mit einem begrenzten Budget zu realisieren oder Anbieter zu suchen, die solche oder ähnliche Gerichte im Programm hatten. Für lange Diskussionen oder Suchen gab es aber keine Zeit. Also mutierte ich zur Restaurantkauffrau, kaufte im Großhandel enorme Mengen Speisen, Kaffee und Milch sowie alkoholfreie Getränke ein, schrieb das Menü – und servierte den Kaffee später dann auch manchmal selbst.

Synergien fürs Kerngeschäft

Aber wie habe ich das Catering ans Laufen bekommen? Wer hat das alles zu einem erträglichen Preis zubereitet? Ganz einfach – meine ausländischen freien Mitarbeiter! Das Ganze lief auf ein vierfaches Win-win hinaus: Den Teilnehmern schmeckte es, die ausländischen Köche waren stolz auf die Möglichkeit, mit den Kenntnissen ihrer Nationalgerichte glänzen zu können, meine Mitarbeiter wurden motiviert und engagierten sich dementsprechend. Erfreuliche Synergieeffekte entstanden aus dem Catering auch für mein Kerngeschäft, denn im Angebot für die Seminarräume las sich das so: „Mehrstaaten-Catering am Mittag". An einem Tag hatten wir Italien im Programm, gefolgt von Skandinavien, China und Indien. Und am fünften Tag wurden die Teilnehmer von deutscher Küche verwöhnt … Manch eine Firma wurde so auf unseren Übersetzungsservice aufmerksam und dort ebenfalls Kunde – die Wege der Marktwirtschaft sind unergründlich!

Und was war mit mir? Ich war mehr als beschäftigt, aber weit entfernt von erschöpft. Im Gegenteil: Ein neuer Adrenalinschub pulsierte in meinem Kopf und Körper und ließ mich das verdiente Geld in die Weiterentwicklung der Übersetzungen und des Dolmetschens investieren. Denn es lief gut. Die Kasse klingelte. Die Kreditraten für die Räume konnte ich nun problemlos mit den Extraeinnahmen bezahlen. Die finanzielle Sonne ging auf – mein Intuitionskonzept hatte sich bewährt. Ich hatte nun sogar „Spielgeld"! Das steckte ich in Marktforschung und in die Einstellung echter Fachleute, weil Übersetzungen international eine immer wichtigere Rolle in der globalen Kommunikation spielten. Und schon kamen auch die ersten Softwares auf den Markt, die den Übersetzungsprozess unterstützen: Ich investierte auch hier entsprechend. Workshops über fachliche Diversifizierungen in der Branche begleiteten die Einstellung neuer Mitarbeiter. Das alles hätte ich nie parallel umsetzen können, wenn ich diese Flexibilität und diese zusätzlichen Einkünfte nicht gehabt hätte.

Der Spuk ist wieder vorbei

Ganz schnell war das erste Jahr um. Auch das kleine Büro im Belgischen Viertel war jetzt Geschichte. Und als mehr und mehr Zeit verging, forderten die Übersetzungen zunehmend Raum und Manpower. Ich baute die Arbeitsplätze dafür in zwei der Konferenzräume hinein aus. Und schließlich machte ich Schluss mit dem Seminarraumgeschäft. Mein letzter Kunde war Toll Collect, dann nahm ich auch den letzten Konferenzraum aus dem Programm. Aber was war das für eine Zeit! Wir haben gelacht und gelernt, wenig geschlafen und viel geschafft. Vor allem haben wir das Fundament gemeinsam gebaut. Miteinander und füreinander: Die Geschichte von

Lingua-World wurde von Menschen geschrieben. In den Anfangszeiten herrschten Entdeckergeist und Erfinderglück. Wir fanden ungewöhnliche wirtschaftliche Lösungen, und dabei häufig uns selbst und unsere ureigenen Qualitäten. Aus meinen jungen Studenten und Absolventen wurden Fachleute, und aus mir, der Überlebenskünstlerin, wurde schließlich eine Unternehmerin. Und das ist schon mal was, oder?

Aus der Rückschau denke ich mir manchmal: Was war das denn damals? Nelly Kostadinova, der entfesselte Wirbelwind, stellt ruckzuck ein zweites Business auf die Beine. Und was kam heraus? „Läuft bei mir!" wie die jungen Leute heute so schön sagen. Nicht, dass ich diese Energie verloren hätte. Im Gegenteil. Aber heute fließt sie ruhiger und zielgerichteter – in die Expansion meines Übersetzungsgeschäftes und in die Entwicklung der interkulturellen Kompetenz meiner Firma. In meiner Situation damals allerdings waren Kreativität und Querdenken gefragt: Jetzt habe ich dieses enorme Büro. Was mache ich damit? Wie schaffe ich es, Profit mit etwas zu machen, das so stark auf Zukunft geplant ist? Und aktuell eine finanzielle Belastung darstellt? Sie haben ja gelesen, dass und wie es funktioniert hat … Wiederum aus der Rückschau wird auch klar, was das eigentlich für Qualitäten waren, die mich damals angetrieben haben. Sie stehen wohl jedem Unternehmer gut zu Gesicht …

Erlaubt ist, was funktioniert

Mein Bauchgefühl und meine Intuition haben mich damals dazu gebracht, so zu handeln, wie es heute in modernen Managementlehrgängen vermittelt wird: Kreativ zu sein, quer zu denken und vor allem, damit zurecht zu kommen, was man (im übertragenen Sinne) unternehmerisch gerade zur Hand hat. Heute heißt das „agil sein". Dementsprechendes Handeln soll sogar die „unternehmerische Resilienz" (Widerstandskraft) fördern (Coutu 2002). Ich kann nur sagen: Das stimmt, denn ohne mein zweites Businessstandbein hätte ich vielleicht nicht überlebt und wäre in meinem Übersetzungssegment sicher nicht so schnell gewachsen! Aber zu dieser Zeit dachte ich einfach, dass ich meinen gesunden Menschenverstand benutze …

Schauen wir einmal ganz genau hin, was ich damals eigentlich getan habe. So bekommen Sie gleichzeitig ein paar Tipps dazu, wie kreatives Machertum funktionieren kann:

Be happy – with what you have to be happy with!

Improvisieren. Damit zurechtkommen, was man gerade zur Hand hat. Die Lösung eines Problems hinbekommen, obwohl man gerade nicht die hundertprozentig richtigen Werkzeuge oder Materialien besitzt (Coutu 2002):

Das ist eine Qualität, die zentral ist für kreatives Machertum. Ich hatte viel zu viel Platz und nicht genug regelmäßige Einkünfte. Diese Kombination hat mich dahin geführt, (zeitlich begrenzt) aus der Nische auszubrechen, die ich eigentlich besetzen wollte (natürlich, ohne mein Kerngeschäft aufzugeben – im Gegenteil). Also habe ich eine Geschäftsidee gesucht, die zu dieser Situation passte. Und eine gefunden. Oder: Ich brauchte Fotos und einen Prospekt. Aber die Räume waren noch nicht fertig und ich wollte und konnte keine professionellen Models buchen? Sie wissen, wie ich damit umgegangen bin! Und natürlich konnte ich kein Catering, aber das hat mich nicht davon abgehalten, mit meinen speziellen Ressourcen jeden Tag aufs Neue ein gutes Mittagessen für die Teilnehmer auf die Beine zu stellen …

Der Mut zum Musterbruch wird belohnt

Dass ich mit dem zurechtkommen musste, was gerade verfügbar war, hat mich dazu gezwungen, zusammenzubringen, was eigentlich nicht zusammenpasste: Ich jonglierte zwei fremde Branchen unter einem Dach. Das ist ein Erfolgsrezept, das auch im Großen schon öfter funktioniert hat. Denken Sie etwa an Tchibo: Erst war das Unternehmen nur ein Kaffeeröster, heute kann man dort im Onlineversandhandel und in den Shops „jede Woche eine neue Welt" entdecken. Und nun, nach Jahrzehnten mit Umsatzsteigerung nach Umsatzsteigerung, merkt das Unternehmen langsam, aber sicher, dass dieses Rezept an Wirkung verliert. Und was tut es? Nach neuen, branchenübergreifenden Erfolgsrezepten suchen! Zum Beispiel, indem es eine Servicekooperation mit der Postbank einfädelt, die Tchibo-Kunden ein kostenloses Girokonto anbietet. Oder, indem es seine Kunden „Tchibofonieren" lässt. Gemeint ist ein besonderes Mobilfunkangebot, für das sich das Unternehmen mit dem Netzbetreiber O2 zusammengetan hat (Stehr 2007).

Ich hatte natürlich auch das notwendige Quäntchen Glück, denn irgendwie passte bei mir alles: Für die Mitarbeiter, die es einfach nie langweilig fanden, und auch für die Kunden …

Die Kunden mehrfach gewinnen

Ich habe oben schon kurz über die Synergien geschrieben, die aus der Raumvermietung und unserem Spezial-Catering entstanden. Wir haben manch großen Firmenkunden für das Übersetzungsbusiness in dieser Zeit über das Seminarraumgeschäft gewonnen. Umgekehrt hat das leider nicht so gut funktioniert, aber das machte nichts… (Stehr 2007)

Optimistisch, aber bitte mit beiden Beinen auf dem Boden
Ein echter Macher kann nur sein, wer eine gesunde Portion Optimismus mitbringt. Die Betonung liegt allerdings dabei auf „gesund". Eine positive Grundeinstellung gibt uns Power, aber wenn wir eine zu stark rosa gefärbte Brille aufhaben, wird dadurch unsere Wahrnehmung verzerrt. (Collins 2001) Grundloser Optimismus ist also gefährlich und kontraproduktiv, genau wie zu viel herumzugrübeln und sich dadurch bremsen zu lassen. Darum waren meine Konkurrenzanalysen und meine systematische Bedarfsermittlung bei den Kunden auch eine so wichtige Basis …

Im Großen oder im Kleinen agieren
Auf der nach oben (und nach unten) offenen Richterskala der Konferenz- und Seminarraumanbieter war ich sicher ziemlich weit unten angesiedelt. Vielleicht würden Sie das jetzt spontan nicht unterschreiben, aber das war viel besser, als mitten in der Durchschnittlichkeit festzusitzen. Mit nur drei Räumen waren meine Kapazitäten grundsätzlich begrenzt, die Räume hatten gar nicht das Volumen für große Kongresse und Veranstaltungen und Parkplätze konnte (und wollte!) ich nach meinem Erstlings-Desaster nie mehr anbieten. Damit fiel natürlich ein ganzes Kundensegment direkt durchs Raster. Das war aber nicht schlimm, denn dafür war ich für andere Kunden umso interessanter: Nämlich für die, die genau das schätzten, was ich zu bieten hatte – Qualität. Meine stylishe Einrichtung, die professionelle, aber doch familiäre Atmosphäre, der engagierte Service und das leckere und besondere Catering – all das machte viele Kunden zu Stammkunden. Ich war eine kleine, feine und gute Adresse! (Stehr 2007)

Unternehmen, nicht unterlassen
Wer viel moderne Managementliteratur liest (was ich nicht tue, aber ich netzwerke viel und höre dort Dinge), bekommt den Eindruck, dass „Delegieren" eine echtes Zauberwort ist. Das sehe ich durchaus zwiegespalten: Ein Rückzug aus dem (vielleicht langweiligen und stressigen) Tagesgeschäft schärft den Blick für das Wesentliche. Das habe ich am eigenen Leib ausprobiert und merke, dass mir das die Kraft gibt, mich um die wirklich wichtigen Dinge zu kümmern. Aber: Das tue ich dann auch! Denn was auch immer in den schlauen Büchern steht: Nicht nur die Entwicklung der Unternehmensstrategie, sondern auch ihre Umsetzung ist MEIN Job (Martin 2017).

Ohne die Menschen ist alles nichts

„People make or break the organization" lernt man im Management-studium. Das gilt für den Chef wie für die Mitarbeiter. Ich war darauf angewiesen, originelle Ideen zu haben und sie flexibel umzusetzen. Das hat funktioniert – so weit, so gut. Aber ich musste auch bei meinen Mit-arbeitern darauf setzen, dass sie so ticken. Reine Arbeitsanweisungen grei-fen dafür allerdings immer zu kurz. So etwas müssen wir als Chefs vorleben, und genau das habe ich gemacht. Ich habe außerdem das Gespräch gesucht, die Mitarbeiter einbezogen und sie meine Energie spüren lassen, um sicher zu sein, dass sie auch ihr eigenes Engagement voll einbringen. Und dann habe ich ihnen gezeigt, wie sehr ich ihre Kreativität und Flexibilität zu schät-zen wusste. Und darum haben auch sie alles gegeben, um die gemeinsamen Ziele zu erreichen!

Literatur

Collins, Jim (2001): *Good to great.* Random House, New York.

Coutu, Diane (2002): *How Resilience works.* In: Harvard Business Review, 5/2002. Online verfügbar unter: https://hbr.org/2002/05/how-resilience-works, letzter Zugriff am 6.8.2018.

Martin, Roger (2017): *CEOs should stop thinking execution is somebody else's job: it's theirs!* In: Harvard Business Review online, 21.11.2017. Online verfügbar unter: https://hbr.org/2017/11/ceos-should-leave-strategy-to-their-team-and-save-their-focus-for-execution, letzter Zugriff am 9.8.2018.

Stehr, Christoph (2007): *Abwegige Ideen – Erfolgreiche Querdenker.* In: Handels-blatt vom 27.11.2007. Online verfügbar unter: https://www.handelsblatt.com/unternehmen/management/abwegige-ideen-erfolgreiche-querdenker/2898490-all.html, letzter Zugriff am 7.8.2018.

Auf drei Beinen steht man besser – Die richtigen Kunden

Drei Wochen für ein paar Diplome – Nachtschicht ist angesagt – Frist: zwei Tage! – Sprache gedeiht im eigenen Land – Mir wächst das dritte Bein – Bei uns ist alles nur vom Seltensten – Chefin in Bereitschaft – Verständnis in allen Dimensionen – Von Personas, Pareto und Preisen

Ja, auf drei Beinen steht man besser – aber worum geht es hier eigentlich? Um die Kundenstruktur! Konkret in unserem Fall darum: Wem bieten wir die Sprach- und Übersetzungsdienstleistungen an, wie machen wir das, und wodurch garantieren wir die Richtigkeit und Vollständigkeit einer Übersetzung? Kunden sind völlig zu Recht misstrauisch, wenn ihnen von ihrem Text eine japanische Übersetzung in die Hand gedrückt wird, womöglich mit den Worten: Das ist die perfekte Übersetzung! Unternehmerisch betrachtet bedeutet das: Wir müssen das Vertrauen der Kunden gewinnen, unsere Kompetenz zeigen (und immer weiter steigern) und unsere Arbeitsprozesse im Griff haben. So bauen wir ein erfolgreiches Dienstleistungsunternehmen auf!

Wörtlich heißt nicht richtig
Zu Anfang bin ich bei Lingua-World ganz pragmatisch von meiner persönlichen Situation ausgegangen: Als ich damals in Köln meine Universitäts-Diplome aus Bulgarien übersetzen ließ, musste ich fast drei Wochen auf die Übersetzung warten. Dann endlich erhielt ich sie von einem ermächtigten Übersetzer aus Hannover beglaubigt zurück. Bulgarisch war 1990 in Deutschland eine seltene Sprache. Vielleicht kostete die Übersetzung darum 700 DM und war nicht besonders gut. Ich hatte sie in

© Springer Fachmedien Wiesbaden GmbH, ein Teil von Springer Nature 2019
N. Kostadinova, *Ein Koffer voller Wollen*, https://doi.org/10.1007/978-3-658-23985-5_11

dem festen Glauben angenommen, dass sie perfekt sei, weil ich noch nicht genug Deutsch verstand. Jahre später habe ich diese Übersetzung selbst überarbeitet, denn ich hatte immer wieder Probleme damit. Sie hatte die Bezeichnung der Studienfächer wortwörtlich übertragen und ich musste wieder und wieder erklären, was genau ich eigentlich studiert hatte – die wörtlich übertragenen Begriffe kannte hier in Deutschland niemand.

Zuerst stand also fest: Ich werde Übersetzungen für Privatpersonen anbieten. Und zwar so, dass sie die gleiche Übersetzung nicht zweimal machen lassen müssen! Dafür schloss ich Kooperationen mit ermächtigten und fachlich qualifizierten Übersetzern ab. Ich selbst hatte 1994 den Status einer ermächtigten Übersetzerin erhalten, und lud nun meine Kollegen zur Zusammenarbeit ein. Die Frage war: Wie wollte ich die Qualität sichern? Ich konnte schließlich nicht für jede beglaubigte Übersetzung ein Lektorat durchführen. Die fertigen Übersetzungen wurden mir per Post zugesandt und waren bereits von dem jeweiligen Übersetzer gestempelt. Zum Aufbau der Qualitätssicherung schloss ich mit den Kollegen vor dem Beginn der Zusammenarbeit schriftliche Verträge ab, die sie ausdrücklich zur Abgabe sorgfältig gefertigter und zutreffender Übersetzungen verpflichteten. Was für eine Blauäugigkeit – Reklamationen kamen trotzdem! Falsch transkribierte Namen, Zahlendreher, unzutreffende Ortsnamen – von allem etwas und immer wieder! Deswegen verpflichtete ich die Übersetzer nun in einem zweiten Schritt, die Übersetzung erst einmal per E-Mail an uns zu senden, damit wir sie (nun doch) von einem Lektor prüfen lassen konnten. Erst nach unserem O.K. wurde die Übersetzung dann (gestempelt durch den ausführenden Übersetzer) per Post an uns geschickt. Und das alles innerhalb von zwei Tagen – darauf bestand ich. Das erste Standbein war damit gesichert: Der Prozess funktionierte und die Kunden waren zufrieden.

Linguistik für Anfänger

Jetzt richtete ich meinen Blick auf die Geschäftskunden. Die Zukunft, die Entwicklung einer globalen Wirtschaftswelt, erforderte schnelle Kommunikation in allen denkbaren Sprachen. Und das am besten in dem authentischen Stil der aktuellen Sprache des Landes, in dem die Übersetzung gebraucht wird. Selbst die Sprache in Bulgarien, die ich als Journalistin noch benutzt hatte, war inzwischen eine ganz andere geworden. Marktwirtschaftliche Begriffe existierten früher dort gar nicht (und waren jetzt umso wichtiger), die juristische Sprache hatte sich völlig verändert, politische Begriffe entstanden neu und auch die Terminologie in jedem anderen Fachgebiet bedurfte der Erweiterung. Als ich also Anfang der 2000er-Jahre einen schriftlichen Auftrag zur Übersetzung von Briefen an den damaligen

Bulgarischen Premierminister erhielt, traute ich mich gar nicht, diese Übersetzung selbst zu fertigen. Ich war einfach schon zu lange in Deutschland! Mit dieser Übersetzung habe ich lieber eine Kollegin aus Sofia beauftragt, die den Finger am Puls der lebendigen Sprache hatte. Als die Übersetzung aus Bulgarien kam, habe ich sie aufmerksam studiert, um die Veränderungen in meiner eigenen Sprache neu zu lernen. Für mich stand nun endgültig fest: Die schriftlichen Übersetzungen werden in den Zielländern durchgeführt!

Genau das brauchten und brauchen auch die Betriebe, die sich mit Imagebroschüren, Visitenkarten, Profilbeschreibungen und Ähnlichem anlässlich von Messeauftritten u. a. im Ausland darstellen wollen. Und auch Verträge, Vereinbarungen und E-Mail-Kommunikation bedurften und bedürfen authentischer Übersetzungen. Und nicht irgendwelcher Übersetzungen, sondern perfekter! Hier war und ist die ganze Welt in meinen Augen ein einziges, großes Arbeitsfeld …

Bei meinem ersten Auftrag für einen großen deutschen Konzern verlangte ich von der italienisch-deutschen Übersetzerin, in mein kleines Büro im Lampenladen zu kommen, um vor Ort zu arbeiten. Sie brachte sich Literatur und Wörterbücher mit und bereitete den Text vor meinen Augen vor. Eine zweite Übersetzerin lektorierte ihn – ebenfalls in meinem kleinen Büro und in meiner Anwesenheit. Ja, ich war sehr, sehr misstrauisch! Und ja, ich war und bin eine Perfektionistin. Als die beiden dann mitten in der Nacht fertig waren, trug ich die Übersetzung meines ersten großen Geschäftskundenauftrages auch noch selbst zur Post. Der Weg zu dieser perfekten Übersetzung war lang und unbequem, aber er war sicher, und das war nicht nur in diesem ersten Moment das Wichtigste. Das zweite Standbein wurde damit definiert. Ich konnte die Anforderungen für diese Kunden weiter präzisieren, verfeinern und in Prozessen festlegen. Geschäftskunden und Privatpersonen standen jetzt mit gleicher Priorität als Zielgruppen nebeneinander. Das Fundament des Unternehmens war fast fertig.

Meine ganz spezielle Spielwiese

Als drittes Standbein nutzte ich dann mein ursprüngliches, mit dem ich meine eigene Vermarktung begonnen hatte: „Dolmetschen für Behörden in Deutschland" war seit 1993 mein Beruf gewesen, und noch bis Ende 2003 arbeitete ich als selbstständige Dolmetscherin weiter, obwohl Lingua-World längst sicher am Markt stand. Besonders diesen Markt kannte ich sehr gut mit allen seinen Bedürfnissen, Nischen, Schwächen und natürlich mit seinen Vorteilen. Im Gefühl dieser Sicherheit hatte ich es gar nicht eilig, Lingua-World an diesen Markt zu führen. Mir war bewusst, dass ich zuerst die ersten zwei Standbeine stabil und sicher aufbauen musste, um dann diesen letzten Pfeiler in der Konstruktion der Firma zu etablieren.

Die Anfragen kamen danach eigentlich von alleine. Man hatte von mir gehört. Meine Werbung und meine Pressearbeit hatten Früchte getragen. Mein Ruf war gut, und die Mund-zu-Mund-Propaganda lief. Es war bekannt, dass ich ein Anbieter für alle Sprachen inklusive seltener Dialekte war und gute Qualität lieferte. Eine Auftragsanbahnung sah ungefähr so aus: Ich dolmetschte gerade bei einer Behörde, und im Zimmer nebenan wurde nach einem Dolmetscher für eine seltene Sprache, etwa Twi, Wolf oder Albanisch, gesucht. Mein Auftraggeber wollte seinem Kollegen helfen und fragte mich: „Habt ihr nicht zufällig einen Dolmetscher für Twi? Die Kollegen sind in Not." Ich lächelte, gab ihm die Nummer meines Büros und dolmetschte weiter.

Eine Heimat für seltene Vögel

Ja, wir hatten schon früh Dolmetscher, sogar für die seltensten Dialekte. Ich hatte meine Aufmerksamkeit gleich nach der Gründung der Firma auf diese Sprachspezialisten gerichtet. „Unser Kapital" nannte ich alle diese Menschen aus verschiedenen Ländern, die die Sprachen ihrer Länder nach Deutschland mitgebracht hatten. Ich behandelte sie alle gleich und voller Respekt als Individuen. In der Firma sammelten und sammelten wir alle Bewerbungen, strukturierten sie und konnten schließlich jederzeit den passenden Dolmetscher finden. Was wir allerdings erst einmal nicht aktenkundig hatten, war die Spezialisierung der Menschen, die seltene Sprachen dolmetschen sollten. Für eine ganz einfache Vernehmung bei der Polizei brauchte man juristische Kenntnisse und eine angemessene Übersetzungstechnik. Besonders für die Sprachen aus Afrika, die eine nicht so vollständige Terminologie haben, war es wichtig, die künftigen Dolmetscher für diese Tätigkeit bei der Polizei, der Justiz und anderen Behörden einzuführen, zu schulen und ihnen regelmäßiges Training anzubieten. Die Sprachen, die man an den Universitäten in Deutschland studieren konnte, waren ebenfalls nicht grundsätzlich von dem Training befreit, aber sie wurden anders eingestuft. Wir boten in diesen Fällen diese Trainings nur denjenigen an, die keine juristische Fachorientierung hatten.

Die Schulungen führten wir zunächst in Köln, Aachen, Stuttgart und Nürnberg durch. Später ging dieser Service auch nach Hamburg und Düsseldorf. Und noch eine Besonderheit dieses Marktes mussten wir berücksichtigen, bevor wir das dritte Bein anbieten konnten: die zwingende Notwendigkeit eines 24 h-Services. Es hätte sich gar nicht erst gelohnt anzufangen, wenn wir diese Kunden nicht auch nach Büroschluss hätten bedienen können. Es war nicht einfach, Leute zu finden, die in der Nacht arbeiten wollten. Und noch schwieriger war es, die Bezahlung zu definieren. Aber es hat schließlich geklappt! Nach mehreren Versuchen, vielen, vielen Anzeigen und Vorstellungsgesprächen. In einer von den Phasen, als wir wieder einmal keine Nachtmitarbeiter hatten, mussten alle Projektmanager Wochenend- und Nachtdienst machen. Ich auch!

Die Behörden sind heute ein sehr stabiles drittes Standbein und haben die Vielseitigkeit des Services enorm aufgefrischt. Aber alle drei Säulen stehen fest nebeneinander und haben ihre Berechtigung. Mein Traum, mein wirklicher Traum, war immer, ein „Verständnis in allen Dimensionen" zu erreichen. Und: „Jeder, der eine Übersetzung braucht, soll zu Lingua-World kommen" war ebenfalls meine Vorstellung. „Jeder" symbolisiert für mich dabei auch das Leben, das sich jede Sekunde verändert. Heute ist mir noch mehr als damals klar: Wir müssen uns mit dem Leben wandeln. Das zeigt sich vor allem darin, wie sehr sich Art und Weise und die Anforderungen der Kommunikation über die Jahre verändert haben. Die Geschwindigkeit, die Komplexität des Denkens und des Handelns sind enorm gewachsen. Das Bedürfnis nach Verständnis ist aber unverändert geblieben: von Sprache zur Sprache, von Mensch zu Mensch.

Wer kauft Ihr Angebot?

Hier war es wieder, mein berüchtigtes Erfolgs-Tool: GMV – der gesunde Menschenverstand. Ich hatte Ideen und Vorstellungen. Und ich setzte sie um. Großartige Marktanalysen habe ich im Vorfeld der Gründung von Lingua-World nicht gestartet: Um den Bedarf der Privatkunden bei Übersetzungen zu erkennen, brauchte ich keinerlei Fantasie. Deutschland steht weltweit auf Platz drei der Exportländer – also gilt für die Geschäftskunden das Gleiche. Und mit dem dritten Standbein hatte ich jahrelange Erfahrung. Es blieben also keine Wünsche offen. Anders gehe ich damit bei meinen Gründungen im Ausland und in Entwicklungsländern um. Da sondieren Beratungsfirmen oft für mich das Terrain – aber nicht immer.

Mein Vorteil war, dass Übersetzungen ein ganz einfaches und oft sehr dringendes Bedürfnis befriedigen. Natürlich hätte ich im Detail danach schauen können, wie ich meine Zielkunden genau charakterisieren kann. Habe ich auch getan – später. Initial aber bin ich mit GMV und meiner Erfahrung bewaffnet durchgestartet. Für andere Märkte kann eine solche Kundencharakteristik allerdings sehr sinnvoll sein. Markante Merkmale und demografische Daten wie Geschlecht, Wohnort, Alter, Familienstand, Beruf, Bildung, Nationalität oder sogar Religion lassen sich für Privatkunden gut herausarbeiten. Und je mehr Merkmale Sie zuordnen können, desto schärfer fällt Ihre Definition vom Zielkunden aus. Sie können sich sogar die Mühe machen, einen „Kundenprotoytyp", eine „Persona", zu erstellen – eine Idee, die aus dem Design Thinking stammt. Personas erwecken die Eigenschaften aus einer Zielgruppenanalyse zum Leben: Sie werden um persönliche Elemente und Charaktereigenschaften ergänzt. Assoziativ fügt man Dinge wie Lebensziele, Hobbys, Vorbilder, das Informationsverhalten sowie weitere Bedürfnisse hinzu und erhält so einen lebendigen Charakter – und kein Abziehbild (Häusel 2018).

Geschäftskunden lassen sich ebenfalls nach solchen Maßstäben charakterisieren: Firmensitz und regionale Abgrenzung, Branche, Unternehmensgröße sowie Unternehmensphase (Gründer vs. etabliertes Unternehmen) sind hier die markanten Merkmale. Alle erhobenen Daten sind allerdings nur so gut wie das, was Sie mit ihnen tun. Nutzen Sie sie, um Ihr Angebot damit zu schärfen, es auszubauen und Vorstellungen darüber zu entwickeln, was sie noch mehr für Ihre Kunden tun können!

The price to pay

Was für beide Gruppen noch wichtig ist: Wer kann welchen Preis bezahlen? Und noch wichtiger: Wer ist bereit, welchen Preis zu bezahlen? Zwischen Luxusgut und existenziell wichtiger Dienstleistung klafft hier eine große Lücke. „Nice to have" ist nicht „desperately wanted". Auch hier saß ich wieder an der richtigen Stelle, nämlich oft bei „verzweifelt gesucht". Dass die Konkurrenz dort aber ebenfalls groß ist und nicht schläft, ist eine andere Geschichte. Qualität siegt! – ist mein Kommentar dazu …

Pareto im Kreuzfeuer

Aber noch mal zurück: Was ist das grundsätzlich, eine „gesunde Kundenstruktur"? Meiner Erfahrung nach ist es in der Theorie etwas ganz anderes als in der Praxis! In Managementbüchern wird beim Thema „Kundensegmentierung" meist auf das „Pareto-Prinzip" hingewiesen: Mit nur 20 % der Kunden erwirtschaften wir tatsächlich oft ca. 80 % des Umsatzes. Folgerichtig werden diese 20 % in einem weiteren Schritt als „A-Kunden" eingestuft, weil sie so wichtig für das Unternehmen sind. Die restlichen 80 % der Kunden werden dann anhand weiterer Kriterien automatisch zu „B-" oder „C-Kunden". (Koch 2015) Was für eine verlockend einfache Klassifizierung! Konzentrieren wir uns doch einfach auf die A-Kunden, alles läuft wunderbar und es herrscht eitel Sonnenschein! Bis, ja bis, sich die äußeren Umstände ändern oder die berühmte „Disruption" zuschlägt. Fakt ist, ohne die Privatkunden hätte Lingua-World die letzte größere Wirtschaftskrise nicht so gut überstanden. Der Export brach ein, und die Geschäftskunden blieben weg. Und jetzt? Vor der Krise wäre natürlich niemand auf die Idee gekommen, die Privaten mit „A" zu bewerten. Natürlich sind die Umsätze dort nicht so hoch! Aber beständig und regelmäßig! Hier hat sie sich bewährt, meine Vorstellung, dass „jeder" zu Lingua-World kommen soll. Und dass „jeder" das Recht auf einen perfekten Service hat … Mir liegen alle Kunden am Herzen!

Literatur

Häusel, Hans-Georg (2018): *Buyer personas. Wie man seine Zielgruppe erkennt und begeistert.* Haufe, Freiburg im Breisgau.
Koch, Richard (2015): *Das 80/20-Prinzip: Mehr Erfolg mit weniger Aufwand.* Campus, Frankfurt / New York.
Gründerszene: *Zielgruppe: Wer kauft Ihr Angebot?* Online verfügbar unter: https://www.fuer-gruender.de/wissen/existenzgruendung-planen/idee/zielgruppe/, letzter Zugriff am 28.8.2018.

Die Tücken der Internationalisierung: Von Know-how und Mentalitäten

Wenn eine Grenze mitten durch ein Haus läuft – Warum meine ersten Auslandsaktivitäten so zäh waren – Wie mir ein niederländischer Forscher die Augen öffnete – Was Unternehmer von einem Chamäleon lernen können

Wer älter ist als 30, wird sich erinnern: 1999 war das Jahr des Dotcom-Booms. Dank des Internets schrumpfte der Globus zu einem Dorf. Alles easy, dachte man, und auch ich war fest entschlossen, die Welt zu erobern. Ich saß in meinem Büro in Köln, eine Weltkarte vor Augen. Auf meiner Liste standen 180 Sprachen, und als Erstes markierte ich auf der Karte mit kleinen Nadeln die Länder, in denen sie gesprochen wurden. Dann fiel mein Blick auf die Niederlande. Warum nicht in der Nachbarschaft beginnen?

Pionierarbeit!
Für mich war das Internet etwas zwischen rotem Teppich und Diplomatenpass, das es mir erlauben würde, problemlos auch im Ausland zu agieren und dort Auftraggeber zu akquirieren. Nun gut: Mein erstes Modem brach oft zusammen, nicht alle Länder waren auf dem gleichen Level und die Kommunikation dauerte manchmal länger, als eben ein Fax zu schicken. Auch hatten 1999 weder alle Unternehmen geschweige denn Privatpersonen eine Webseite, und schon die Suche nach freiberuflichen Übersetzern war ein steiniger Weg. Manchmal half uns ein Telefonat mit der deutschen Botschaft im Ausland schneller als der verzweifelte Versuch, mit übersetzten Worten im Netz den Passenden zu finden. Dennoch: Mein erster Schritt würde

© Springer Fachmedien Wiesbaden GmbH, ein Teil von Springer Nature 2019
N. Kostadinova, *Ein Koffer voller Wollen*, https://doi.org/10.1007/978-3-658-23985-5_12

sein, aus Deutschland heraus in allen Nachbarländern Übersetzungen und Dolmetscherservices anzubieten. Dafür würde ich nicht einmal eine Firma in dem jeweiligen Land gründen müssen.

Glück gehabt!? Das Startkapital

Als im Jahr 2001 die erste Filiale von Lingua-World in Aachen eröffnet wurde, sah ich das Dreiländereck daher als Sprungbrett in die Internationalität. Mittlerweile stand ich im Kontakt mit Universitäten, Industrie- und Handelskammern sowie administrativen Organisationen. Ich stellte mir vor, wie alle diese potenziellen Kunden sich von meiner Aachener Filiale bedienen ließen, auch wenn ich schon damals von Niederlassungen rund um den Globus träumte. Dann spielte das Schicksal mir in die Hände und wir bekamen einen Großauftrag über rund 100.000 DM. Die Herausforderung bestand darin, Dolmetscher für einen seltenen Dialekt aus China zu finden. Die Sprachkombination war Deutsch/Chinesisch/Deutsch, und es handelte sich beim Chinesischen speziell um einen Dialekt, der in der südlichen Provinz „Fujian" gesprochen wird. Die Suche nach Dolmetschern in Deutschland gestaltete sich schwierig. Zeitungsanzeigen, Telefonate, Botschaften, chinesische Verbände ... – wir fragten absolut alles ab, was zu vernünftigen Sprachmittlern hätte führen können. Chinesen aus dieser Region waren durchaus in Deutschland zu finden, aber sie arbeiteten meist als Küchenhilfen. Man konnte nicht einmal daran denken, sie als Dolmetscher einzusetzen. Doch nach zwei Monaten harter Arbeit hatten wir schließlich unsere Dolmetscher gefunden: Es waren vier Muttersprachler, die kräftig um das Honorar feilschten, bevor sie unsere Verträge unterschrieben. Dieser Auftrag war lukrativ, keine Frage, aber auch er ging irgendwann zu Ende. Und plötzlich standen sie da: die Kollegen der deutschen Kunden. Aus Holland! „Wir brauchen Ihre chinesischen Dolmetscher für den Fujian-Dialekt auch." Ich konnte mein Glück kaum fassen, denn mir war klar: Das war mein Startkapital für die erste Auslandsniederlassung! Es wurde mir auf dem Silbertablett serviert

Im Rückblick habe ich auf meinem Weg immer wieder solche glücklichen Fügungen gehabt. Denken Sie nur an die Anzeige am schwarzen Brett der Kölner Uni-Mensa, ohne die ich vielleicht nie Dolmetscherin geworden wäre. Auf der anderen Seite muss man dem Glück Brücken bauen. Wer nichts macht, kann auch kein Glück haben. Selbst für den Lottogewinn muss man erst einmal einen Schein ausfüllen. Hätten wir beim Stichwort „Fujian" abgewinkt – zu schwierig, zu aufwendig – wäre das Silbertablett an uns vorbeigegangen. Der Rest war 24 h am Tag handeln, handeln, handeln. Mitarbeiter, Büroräume, Telefonverbindung, Bankkonto, Steuerberater und Anwalt, Registrierung. Auf der Karte suchte ich den ersten Ort auf der niederländischen Seite, der nur ein paar Kilometer von Aachen entfernt war. Die Adresse der örtlichen Behörden hatte ich schnell in mein Navigationssystem eingetippt, und hopp – war ich in Kerkrade.

Verborgene Grenzen

„Das kann man nicht wirklich ernst nehmen!", dachte ich, als ich über die Grenze nach Holland fuhr. Kein Zoll, keine Kontrolle, niemand interessierte sich für mich. Gut, man musste DM in Gulden umtauschen. Doch darüber hinaus war die Grenze unsichtbar und die Entfernung klein. Ich betrat ein schönes, neues Gebäude. Als ich die Eingangstür öffnete, war ich verwirrt und wusste nicht, wohin. Was ich zuerst sah: Zwei Rezeptionstische und in der Mitte einen Mann in Uniform. Dann einen Holzklotz, auf den zwei Flaggen gemalt waren, die deutsche und die niederländische. Da ich einen deutschen Pass habe, wandte ich mich an die Rezeptionistin neben der deutschen Flagge. „Nein, Sie müssen da rüber", sagte sie und wies auf die andere Seite. Ich drehte mich um und musste an dem Uniformierten vorbei. Ich grüßte höflich und ging unsicher weiter. Der Mann sah meine Verwirrung und erklärte: „Sie gehen jetzt nach Holland, ne!" Ja, einen Schritt weiter in diesem Eingangsraum waren die Niederlande. Die Grenze befand sich im Gebäude, und der Mann war tatsächlich ein Zollbeamter. An diesem Tag habe ich mein erstes ausländisches Büro angemietet. In den Niederlanden. Die Registrierung von Lingua-World Niederlande war nicht kompliziert, wenn auch etwas anders als in Deutschland. Die IHK und das Finanzamt wollten nicht meinen Pass sehen, sondern mich persönlich. „Wegen Betrugs", erklärten sie mir, und ich begann langsam zu verstehen, dass man die nicht vorhandene Grenze auch für andere Zwecke nutzen kann. Immerhin, dann war alles geregelt, und meine Arbeit in Holland begann.

Was stimmt hier nicht??

Die Infrastruktur war also kein großes Problem. Was als Nächstes? Vertrieb, Vertrieb, Vertrieb – pochte es in meinem Kopf, ich musste schnell für Aufträge sorgen. Aber wie? Ganz einfach: Gelbe Seiten, Netzwerken, Zeitungsanzeigen. Ach ja, und eine Webseite auch. Die „Gelben Seiten" fraßen fast das ganze Budget auf, da wir in zehn Büchern große Anzeigen schalteten. Ich wollte uns zeigen, groß und luxuriös, genauso wie in Deutschland. Also mussten wir an anderen Stellen sparen. Kein Grafiker, keine Werbeberatung, das kostete schließlich Geld! Wir übersetzten die deutschen Anzeigen ins Niederländische und verwendeten das deutsche Layout. Die Anzeigen erschienen – und nichts passierte. Die Wirkung war irritierend schwach. Das wird schon noch, dachte ich. Auch unsere niederländische Website war eine Übersetzung der deutschen Seite. Die Erfahrung auch da: Resonanz eher mau. Warum klappte das nicht richtig? Ich war ratlos. Aber es gab ja noch Messen, Events, Ausstellungen und Podiumsdiskussionen. Ich war rastlos unterwegs und baute so meinen ersten Standort im Ausland auf, irgendwie. Der Marketing-Mix aus vielen Komponenten brachte schließlich mehr und mehr Erfolge. Doch warum nur war der Start so mühsam?

Kurz gesagt: Ich hatte einfach vorausgesetzt, dass ich in den Niederlanden meine deutsche Erfolgsstrategie wiederholen konnte. Ein naiver Gedanke! Nicht einmal im selben Haus ticken alle Nachbarn ähnlich wie wir selbst. Warum also sollte es bei Nachbarländern so sein? Heute weiß ich, warum unsere deutschen Anzeigen und Werbeaktivitäten bei den Niederländern nicht zündeten: eben weil sie zu „deutsch" waren! Die Schlagbäume in Europa mochten abgeschafft sein, die Mentalitätsunterschiede blieben und bleiben. Die Augen geöffnet hat mir der niederländische Forscher Geert Hofstede. 1996 erschien die erste Auflage seines Buches „Lokales Denken, globales Handeln". Herr Hofstede befragte weltweit Mitarbeiter eines internationalen Konzerns und filterte aus ihren Antworten fünf grundlegende „Kulturdimensionen" heraus:

- *Machtdistanz:* Wie geht eine Gesellschaft mit Ungleichheit um? Bei hoher Machtdistanz werden hierarchische Unterschiede betont, bei niedriger werden sie eher überspielt. Hohe Machtdistanz geht mit autoritärer Führung einher, die etwa in Frankreich oder auch in Spanien verbreitet ist.
- *Individualismus/Kollektivismus:* Individualistische Gesellschaften setzen auf Eigenverantwortung und Unabhängigkeit, kollektivistische auf stärkere soziale Bindungen und Gruppenloyalität.
- *Maskulinität/Femininität:* Maskuline Gesellschaften bevorzugen ein bestimmendes Auftreten, Wettbewerb und Herausforderungen, „feminine" dagegen Zurückhaltung und Ausgleich. Wenn Sie Feministin sind, werden Sie vermutlich mit den Augen rollen, weil der Forscher bei seinen Begriffen von Rollenklischees ausgeht. In manchen Klischees steckt jedoch mehr als ein Körnchen Wahrheit. Mir ist zum Beispiel völlig klar, warum man mir ein „männliches" Verhalten im Business nachsagt …
- *Unsicherheitsvermeidung:* Ist diese Neigung hoch, werden klare Regeln und Strukturen bevorzugt, Unvorhergesehenes und Fremdes wird eher abgelehnt. Ist die Tendenz zur Unsicherheitsvermeidung niedrig, gehören Improvisation und ein bisschen Chaos eher zum Leben dazu. Wer wie ich lange in Köln lebt, weiß, dass die Rheinländer mit „Unsicherheit" in diesem Sinne kein Problem haben und da eher wie die Südländer ticken.

- *Langzeitorientierung/Kurzzeitorientierung:* Diese Kulturdimension bezieht sich auf den zeitlichen Planungshorizont und wird besonders im Vergleich von östlichem und westlichem Denken offenbar. Chinesen sagt man Anpassungsfähigkeit und Beharrlichkeit nach, während im Westen eher in den Kategorien richtig/falsch gedacht und der gerade Weg zum Erfolg bevorzugt wird.

Später fügte Hofstede noch eine weitere Dimension hinzu „Nachsicht" versus „Beherrschtheit" („Indulgence/Restraint") und beschrieb damit, wie freizügig, locker und offen emotional es in einer Gesellschaft zugeht. Vielleicht haben Sie sich beim Lesen schon gefragt, wie „die Deutschen" oder „die Niederländer" ticken. Voilà, laut Hofstede fällt der Vergleich so aus:

Sie sehen in Abb. 1 auf den ersten Blick, wo die Hauptunterschiede zu unseren niederländischen Nachbarn liegen: Die Deutschen treten tendenziell viel bestimmter und offensiver auf („Maskulinität"). Die Niederländer nehmen das Leben lockerer und sind in moralischen Fragen toleranter, nicht so sehr auf regelkonformes Verhalten bedacht („Indulgence", also „Nachsicht"). Damit wäre auch klar, warum in den Coffeeshops in Amsterdam und woanders für lange Zeit nicht nur Kaffee verkauft werden durfte.

Wie immer bei Durchschnittswerten kann der Niederländer, neben dem Sie im Flugzeug oder in der Bahn sitzen, anders gestrickt sein – oder auch nicht. Kulturdimensionen, die auch von anderen Forschern vertieft und erweitert wurden, sind ein grobes Raster, das uns aber davor bewahrt, unser Gegenüber automatisch mit der eigenen Messlatte zu messen.

Das Geheimnis internationalen Erfolgs

Zeitzonen berücksichtigen, Währung umrechnen und die Sache ist erledigt, hatte ich bei meinem Start ins internationale Business gedacht. Keine Tickets, keine Visa und Zollbeamten. Einige Jahre später war ich erheblich klüger, auch dank Herrn Hofstede. Plötzlich war mir klar, warum Holländer beispielsweise nicht auf großformatige Anzeigen in den Gelben Seiten abfahren: viel zu offensiv und „protzig", sich so von den Übrigen abzusetzen! Laut Hofstede zählen z. B. die skandinavischen Länder zu den „femininsten" weltweit. Selbst ihre gekrönten Häupter geben sich ja bescheiden und volksnah, während man in Großbritannien keine Bedenken haben muss, regelmäßig mit goldenen Kutschen durch die Stadt zu fahren und täglich pompöse Wachablösungen zu zelebrieren.

2007 überließ ich auf Franchisebasis einem österreichischen Unternehmer die Marke Lingua-World für Österreich, und er positionierte sich erfolgreich in Wien. Österreich ist auch ein Nachbarland, die Sprache ist

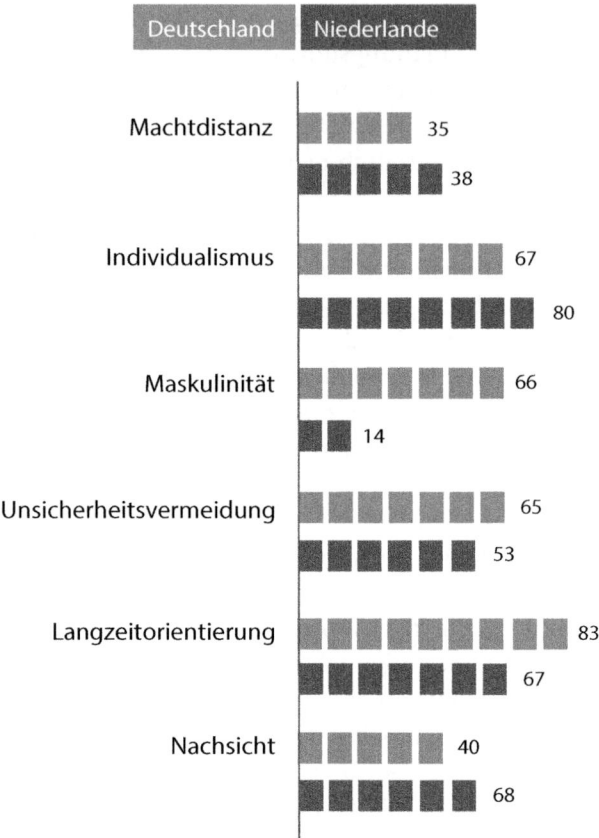

Abb. 1 Ausprägung der Kulturdimensionen in Deutschland und den Niederlanden. (Angelehnt an Hofstede 2011)

sogar die gleiche, doch angesichts der „verborgenen" Grenzen vertraute ich Lingua-World Österreich einem Einheimischen an. 2009 löste ich Lingua-World in Holland auf. Das Unternehmen war solide, doch ich wollte jetzt richtig expandieren, mein Business auf andere Kontinente tragen – dieses Mal mit Vorkenntnissen über unterschiedliche Businessmentalitäten, Kulturen, Vertriebswege und mit gründlichen betriebswirtschaftlichen Vorbereitungen. Als ich 2010 begann, die Marktbedingungen in Südafrika zu analysieren, wusste ich eins: Ich werde alles vor Ort machen und nichts mehr übersetzen. Am liebsten hätte ich sogar meinen „deutsch denkenden" Kopf in Deutschland gelassen. Stattdessen zog ich für sechs Monate nach Johannesburg, um das Land und seine Kultur wirklich und tief greifend zu verstehen. Das neue Erfolgsgeheimnis lautete „Lokalisierung". Eine erfolgreiche Niederlassung im Ausland darf kein erkennbar deutscher Satellit in der Fremde sein. Idealerweise ist eine Niederlassung oder Tochterfirma im Ausland ein Chamäleon, das sich seiner Umgebung optimal anpasst. Kunden vertrauen am ehesten einem Unternehmen, das ihre Wünsche, Gewohnheiten und Mentalitäten kennt. Fremdheit ist eine echte Businessbarriere. Ausnahmen bestätigen auch hier die Regel. Über die holprig-weitschweifig ins Deutsche übersetzte Homepage seines Traumhotels im Süden mag man schmunzeln, schließlich sucht man im Urlaub auch eine Prise Exotik. Bei allen anderen Dienstleistungen möchte man als Kunde verstanden werden, je perfekter und umfassender, desto besser.

Diesem Motto bin ich gefolgt, und mit diesem Motto bin ich später nach England gegangen. Heute sage ich mir manchmal leise: Danke, Holland!

Literatur

Hofstede, Geert (2011): *Lokales Denken, globales Handeln.* dtv, München.

Netzwerken: Spiel ohne Grenzen!

Gruseln im Café – Vergeudete Energie – Männerwelt, ich komme! – Jetzt darf ich wieder Frau sein – Die internationale Bühne – Nicht nur chic – Mit Vorurteilen aufräumen – Der weltweite Visitenkarten-Guide

Mein erstes Networking war ein Horror!
Es sollte mein nächster Schritt zur professionellen Führung meiner Firma werden. Lingua-World steckte noch in den Kinderschuhen, aber vom Umsatz und der Gewinnmarge her hatte sie sich bereits zu einem viel versprechenden Betrieb entwickelt. Der Bedarf auf dem globalen Übersetzungsmarkt wurde größer, und ich hatte keine Hemmungen zu sagen: „I want more!". Dieses „Mehr" war auf alles bezogen: Mitarbeiter einstellen, Büroräume ausbreiten und natürlich viele Kunden gewinnen. Meine Ziele waren nicht nur innerhalb meiner Firma bekannt, sie sprangen jedem ins Auge – zumindest jedem, der mit mir zu tun hatte. Die Nachbarn hörten schon früh morgens meine energischen Schritte, die Mitarbeiter schauten mich verwundert an, wenn sie mich um acht Uhr morgens im Büro umkreist von Kaffeetassen vorfanden. Dazu kamen meine Familienmitglieder, für die mein unausgeschlafenes Gesicht bereits ein vertrauter Anblick war.

Unbeschreiblich weiblich?
„Networking – das habe ich noch nicht gemacht", dachte ich und düste zu einem Frauen-Businesstreffen in der Südstadt von Köln. In einem Café saßen sie, die Frauen, und bestellten kräftig Wasser und andere Getränke. Die Vorstellungsrunde begann, und ich versuchte, mir kleine Notizen über die jeweilige Profession aller Anwesenden zu machen. In jeder Lektüre zum

© Springer Fachmedien Wiesbaden GmbH, ein Teil von Springer Nature 2019
N. Kostadinova, *Ein Koffer voller Wollen*, https://doi.org/10.1007/978-3-658-23985-5_13

Small Talk stand ja die Empfehlung, solche Kenntnisse als Sprungbrett zu nutzen. Aber: Ich musste gar nichts weiter machen. Als das tatsächliche Networking begann, stürmten die Ladys auf mich zu. Vermögensplanung, Rechtsbeistand, Steuerberatung und Versicherungen: Jede von ihnen berichtete intensiv über ihre Kompetenzen und wollte mich als Kundin gewinnen. In diesem Vortragswettbewerb hat sich nicht einmal eine dieser Frauen gefragt, ob ich überhaupt etwas brauche. Ich war ja gar nicht gekommen, um bei ihnen Kundin zu werden! Ich wollte nur Kontakte knüpfen…Aber das interessierte hier niemanden! Nach einer Weile hatte ich es endlich geschafft, das Café zu verlassen. Als ich verschwitzt in mein Auto stieg, fragte ich mich, wo die Gegenseitigkeit geblieben war, die ich hatte erleben wollen. Hier hatte ich sie eindeutig nicht gefunden.

Mein zweiter Versuch führte mich zur Frauen-Union der CDU. Diesmal saßen wir in einem Hotel und lauschten zuerst einem politischen Vortrag. „Sehr informativ", dachte ich und schaute mich nach Gesprächspartnerinnen um. Nette, freundliche Frauen sprachen miteinander und lachten. Den Druck meiner ersten Erfahrung fühlte ich hier nicht. Ich ging zu ihnen und stellte mich mit meinem Namen und Beruf vor. Die Dame neben mir antwortete: Ich bin Doris aus Langenfeld, Hausfrau. Doris und ich haben uns ein paar Mal getroffen, unterhielten uns nett und wurden Freundinnen – berufliche Berührungspunkte hatten wir aber nicht. Immerhin, ich lernte hier viel über verschiedene Themen und entwickelte schöne Kontakte, die ich bis heute pflege. Geschäftlich war ich aber wieder nicht weitergekommen.

Die Frage für mich war: Was wollte ich erreichen? Meine Vorstellung von Netzwerken war anscheinend noch recht unkonkret – deswegen hatte ich zuerst die für mich naheliegenden Dinge ausprobiert. Bis jetzt aber hatte ich nur gelernt, was ich nicht wollte: Auf Teufel komm raus akquiriert werden oder mit Hausfrauen politische Kaffeekränzchen halten … Ich machte also gedanklich einen Schritt zurück und fragte mich: Was ist Networking denn eigentlich? Ich fand ein paar Antworten. Die gingen ein bisschen auseinander, brachten mich aber zum Nachdenken:

„In der freien Wirtschaft gelten Kooperationen als bestes Mittel, um seine unternehmerischen Chancen zu vergrößern. Durch Networking soll letztendlich ein Kontakt geknüpft, eine Beziehung aufgebaut und das nötige Vertrauen geschaffen werden, um daraus eine Kooperation entstehen zu lassen." (Kauffeld-Monz 2014).

Tolle Grundidee, aber so weit war ich noch gar nicht. Also weiter back to the roots …

„Networking bedeutet Aufbau und Pflege von persönlichen und beruflichen Kontakten. Ziel ist ein Netzwerk aus einer Gruppe von Personen, die zueinander in Beziehung stehen und sich privat, aber vor allem beruflich unterstützen, helfen oder kooperieren…" (Wikipedia, Networking).

Tja, streichen wir hier das Private, dann kommen wir der Sache schon näher: Kontakte, ja. In Beziehung stehen, gerne. Unterstützen und kooperieren? Wieder hatte ich das Gefühl, ich würde den zweiten vor dem ersten Schritt machen. Ich musste doch erst einmal einen Zugang finden …

Ein rasanter U-Turn

Nicht, dass Sie jetzt denken, ich hätte das Networking aufgegeben. Im Gegenteil: Ich orientierte mich nur um und besuchte fortan mittelständische Treffen, Kongresse und Konferenzen. Der Austausch war enorm hilfreich und inspirierend! Allerdings waren diese Treffen Ende der neunziger Jahre und Anfang des neuen Jahrtausends noch zu 80 % und mehr von Männern besucht. Frau Christa Thoben war zwar endlich von 2005 bis 2010 Wirtschaftsministerin in NRW, aber zwischen den Teilnehmern der Wirtschaftsveranstaltungen waren damals nur sehr wenige Frauen zu sehen. Ich hob die Quote mit meiner Anwesenheit jedes Mal deutlich an. „Schade", dachte ich immer, denn seit 2003 war der Anteil der Frauen an allen Selbstständigen und Unternehmern schon bei ungefähr einem Drittel – und die Tendenz war steigend! (Bundesweite Agentur der Gründerinnen und Unternehmerinnen in Deutschland 2015).

Und ich machte noch einen mentalen und realen Schritt für mein Networking: Da meine Kunden über ganz Deutschland verteilt waren und sich ja vermehren sollten, verließ ich zum Networking Nordrhein-Westfalen und spazierte zu interessanten Business-Events nach Dresden und Leipzig, nach München, Hannover und Freiburg. Ich wurde immer erfahrener (auch was mein Auftreten und meinen Kleidungsstil betraf) und immer kommunikativer. Aus meinem Schrank lächelten Designer-Anzüge im Wert von 2000 EUR, strahlend weiße Blusen und gepflegte Schuhe. Es war gar nicht so schwer! Ich kopierte damals einfach die Männer: in der Bekleidung und der Kommunikation. Ein lässig geöffneter Blazer und genug Visitenkarten in der Tasche, das war alles.

In der Arena bei den „Löwen"

Beim Betreten des jeweiligen Saals warf ich einen Blick in alle Richtungen und ging in die Mitte. Natürlich standen hier ein paar Manager und machten den Eindruck, die Welt liege ihnen zu Füßen. Die Biergläser zur Hälfte leer getrunken und das Lachen wie auf einer Hollywoodbühne. „Oh, wie komme ich hier ins Gespräch?", dachte ich. „Die sind ja so was von unter sich!" Ich steckte eine Hand in die Hosentasche, mit der anderen hielt ich mein Glas – Wasser natürlich! (Ich habe es nie attraktiv gefunden, eine Frau mit Bierglas zu sehen. Hier bin ich leider ein bisschen konservativ.) Und jetzt?

Jetzt musste ich durch! „Gu-u-ten Abend", grüßte ich und war selber erschrocken von meiner lauten Stimme! Was für eine Frechheit – las ich auf den Gesichtern der Gentlemen. Ein paar stille Sekunden vergingen – keine Reaktion. Meine Wangen wurden rot, und Flüssigkeit stand am Rand meiner Augen. Ich schluckte, um die Trockenheit in meinem Mund zu überwinden und wiederholte diesmal leiser: „Guten Abend, meine Herren!"

Der erste hatte meinen Akzent aufgefangen und fragte interessiert: „Kommen Sie aus Polen?"

Das war es! Der perfekte Anknüpfungspunkt. Ich konnte fortan alle über Bulgarien informieren und über das erzählen, was mein Land, mein Kommen nach Deutschland und mein Beruf so mit sich brachten. Die Herren waren nicht nur gnädig zu mir, sondern richtiggehend bestrebt zu erfahren, wie ich z. B. die Qualität meiner Übersetzungen sicherte. Ich konnte es kaum glauben. „Es hat geklappt!", schrie mein zuvor geknicktes Ego! Ja, aber wie?

Ich habe sie gezähmt

Ich glaube, es war die stille Anerkennung meines Mutes, die diese Männer aus der Wirtschaft zum Schmelzen brachte. Meine Visitenkarten landeten in ihren Taschen, und ich bekam ihre. Was machte ich damit? Ich schaute immer gewissenhaft auf die 20 bis 30 Stücke Papier, die ich von jedem Networking mitnahm. Rolodex-Visitenkartenkatalog – das war das Stichwort damals. Später wandelte sich das zum elektronischen Katalog. Aber ich merkte, dass es mir um etwas anderes ging: Die nächste Veranstaltung brachte neue Kontakte, neue Visitenkarten, mehr Gesichter und Gespräche, aber vor allem Ideen und Inspirationen. Ich traf Menschen wieder, die mich kannten, und bekam allmählich das Gefühl, ich sei in dieser Welt zu Hause. Allerdings sprechen wir hier immer noch über die Männer und ihre Domäne! Nach den ersten holprigen Versuchen, mich in Frauennetzwerke zu integrieren, hatte ich das zunächst aufgegeben. Aber meine Definition von Networking hatte ich nun gefunden: Ich ging dorthin, wo die Wirtschaft pulsierte, und wollte vor allem LERNEN. Ich bekam einen viel stärkeren Draht zu den aktuellen Ereignissen und konnte Parallelen zu meinem Business ziehen. Meine Aufgabe war es, die Wirtschaft zu verstehen, und nicht, aus den Menschen Kunden zu machen. Der Geist, der mein Networking beseelte, war: Die Gespräche, die Diskussionen, schlugen geistige Brücken und ich war unendlich dankbar für den Input, mit dem ich jedes Mal nach Hause kam.

„Persönliches zählt, Geschäftliches ergibt sich"

Diese Devise der lokalen Kölner Business-Netzwerkgruppe des über-regionalen Online-Netzwerkes Xing illustriert, wie es heutzutage läuft. Toll, wenn man sich vorher online schon beschnuppern kann. Die Möglichkeit hatte ich damals noch nicht. Heute geht man schon mit einem Sack an Informationen in ein Netzwerktreffen hinein. Ob das gut oder schlecht ist, dürfen Sie selbst entscheiden, denn letztendlich kommt es doch auf die Che-mie an. Aufdringliche „Akquise-Amokläufe" (Hoffinger 2015) sind heute ebenso out wie damals bei meiner ersten Erfahrung in der Kölner Südstadt. Obwohl man sie noch zielgerichteter starten kann mit allem, was das Inter-net uns verrät. Verbindlich, charmant und authentisch: So kann ein erfolg-reicher Networkingauftritt funktionieren. Sie arbeiten doch auch lieber mit unaufgeregten Menschen zusammen als mit aggressiven Selbstdarstellern? (ebd.) Wenn es auf der Sympathieebene funkt, ergibt sich Business von selbst, wenn sich eine Möglichkeit dazu auftut.

Endlich angekommen

Bei mir jedenfalls kam nach meiner „Männeroffensive" noch einmal eine wesentliche Veränderung: Nachdem ich von Veuve Clicquot für den Preis „Unternehmerin des Jahres" nominiert worden war und die Auszeichnung als „Role Model" der Victress Initiative 2010 erhalten hatte, bekam ich eine Einladung der damaligen Vorsitzenden des „Verbands deutscher Unter-nehmerinnen", Frau Schelle, zur Teilnahme an einer Podiumsdiskussion. Der VdU hielt seine Jahresversammlung in Dortmund ab, und ich wurde auf der Bühne vorgestellt. Ich schaute von dort auf die anwesenden Frauen und fragte mich, warum ich sie bis jetzt nicht kannte. Die Zeit war ver-flogen, und ich war offensichtlich nur in eine Richtung gegangen. Ich hatte mehr und mehr Erfahrungen als Firmenchefin gesammelt, aber den Frauennetzwerken hatte ich den Rücken gekehrt. Jetzt wusste ich plötzlich nicht mehr, warum! Vor mir saßen Frauen, Unternehmerinnen, weiblich gekleidet, strahlend und nicht weniger von sich selbst überzeugt als ich. In der Pause sprach ich mit vielen von ihnen und war irgendwie enttäuscht von mir, dass ich so lange keine Verbindung zu den Unternehmerinnen gesucht hatte. Dann fragte mich Frau Schelle einfach: „Möchten Sie auch Mitglied des VdU werden?" Ein „Ja!" mit 300 PS kam aus meiner Brust, und ich fühlte mich erleichtert. Jetzt, nachdem ich die Brücke zur Männerdomäne aufgebaut hatte, durfte ich endlich auch eine Frau sein.

In den nächsten Monaten verschwanden die Designeranzüge und machten meinem neuen Kleidungsstil Platz: Kleider, Blusen und Röcke in schönen Farben, sogar Ohrringe und Armbänder gehörten zu meinem Alltag. Ich durfte eine Frau sein, so wie es sich gehört, und das war gar kein Nachteil. Als mich die IHK Neuss zum Treffen mit dem südafrikanischen Botschafter einlud, nahm ich das schönste Kleid aus meinem Schrank und zog es an. Das Interesse an meiner Arbeit war deswegen nicht geringer, meine Visitenkarten waren genauso gefragt und die Sympathieebene war definitiv vorhanden.

Im Nachhinein stelle ich mir nicht die Frage, was richtig oder was falsch war. Ich weiß jetzt aus Erfahrung: Richtig ist, was funktioniert. Alles zu seiner Zeit, höre auf Deine Intuition, resigniere nicht, sondern handele auf allen – auch Dir zunächst fremden – Ebenen, und Du wirst keinen Fehler machen. So denke ich heute. Meine Mitgliedschaft beim VdU hat mir neue Horizonte eröffnet. Da internationale Zusammenarbeit meine Leidenschaft war (und ist), begann ich auch, die Weltkongresse des VdU zu besuchen. Ich kandidierte sogar für den Bundesvorstand und wurde gewählt. Damit öffnete sich mein Blick noch weiter und ich brach auf zu unbekannten Ufern…

Ab auf die große Bühne: Networking international
Ich dachte, ich würde ersticken, als ich das Foyer des „Mogador Palaca Agdal" in Marrakesch betrat.

Eine Wolke von unterschiedlichen Düften hüllte mich ein, und mein Blick richtete sich reflexartig zu Boden. Wo war ich? In einer riesigen Parfümerie oder im größten Schuhgeschäft der Welt? Die Vielfältigkeit der Schuhe, die ich sah, war sogar noch beeindruckender als die Parfümwolke.

Glitzerndes mit hohen Absätzen, Sandalen und Pumps, ja sogar elegante Sommerstiefel umkreisten mich. Langsam richtete ich meinen Blick wieder nach oben, um nun die vollständigen Errungenschaften der Modewelt in ihrer Ganzheit zu bewundern. Kein Zweifel! Ich war am richtigen Ort, es war 19 Uhr und im Programm stand deutlich zu lesen: „Gala – offizielle Eröffnung des FCEM-Kongresses" (Femmes Chefs d'Enterprises).

Im Laufe des Abends war es für mich nicht mehr möglich, mich auf die so vielfältig dargebotenen Modekreationen und Stile zu konzentrieren – das Networking hatte mit voller Kraft begonnen. Die Zeit drängte, und schnell wurden wir mit Bussen zum Veranstaltungsort gefahren, wo wir durch die Prinzessin Lalla Salma von Marokko begrüßt wurden. Die Busse wurden von einer Polizeieskorte gesichert und fuhren langsam, fast würdevoll, durch die marokkanische Stadt. Was in den Bussen passierte, war unbeschreiblich. Ein unglaubliches Stimmengewirr, kurze Vorstellungen mit weiblichen Vornamen und Ländernamen flogen durch die Luft, Lachen perlte durch den Raum. Geschmückte Damenhände begrüßten sich mit Handschlag, und jede, aber absolut jede, Dame lächelte und zeigte Freude par excellence. William Makepiece Thackeray hatte wohl derartiges im Sinn bei seiner „Vanity Fair", seinem „Jahrmarkt der Eitelkeit", und jeder, der das Treffen der 800 Frauen aus 70 Ländern nur von außen betrachtet hätte, wäre bei diesem Gedanken geblieben: Frauen – so eine Eitelkeit!

Falsch!

Denn diese Frauen, die Länder und Kontinente durchreist hatten, um sich zu treffen und zu vernetzen, waren keine verzweifelten Hausfrauen, die exzessive Bewunderung ihrer äußeren Erscheinung brauchten! Diese Frauen waren weit geflogen, um andere Frauen zu begrüßen, kennenzulernen oder wieder zu treffen, die (genau wie sie) irgendwo auf der Welt ihre Selbstständigkeit gesucht und gefunden, Unternehmen aufgebaut, entwickelt und geführt haben. Natürlich hat schöne Kleidung in der Frauenwelt ihren Wert. Sie dokumentiert das ästhetische Bedürfnis der Person, das Bemühen, das eigene Profil als erfolgreiche Frau transparent und erkennbar zu machen, und – das Wichtigste: Sie hilft dabei, Respekt gegenüber den anderen Beteiligten zu zeigen. Schmunzelt hier etwa jemand? Denkt er (oder sie) immer noch, dass sich Frauen am liebsten pflegen und Shopping als Therapie betreiben?

Lassen Sie uns doch einmal nachdenken, worum es hier eigentlich geht…

Auf dem FCEM-Kongress in Marrakesch kamen 800 Unternehmerinnen aus 70 Ländern zusammen. Allesamt selbstständige Frauen, die nicht nur ihren eigenen Lebensunterhalt, sondern als Arbeitgeberinnen auch den vieler anderer Menschen sicherten, und zur Weiterentwicklung der Menschen und häufig auch ihrer Länder beitrugen. Im Programm waren wirtschaftliche Vorträge, Podiumsdiskussionen und Firmenbesichtigungen. Es war also alles andere als ein Catwalk! Dass es im Kern bei solchen Veranstaltungen nicht ums Repräsentieren oder eine Modenschau geht, zeigt die zunehmende Kraft und Zahl der (internationalen) Frauennetzwerke: Bei der „Sorority" (Schwesternschaft) in Österreich unterstützen sich Business-Frauen gegenseitig in ihrer persönlichen Entwicklung. Ähnlich läuft das z. B. beim WILMA-Netzwerk der Helga-Breuninger-Stiftung in Deutschland. Die Zeitschrift Edition F hat die Community „Female Future Force" ins Leben gerufen, die Frauen auf ihrem Karriereweg unterstützt, der durchaus auch in die Selbstständigkeit führen kann (Frank 2018). Aus den USA kommt das Traditions-Frauennetzwerk „Zonta" und hat inzwischen Mikronetzwerke von Unternehmerinnen und Businessfrauen auch in vielen europäischen Städten und weltweit gegründet. Hier ist die Mission geprägt vom Austausch einerseits und andererseits davon, etwas zurückzugeben und soziale Ziele zu unterstützen. Bravo, sage ich! Und es gibt noch unzählige andere Frauennetzwerke: Den BPW Germany (Business and Professional Women Germany) der sich weltweit engagiert und im Deutschen Frauenrat ebenso vertreten ist wie im Europarat und in der UNO. Das EWMD (European Women Management Development), das speziell für Frauen in Management und Wirtschaft da ist und mit großen Unternehmen wie Microsoft oder Audi kooperiert. Die Global Digital Women (GDW), die sich weltweit als die kreativen Gestalterinnenköpfe des Internet vernetzen, die von Dell ins Leben gerufene „Fempreneur"-Initiative … (Blindert 2018)

Und, und, und…

Noch immer skeptisch?

Er (oder sie) schmunzelt zwar nicht mehr, aber schaut noch skeptisch? Gucken wir also noch genauer hin: Was bringen uns solche Treffen? Wer zum ersten Mal dabei ist, glaubt sich zunächst auf einem fernen Planeten – so viel Energie schwirrt durch die Räume. Die Begeisterung, Menschen zu treffen, die viel geleistet haben und noch viel leisten wollen, ist enorm. Die Vielfalt der Herkunftsländer mit ihren verschiedenen geschichtlichen und politischen Entwicklungen weckt das Gefühl der Zugehörigkeit zu einer ganzheitlichen und realen Weltkomposition. Das prägt unser Bewusstsein und schenkt uns neue Kraft! Eine Kraft, die uns im Kontext der Internationalität zu Weltbürgern macht. Helena Rubinstein und Anita Roddick vom Body Shop sind nur zwei große Vorbilder in diesem Zusammenhang: Vollblutunternehmerinnen und Kosmopolitinnen, die auf der internationalen Konzernbühne erfolgreich waren und viel bewegt haben. Unternehmerisch, aber auch sozial und mit dem Blick auf globale Entwicklungen, Fair Trade und Umweltbewusstsein!

Ich jedenfalls traf in Marrakesch ebenso bewundernswerte Unternehmerinnen aus Australien und Mexiko, aus Tunesien und Nigeria, aus Italien und Frankreich. Ich nahm nach Deutschland etwas Besonderes mit: Meine Erfahrungen und die Berichte über die Aktivitäten der Businessverbände aus vielen Ländern, die offizielle Mitglieder des FCEM waren. Berichte, die uns etwas zu sagen hatten, die Wissen schafften. Dieses Wissen habe ich in dem Bericht für meinen Bundesverband nach Deutschland transportiert.

Denn wie soll man international handeln, wenn man nicht gedanklich zu der Wirtschaft eines anderen Lands springen und sich in die Gepflogenheiten dort hineinversetzen kann? Die Unterschiede zwischen den Mentalitäten, den Kulturen und den Religionen werden immer da sein, und wir können und dürfen sie nicht ignorieren. Falls wir sie doch leugnen, werden wir keinen Erfolg haben – weder auf menschlicher noch auf wirtschaftlicher Ebene. Für mich sind genau diese Unterschiede eine Herausforderung; sie reizen mich sehr. Du landest irgendwo und fragst: „Wie macht Ihr das hier?"

Erfahrung schlägt Bücherwissen

Vieles kann man nachlesen, etwa dass man als Frau in den arabischen Ländern nicht per Handschlag begrüßt wird. Doch endgültig klar wird es einem dann, wenn man zum dritten Meeting hetzt, auf dem Weg im Kopf seinen Plan abspielt, den Raum betritt, automatisch die Hand ausstreckt und … ins Leere läuft! Voller Gedanken über den nächsten Schritt in den Verhandlungen hat man es einfach vergessen. Die Hand hängt in der Luft, es fällt einem plötzlich wieder ein und man zieht nicht nur die Hand zurück, sondern auch sein Lächeln. Bei dem folgenden Gespräch ist man erst geknickt und weiß eigentlich nicht, warum. Wirklich beleidigt aber sollte man nicht sein, weil ja beim interkulturellen Training alle Informationen verfügbar waren. Es war der eigene Fehler, und der ist natürlich beunruhigend. Aber kein Problem, das war dann eine echte praktische Lektion … und dasselbe wird nicht mehr passieren!

Kleine Karte, große Wirkung

Es gibt allerdings ein Thema, bei dem wir uns gut und sinnvoll vorbereiten können: Visitenkarten. Sie sind auch im digitalen Zeitalter unverzichtbar. Mit relativ wenig Aufwand können wir es schaffen, Respekt vor dem Land zu zeigen, in dem wir netzwerken und Geschäft machen wollen: Indem wir uns auf die jeweiligen Gepflogenheiten bei Gestaltung und Übergabe einstellen und ein paar ungeschriebene Regeln beachten, erleichtern wir uns die Kontaktaufnahme und den Einstieg …

Hier ein paar Tipps für die internationale Netzwerk-Bühne:

Frankreich

Es lohnt sich, Visitenkarten auf Französisch zu drucken. So sammelt man beim Geschäftspartner bereits beim ersten Treffen Punkte. Achten Sie bei der Formulierung auf die richtige Übersetzung dessen, was sie tun (Businesstraveller 2018).

Italien

Hier überreicht man die Visitenkarte nicht bei der Begrüßung oder am Anfang eines Gespräches, sondern im Laufe desselben, wenn es um konkrete berufliche Aufgaben der Gesprächspartner geht. Oft überreicht man die Karte sogar erst persönlich bei der Verabschiedung. Status ist in Italien von großer Bedeutung: Vermerken Sie darum auf Ihrer Visitenkarte sämtliche Titel, akademischen Grade etc. (Stache 2012) Außerdem gibt es zwei Arten von Visitenkarten, geschäftliche und private. Beide sollten nicht verwechselt werden. Es gilt als schlechter Stil, seine berufliche Visitenkarte außerhalb vom Business zu benutzen (Businesstraveller 2018).

Belgien

In Belgien gibt es zwei Visitenkartenvarianten: Die kleinere Version wird für geschäftliche Anlässe mit Präsenz genutzt, die größere Visitenkarte wird verschickt (Stache 2012).

Österreich

Wie in Belgien verwendet man in Österreich zwei verschiedene Arten von Visitenkarten. Der Unterschied: Die Österreicher haben eine „internationale Visitenkarte", auf der nur Name und Funktion stehen, die aber auf akademische Grade usw. verzichtet. Und sie haben speziell für Österreich eine Karte, auf der neben Namen und Funktion akademische Grade (auch die „unter" dem Doktor) gedruckt sind. Das spiegelt die „Titelfixierung" unseres charmanten Nachbarlandes wieder … Visitenkarten überreicht man bei der Vorstellung und Begrüßung direkt (Stache 2012).

Polen

In Polen übergibt man Visitenkarten immer am Ende eines Meetings oder eines Gesprächs (Businesstraveller 2018).

Russland

Visitenkarten sind in Russland obligatorisch! Wenn Sie eine Karte erhalten, lesen Sie sie sorgfältig und konzentriert. Wenn Sie nur einen kurzen Blick darauf werfen, ist Ihr Gesprächspartner womöglich beleidigt, weil das in seinen Augen unhöflich ist. Da die Russen auf Status auch viel Wert legen, vermerken Sie Ihren akademischen Grad und Ihre Titel sowie Ihre Position auf der Karte. Ausgetauscht werden die Karten hier beim allerersten Kontakt. (Stache 2012) Außerdem ist die Übersetzung in die kyrillische Schrift eine besondere Herausforderung. Ich empfehle trotz der Kürze des Textes einen professionellen Übersetzungsdienst! Und die Russen lieben es bunt: Oft ist der Druck der Visitenkarten auf glänzendem Papier, und häufig findet man auf der Rückseite ein Foto (Businesstraveller 2018).

China

Hier ist auch wieder die (korrekt übersetzte) Landessprache Trumpf: Visitenkarten müssen auf einer Seite in Chinesisch (Mandarin) verfasst sein. Der Austausch ist immer rege, darum sollte der Vorrat groß genug sein. Und: sorgfältig lesen! Es ist höflich, sein Interesse zu bekunden – etwa, zu fragen, wie man den Namen des Gegenübers ausspricht. Achtung: Visitenkarten übergibt man mit beiden Händen und nimmt sie auch so entgegen – als Geste des Respekts (Businesstraveller 2018).

Indien

In Indien benutzt man dazu die rechte Hand und nimmt Karten auch nur mit der rechten entgegen. Die linke Hand gilt als „unrein". Karten tauscht man direkt nach der Begrüßung aus. Wichtig ist ein beeindruckender Titel auf der Karte: Unter „Vice President" werden Sie nicht ernst genommen! (Businesstraveller 2018)

Japan

Visitenkarten kommen in Japan nicht direkt aus der Jackett- oder Hosentasche, sondern aus einem edlen Etui. Wie in China werden sie mit beiden Händen überreicht. Es gibt ein festes Ritual, wie diese „Meishi" übergeben werden. Der Ranghöchste, also etwa der Leiter einer Delegation, fängt an und übergibt die Karte zwischen Daumen und Zeigefinger mit der Schriftseite zum Geschäftspartner hin. Dann folgt eine Verbeugung! Die Annahme erfolgt ebenfalls mit beiden Händen und wird auch durch eine Verbeugung begleitet. Anschließend wird die Karte sorgfältig gelesen; dabei lässt man sich extra sehr viel Zeit (Businesstraveller 2018).

Korea

Ohne Visitenkarte sind Sie hier buchstäblich ein Niemand. Auch Koreaner schätzen in die eigene Schrift übertragene Karten – professionell übersetzt, natürlich. Aber eine korrekt ins Englische übersetzte Visitenkarte ist viel besser als ein möglicherweise fehlerhafter Druck in koreanischen Schriftzeichen. Der Empfänger nimmt die Karte respektvoll entgegen und schaut sie mindestens fünf Sekunden, besser noch länger, an. Titel sind eine harte Währung. Wer keinen Titel auf die Visitenkarte schreibt, macht Koreaner unsicher. Deswegen schreiben Sie auch als Selbstständiger „Director" oder „CEO" drauf (Businesstraveller 2018).

USA

In den Vereinigten Staaten ist der Gebrauch von Titeln inflationär. Bloße Verkaufsmitarbeiter nennen sich „Sales Manager". Ein Abteilungsleiter ist schon ein „Vice President" („VP"). Wichtige Titel und ihre korrekte Übersetzung sind: Vorstand: *Member of the Executive Board*. Vorstandsvorsitzender: *Chief Executive Officer (CEO)*. Aufsichtsrat: *Member of the Supervisory Board*. Geschäftsführer: *Managing Director* (Businesstraveller 2018).

Messen und Kongresse

Zu internationalen Events kommen Geschäftsleute aus aller Welt. Hier brauchen Sie eine zweisprachige Visitenkarte – am besten in Ihrer Landessprache und auf Englisch! Denn meistens kommen die Besucher aus aller Herren Länder, und dann wird als internationale Geschäftssprache Englisch genutzt (Businesstraveller 2018).

Mit Leichtigkeit der ganzen Welt verbunden

Zurück zu meiner Geschichte: Beim Kongress in Marokko hatte natürlich jede Dame ihre internationale Visitenkarte dabei….

Und als ich eine Woche später aus Marrakesch zurück in meine Firma kam, war ich verändert. Eine neue Selbstsicherheit führte mich durch den Alltag und machte meine ausgefallenen Ideen greifbarer und realistischer. Ich fühlte so einen Rückhalt! Ich konnte jederzeit eine andere Unternehmerin anschreiben, ja sie sogar anrufen (unter Berücksichtigung der jeweiligen Ortszeit natürlich!), und mich mit ihr austauschen. Schon diese Möglichkeit verkürzte für mich die geografischen Entfernungen und machte Grenzen mehr und mehr unsichtbar. Ich begrüßte meine Mitarbeiter in Köln so liebevoll, dass sie nicht wussten, was sie davon halten sollten. Ich fühlte ihre verwunderten Blicke, aber meine Füße trugen mich mit Leichtigkeit durch die Räume, mein Kopf, voller Ideen, produzierte schon neue Pläne und machte aus dem normalen 13 h-Arbeitstag direkt einen mit 16! Ich war nicht müde, ich war nicht erschöpft! Die neuen Bekanntschaften stärkte ich mit E-Mails, die aus Deutschland hinaus in die Welt gingen. Die neue Zugehörigkeit eröffnete für mich weiterführende Chancen und Perspektiven. Ich hatte endlich die Tür zur echten Frauenwirtschaft aufgestoßen und freute mich auf alles, was mich noch erwartete – in Deutschland und überall auf der Welt.

Literatur

Blindert, Ute (2018): Frauen-Netzwerke & Initiativen. Online verfügbar unter https://www.businessladys.de/frauen-netzwerke-initiativen/, letzter Zugriff am 14.6.2018.

Bundesweite Agentur der Gründerinnen und Unternehmerinnen in Deutschland (2015): *Daten und Fakten.* Pdf-Datei online verfügbar unter: https://www.existenzgruenderinnen.de/SharedDocs/Downloads/DE/Publikationen/39-Gruenderinnen-Unternehmerinnen-Deutschland-Daten-Fakten-IV.pdf?__blob=publicationFile, letzter Zugriff am 14.6.2018.

Businesstraveller (2018): *Andere Länder, andere Visitenkarten.* Online verfügbar unter: https://www.businesstraveller.de/lifestyle/andere-laender-andere-visitenkarten/, letzter Zugriff am 17.9.2018.

Frank, Vivecca (2018): So sieht's aus: Deutsche Unternehmerinnen im Jahr 2018. Online verfügbar unter: https://www.glassdoor.de/blog/deutsche-unternehmerinnen-2018, letzter Zugriff am 14.6.2018.

Hoffinger, Isabel (2015): So netzwerken Sie richtig. Online verfügbar unter: http://www.faz.net/aktuell/beruf-chance/beruf/dos-donts-netzwerken-13425666.html, letzter Zugriff am 12.7.2018.

Kauffeld-Monz, Martina (2014): Biografie. https://www.iit-berlin.de/de/koepfe/dr-martina-kauffeld-monz, letzter Zugriff am 14.6. 2018.

Stache, Rebecca (2012): Internationaler Visitenkarten-Knigge. Online verfügbar unter: https://www.experto.de/sprachen/interkulturelle-kommunikation/internationaler-visitenkarten-knigge.html, letzter Zugriff am 15.6. 2018.

Wikipedia: Networking. https://de.wikipedia.org/wiki/Networking, letzter Zugriff am 14.6.2018.

Give and take: Verhandeln ist Sport!

Kein wirkliches Urlaubsszenario – Wie durchsichtig es in Deutschland zugeht – Wollen wir spielen oder kämpfen? – Verhandeln ist Teil einer Kultur – Gut gerüstet auf Weltreise: Lebensregeln in Afrika – Wie Sie in Asien das Gesicht wahren – Mit Beharrlichkeit und Geduld den Orient meistern – Das Wichtigste kommt zum Schluss

In dem kleinen sizilianischen Fischerdorf sammelten sich die Touristen noch vor sechs Uhr morgens am Pier bei den Fischerbooten. Der frische Fang, die springenden silbernen Fische, die sonnenverbrannten Fischer in ihren Booten und Männer mit Kauflust auf dem Steg – die einzigartige Atmosphäre zog mich in ihren Bann. Ich wartete gespannt. Gleich würden die Verhandlungen um die frischen Köstlichkeiten losgehen … Und richtig: Die männlichen Käufer beäugten intensiv den Fang und stellten sich vor, wie sie ihre Frauen und Kinder mit dem frischen, leckeren Essen versorgen würden. In meiner urlaubsentspannten Stimmung ging ich beim Handel ganz selbstverständlich von einer Win-win-Situation aus: Ein bisschen Feilschen hier, ein zufriedener Handschlag da, dann Gewinner auf beiden Seiten – bei den Verkäufern und bei den Käufern.

Zehn Euro mehr – oder weniger?
Ich wartete hinter einem älteren Mann, der im selben Haus mit seiner Familie Urlaub machte wie ich. Er begann, einen jungen Fischer nach verschiedenen Fischarten zu fragen und unterstrich mit lebhafter Gestik seine Auswahl. Die beiden Männer sprachen keine gemeinsame Sprache, und die Kommunikation war zäh. Am Ende bekam der ältere Mann eine Plastiktüte und steckte dem Fischer zehn Euro in die große Hand. Dann machte

© Springer Fachmedien Wiesbaden GmbH, ein Teil von Springer Nature 2019
N. Kostadinova, *Ein Koffer voller Wollen,* https://doi.org/10.1007/978-3-658-23985-5_14

er Anstalten, den Pier zu verlassen. „No, Signore! Venti Euro!" – erhob der junge Fischer seine Stimme. Der ältere Mann kehrte sofort um und gab ihm die Ware wortlos zurück. Der Fischer senkte seinen Blick und erklärte sich zähneknirschend mit Worten und Gestik einverstanden: „Va bene … prego, Signore", murmelte er, gab dem Käufer die Tüte in die Hand und versuchte, seine Verbitterung zu verstecken. „Das war aber keine Win-win-Situation", dachte ich. Gewonnen hatte allein und eindeutig der ältere Mann, weil er die beiden besten Doraden und zwei schöne Langusten für nur zehn Euro bekommen hatte! „Nicht schlecht, mein Lieber", sagte ich mir, „woher kennst du eigentlich diesen harten Stil?"

Im Business passiert uns oft Ähnliches. Wir verhandeln hart. Bevor wir etwas kaufen, besorgen wir uns mindestens drei Angebote und wollen dann die Leistung des teuersten und den Preis vom günstigsten Angebot. Das ist ja auch die beste Kombination, nicht wahr? Und da der Anbieter des teuren Angebots meist nicht willens ist, den Preis entsprechend zu reduzieren, versuchen wir zu tricksen. Wir bluffen und geben vor, dass uns ein ganz ähnliches Angebot für die Hälfte des Preises vorliegt. Oder wir lehnen das Angebot demonstrativ ab, geben dem Anbieter aber noch Zeit zum Nachdenken, oder … Das ist ein kleines psychologisches Spiel. Wir versuchen es halt. Aber warum? Geht es dabei nur um Geld?

Nein, nicht nur – denn Verhandeln ist Sport! Das sagte mir einmal ausgerechnet ein Niederländer, der sehr erfolgreich im Business war und etwas vom Verhandeln verstand. Es geht um den Wettkampf. Es geht um den Kitzel. Es geht um Macht. Es geht um den Sieg. Und es geht um Fair Play (oder sollte es jedenfalls). Ich versuchte fortan, die Preisabsprachen mit meinen Kunden mit Kondition und einem langen Atem zu führen – wie eine gut trainierte Läuferin. Ich dachte: „Wer durchhält, gewinnt!" Das ist anstrengend, sicher. Vor allem, wenn man eben nicht trickst, sondern sauber argumentiert. Aber weil man eine langfristige Geschäftsbeziehung anstrebt, sind Fair Play und eine auf Win-win gerichtete Strategie richtig und zielführend.

Wenn wir unsere Leistung verkaufen wollen, brauchen wir erst Informationen. Denn je mehr wir über unseren Kunden wissen, desto größer ist die Wahrscheinlichkeit, dass wir seinen Anforderungen gerecht werden können. Eine gründliche Analyse unseres Geschäftspartners und seiner Bedürfnisse verschafft uns die beste Ausgangsposition zum Verhandeln. (Schranner 2001) Danach kommt es auf eine klare und transparente Kommunikation über Umsatzvolumen und die Preiskalkulation dahinter an. Das schafft Klarheit und Vertrauen und eröffnet sogar manchmal neue Kooperationsmöglichkeiten. Hauptsache, diese Kommunikation ist ehrlich, und unser Angebot hat ein faires Preis-Leistungs-Verhältnis.

Deutschland hat den „Durchblick"

Was dabei sehr wichtig ist: Wir müssen uns klarmachen, mit wem wir es beim Verhandeln zu tun haben! Und wir müssen reflektieren, in welchem Land wir agieren! In vielen Ländern könnten wir unser Angebot „aufplustern" und in einen kleinen Preispoker einsteigen. Oder umgekehrt beim Einkaufen mit dem Händler „bis aufs Blut" um den Preis feilschen und einen regelrechten Wettkampf starten. Und wenn wir uns dabei tapfer und geschickt anstellen, gibt es am Ende 40 % Nachlass auf das schicke Tuch oder 50 % Rabatt auf das elegante Armband. Diese Art des Handelns oder Feilschens ist in Deutschland aber nicht üblich. Hierzulande herrscht in der Regel im Business eine transparente Kommunikation über Preise. Wir kommunizieren den Betrag, den wir erzielen möchten – no hidden agenda. Dazu kommt eine durchsichtige Marktstruktur: „In Deutschland kennt jeder jeden", sage ich immer. Ich meine damit, dass unsere Kunden offen miteinander umgehen und gerne über die Unterschiede zwischen ihren Lieferanten sprechen. Sie vergleichen uns und unsere Angebote. Und sie empfehlen uns oder raten von uns ab … man unterhält sich eben. Solche Informationen über Preisgestaltung, generelle Leistungsfähigkeit und die Qualität des angebotenen Services verbreiten sich sehr schnell. Das kann ein Segen sein, doch – wie war der Spruch noch? Nichts verbreitet sich schneller als schlechte Nachrichten, oder in diesem Fall: als schädliche Mundpropaganda. Und heute, in digitalen Zeiten, funktioniert das noch viel einfacher und ist exponentiell gefährlicher. Unsaubere Verhandlungspraktiken, schlechte Qualität oder sogar Pfusch werden im Internet mit totaler Transparenz vernichtend bewertet. Unsere Kunden wissen sofort, mit wem sie es zu tun haben. Fair Play beim Verhandeln (und später, wenn wir unsere Leistung abliefern) ist also unbedingt in unserem eigenen Interesse!

Sportsgeist? Ansichtssache!

Aber ja, andere Länder, andere Sitten … Beim Verhandeln dreht es sich nicht immer nur um Rabatte. Sondern um den Stil generell, um den Ton, den man setzt. Wieder ist es wie im Sport. Die Frage ist nur: Spielen wir Mannschaftssport im Team oder bestreiten wir Einzelwettkämpfe? Das macht einen großen Unterschied …

Eine *Mannschaft* spielt zusammen. Sie kooperiert, um zum Erfolg zu kommen. Fairness dominiert das Spiel. Alle streben nach einer Win-win-Situation und einem gemeinsamen Mehrwert. Eines der weltweit bekanntesten Verhandlungskonzepte, die „Harvard-Strategie" (Fisher et al. 2015) aus den USA, setzt auf dieses Vorgehen. Hier steht der Mensch im Mittelpunkt. Es geht um grundsätzliche Empathie, um Kooperation, auch, wenn in der und um die Sache hart und kreativ verhandelt wird. Diese Empathie kann aus mehr oder weniger taktischen Gründen eingesetzt werden (Voss 2017), ist aber umso wirkungsvoller, je „echter" sie ist.

Mit der Mentalität eines *Einzelwettkämpfers* dagegen gehen Sie auf Konfrontationskurs. Beim „kompetitiven" Verhandlungsstil geht es um „das Durchsetzen der eigenen Ziele" (Portner 2010). Der Fischkäufer an meinem sizilianischen Urlaubsort war das Paradebeispiel des Einzelwettkämpfers. Er hat Macht ausgeübt – was charakteristisch für diesen Verhandlungsstil ist. (Nasher 2015) Und er hat den jungen Fischer in die Verliererrolle gezwungen – ebenfalls typisch! (Schranner 2001). Die Wirtschaftswissenschaft bestätigt uns, dass international unterschiedlich um Preise verhandelt wird. Bei aller Individualität der jeweiligen Mitspieler deutet viel darauf hin, dass Verhandlungen kulturell und landestypisch geprägt sind (Schoen 2017). Wenn wir von Deutschland aus auf den Rest der Welt blicken und uns nach Südwesten richten, dann liegen dort z. B. Mexico, Nigeria, Brasilien und Spanien. Alle diese Länder haben eine am Wettkampf orientierte Verhandlungsauffassung. Vor allem in Spanien wird mit harten Bandagen gekämpft: Das Gegenüber in einer Verhandlung ist viel eher ein Gegner als ein Partner! (Schoen 2017).

Einmal um die Welt

Wenn wir nach Südosten schauen, kommen wir auf den Balkan, meine Heimat. Dort läuft das so: Das Verhandeln läuft im Ping-Pong-Muster und ist Teil der angeborenen Kommunikationskultur. Der Verkäufer erwartet die Verhandlung und hat im ersten Angebot den Preisnachlass schon mit einkalkuliert. Der Käufer handelt entsprechend und versucht, diesen ursprünglichen Preis so weit wie möglich zu drücken. Das geht so lange, bis ein Konsens erreicht ist. Das ist auch ein Wettkampf, aber einer mit Augenzwinkern. Mehr ein freundlicher und verspielter Schlagabtausch als ein Kampf bis aufs Messer …

Afrika: Das ganze Leben ist Verhandeln

Auch in ostafrikanischen Ländern herrscht – vor allem im privaten Sektor – diese Art von Sportsgeist vor. Man verhandelt und spielt sich die Bälle zu, bei allem, was man kauft …, ein bisschen Wettkampf hier, ein wenig Adrenalin da – es geht nicht ohne. Afrikanern ist das Wissen angeboren, dass das ganze Leben aus Verhandlungen besteht. Wir dagegen lesen das in Wirtschaftsbüchern … (Voss 2017). Darum greift dieses Muster natürlich auch im Business: Man muss wissen, dass Rabatte üblich (und wieder bereits einkalkuliert) sind. Die Frage nach dem Nachlass ist Teil des Spiels. Mengenrabatte oder das genaue Gegenteil – eine Erhöhung des Preises, z. B. wenn man einen Express Service nutzen will – können „by the way" und zu jedem Zeitpunkt in der Verhandlung auftauchen. Hier ist Wendigkeit gefragt! Aus diesem Grund müssen Preisverhandlungen sehr wachsam geführt und das Ergebnis am Ende klar (am besten in geschriebener Form) fixiert werden. In griffiger Form heißt das: „Ein ‚Ja' ist nichts ohne das ‚Wie'." (Voss 2017). Achtung: In Afrika können sich selbst Preise, die offiziell auf der Webseite eines Anbieters stehen, plötzlich verändern. Denn: Auszeichnungsgesetz – Fehlanzeige! Darüber hinaus bieten afrikanische Geschäftsleute oft Kundenservice mit Leidenschaft an. Und die Sympathieebene spielt eine große Rolle – mit durchaus spürbaren monetären Auswirkungen.

Asien: Basar im Business?
Hier sind die Experten sich uneinig. Aber Asien ist unendlich groß und bietet Platz für verschiedene Mentalitäten. Am Beispiel „Japan" wird die Diskrepanz deutlich: Expertin Nummer eins sieht einen kleinen Preispoker als unverzichtbares Herzstück der Verhandlungen in Nippon (Seelmann-Holzmann 2015). Experte Nummer zwei bescheinigt japanischen Unternehmen, dass eine solche Basarmentalität ihnen völlig fernliege (Frank 2010). Wem nun glauben? Ich würde immer sagen: Lassen Sie es eine Sache des persönlichen Gespürs in der konkreten Situation sein! Und seien Sie in jedem Fall gut gerüstet, um alternative Szenarien bedienen zu können. Und darüber hinaus gut informiert, denn japanische Kunden werden sich bis ins letzte Detail in den Wettbewerbspreisen auskennen (Frank 2010). Sunzi war zwar Chinese, aber sein Aphorismus aus der „Kunst des Krieges" gilt auch hier: „Wenn Du Deinen Feind kennst und Dich kennst, brauchst Du den Ausgang von 100 Schlachten nicht zu fürchten." Das klingt ein wenig, als wäre auch in Japan der harte Wettkampfstil heimisch. Das stimmt aber nur bedingt und liegt an dem berühmten „Wa", das man in etwa mit „Streben nach Harmonie" übersetzen kann. Dieses Konzept ist tief in der japanischen Kultur verankert und bedeutet im Business, dass man grundsätzlich nach einvernehmlichen Lösungen sucht (Schoen 2017). Ein kooperativer Verhandlungsstil aber schließt einen kleinen Preispoker ja nicht aus …

Einig sind sich die Experten darin, dass „Mehrwert" in Japan ein echtes Zauberwort ist. Statt wild um die Preise zu feilschen – bieten Sie doch einen umfassenden Aftersales-Service an! (Seelmann-Holzmann 2015) Es ist wichtig, dass jeder in einer Verhandlung sein „Gesicht" wahren kann – und dabei helfen Mehrwert und Gegenleistungen. „Tit for tat" oder „Give and take" ist hier die Strategie, die Sie mit Stellschrauben wie höheren Abnahmemengen, einer Bündelung mit mehreren Produkten oder einer früheren Bestellung bzw. Lieferung feintunen können (Frank 2010).

Chinesen dagegen wird grundsätzlich nachgesagt, dass sie es lieben zu handeln. Wer im Reich der Mitte auf seinem Preis beharren möchte, sollte immer ein paar kleinere oder symbolische Zugeständnisse in der Hinterhand haben, die er dann einsetzen kann, wenn er seinen Einstiegspreis durchsetzen will. Hier geht es weniger um die harten Bandagen als darum, beiderseits das Gesicht zu wahren – wie so oft in Asien. Vorsicht aber bei Verträgen in China. Hier lauert nach unserem europäischen Rechtsverständnis ein echter Pferdefuß: Während bei uns ein Vertrag etwas „Bindendes" darstellt, ist er für Chinesen eher eine Art Rahmenwerk, innerhalb dessen die folgende Geschäftsbeziehung mehr oder weniger frei gestaltet werden kann. Lehnen wir uns nach der Unterzeichnung erleichtert zurück und ruhen uns auf einem Status quo aus, geht aus chinesischer Sicht nun ein Prozess los, der alles andere als statisch ist und noch jede Menge Gestaltungsfreiheit bietet. Da das zu unliebsamen Überraschungen führen kann, sind auch hier die „Chemie" und die Sympathie zwischen den Geschäftspartnern unglaublich wichtig – ein Erfolgsfaktor, den wir nicht unterschätzen dürfen! (Schmitt 2007).

Saudi-Arabien: Auf in den Souq!

Auf der arabischen Halbinsel wird gefeilscht, was das Zeug hält! Aber mit Genuss und mit Stil. Der Orient ist die Wiege des Verhandelns. Auf den Kampf bis aufs Messer allerdings wird man hier vergeblich warten. Es geht eben nicht nur ums Gewinnen, sondern darum, seine Kultur zu leben.

Alle wollen selbstverständlich hohe Qualität zu einem möglichst niedrigen Preis, aber der Verhandlungsstil eher geprägt von Flexibilität, Sachlichkeit, einer guten Argumentation und von Beharrlichkeit als von einem überschäumenden Temperament (Sergey 2005).

Handeln ist hier ein Ritual. Planen Sie also Margen oder Gegenleistungen ein, die Sie Ihrem Partner anbieten können. Nach der Abgabe eines Angebots wird man Sie definitiv nach einem Preisnachlass fragen. Dass Sie den gewähren, zeigt Ihrem Geschäftspartner, dass Sie ihn schätzen. Und auch das gehört zum Ritual. Umgekehrt möchten Sie sicher doch auch der geschätzte Partner sein, dem ein Preisnachlass selbstverständlich gewährt wird, oder? Das Spiel hilft dabei, dass beide Seiten immer ihr Gesicht wahren können, und das ist sehr wichtig. Es gibt in der arabischen Kultur nämlich kaum etwas Peinlicheres, als sein Gegenüber bloßzustellen. Das ist eine

Frage der Ehre! Und die muss immer gewahrt bleiben – sie ist das höchste Gut des Arabers! (Postada 2008).

Auch in der Türkei läuft das Business über den persönlichen Draht. Für unser westliches Gefühl wird dort eine Art Billard „über die Bande" gespielt – und das dauert! Geduld ist ein Schlüsselwort, wenn Sie mit einem Türken am Verhandlungstisch sitzen. Manch ein deutscher Unternehmer hat sich schon ins geschäftliche Aus katapultiert, weil er mit der Tür ins Haus gefallen ist, statt genug Zeit in die Kennenlernphase zu investieren und geduldig Anekdoten und Erfahrungsberichte zu lauschen, die durchaus nicht immer reinen Businesscharakter haben müssen.

Ist man bei der echten Preisverhandlung angekommen, kann man sich wieder im Basar wähnen: Die Einstiegsforderungen sind oft extrem hoch, und das ist durchaus als sportliche Herausforderung gemeint. Deswegen sollten Sie Ihre Taktik im Vorfeld gut planen und sich genau überlegen, an welcher Stelle für Sie Zugeständnisse am wenigsten schmerzhaft sind. Sie können verschiedene Szenarien im Kopf haben, die Margen und Zusatzleistungen mischen und dann das Gespräch nach Gefühl steuern. Verkaufen Sie Ihre (kalkulierte) Nachgiebigkeit am besten als „persönlichen Gefallen" oder als „Respekt" vor Ihrem Gegenüber – das bringt Ihnen Bonuspunkte! So bleiben Sie auf angenehme Weise miteinander im Geschäft, und beim nächsten Mal steht Ihnen die Tür wieder offen … (Beyer et al. 2016).

Fairness = Nachhaltigkeit

Der Gedanke an die Geschichte von dem jungen Fischer in dem sizilianischen Ort lässt mich nicht los, während ich hier mit den Verhandlungen und Preisen um die Welt reise; er begleitet mich wie eine Art innerer Stimme. Wie viel waren wohl die zehn Euro für den jungen Fischer, und wie viel bedeuteten sie dem älteren Mann? Rechnerisch hatte der Käufer zehn Euro mehr in der Tasche und dazu das Gefühl, der Gewinner zu sein. Was war ihm wichtiger? Ich tippe auf Letzteres … Der junge Fischer dagegen hatte zehn Euro weniger und bekam eine Lektion gratis dazu: Zuerst das Geld, dann die Ware! Echtes Win-win war das nicht … War es sportlich? Hat der Bessere gewonnen? Das liegt sicher im Auge des Betrachters.

Zwei Dinge finde ich dabei bedeutsam. Erstens: Wir hören nicht auf zu lernen – das ganze Leben lang. Wie der junge Fischer. Und: Man trifft sich im Leben immer zweimal. Und sollte sich dann unbedingt noch in die Augen schauen können!

Literatur

Beyer, Uta et al. (2016): *Business Guide Türkei. Ein Handbuch für ausländische Investoren und Geschäftsleute in der Türkei.* Institut für Außenwirtschaft, Düsseldorf.

Fisher, Roger et al. (2015): *Das Harvard-Konzept. Die beste Methode für unschlagbare Verhandlungsergebnisse.* Campus, Frankfurt a. M./New York.

Nasher, Jack (2015): *Deal! Du gibst mir, was ich will.* Goldmann, München.

Postada, Mark (2008): *Anspruchsvolle Unternehmer.* Online verfügbar unter: https://www.auwi-bayern.de/awp/inhalte/Laender/Anhaenge/Verhandeln-mit-Partnern-in-Saudi-Arabien.pdf, letzter Zugriff am 26.5.2018.

Portner, Jutta (2010): *Besser verhandeln. Das Trainingsbuch.* Gabal, Offenbach.

Schmitt, Stefanie (2007): *Wer Emotionen zeigt, hat in China verloren.* Handelsblatt vom 8.3.2007. Online verfügbar unter: http://www.handelsblatt.com/unternehmen/mittelstand/verhandlungspraxis-wer-emotionen-zeigt-hat-in-china-verloren/2779664-all.html, letzter Zugriff am 24.5.2018.

Schoen, Raphael (2017): *Kulturelle Unterschiede kennen und nutzen. Weltweit verhandeln, Teil 1.* Online verfügbar unter: https://beschaffung-aktuell.industrie.de/allgemein/kulturelle-unterschiede-kennen-und-nutzen/, letzter Zugriff am 25.5.2018.

Schranner, Matthias (2001): *Verhandeln im Grenzbereich. Strategien und Taktiken für schwierige Fälle.* Econ, München.

Seelmann-Holzmann, Anne (2015): *Richtig verhandeln in Asien.* Online verfügbar unter: https://www.business-wissen.de/artikel/verhandlungsfuehrung-richtig-verhandeln-in-asien/, letzter Zugriff am 24.5.2018.

Sergey, Frank (2005): *Verhandeln in Saudi-Arabien. Strenge Riten, scharfe Wächter.* ManagerMagazin, 12/2005. Online verfügbar unter: http://www.manager-magazin.de/unternehmen/karriere/a-388089-3.html, letzter Zugriff am 26.5.2018.

Ders. (2010): *Tipps fürs Geschäftemachen in Japan.* Handelsblatt vom 22.2.2010. Online verfügbar unter: http://www.handelsblatt.com/unternehmen/management/weltspitze-tipps-fuers-geschaeftemachen-in-japan/3374686.html?ticket=ST-407480-bec2aI1qsn9PRWbe2bYB-ap2, letzter Zugriff am 27.5.2018.

Voss, Chris (2017): *Kompromisslos verhandeln. Die Strategien und Methoden des Verhandlungsführers des FBI.* Redline, München.

Fünf Monate Zwangspause – und trotzdem Umsatzwachstum!

Schöne Aussichten! – Parole: „Bis bald!" – Unverhofft kommt oft – Mein neues Ziel – Im Funkloch – Loslassen mit la cucina italiana – Wieder an Bord – Meine tolle Mannschaft – Ausmisten und neue Wege gehen – Riesige Löcher in der Buchhaltung – Risikomanagement und Notfallkoffer

Es sollte eine ganz normale Wirbelsäulenoperation werden. Keine große Sache. Ein eingeklemmter Nerv ist ja keine seltene Diagnose. Ich hatte keinerlei Bedenken, als es darum ging, diesen Nerv operativ zu behandeln. Meine enormen (und fast täglich ausgeübten) sportlichen Aktivitäten hatten bis dahin aus Krafttraining, Jogging und Tennis bestanden – und hatten einen festen Platz in meiner 80-stündigen Arbeitswoche. Diese wunderbare Symbiose zwischen Arbeit und Training sorgte bei mir immer für die Balance, die eine absolut positive Auswirkung auf mein gesamtes Leben hatte, und die mir dieses Arbeitspensum gestattete. Und jetzt? Ich werde doch einem eingeklemmten Nerv nicht erlauben, mich aus meinem Rhythmus zu bringen! Also hatte ich die Operation eher als eine beiläufige „Reparaturmaßnahme" angesehen und begonnen, meine Abwesenheit im Unternehmen zu organisieren. Das ging schlicht und ergreifend: Ich nahm meinen Laptop und verteilte die zahlreichen Aufgaben, die ich hatte, auf fünf gestandene Mitarbeiter/-innen. „Ich bin dann mal weg!" scherzte ich mit dem Kerkeling-Slogan und verabschiedete mich, ohne viel nachzudenken mit den Worten „Bis bald!".

Leider lief es ganz anders als geplant …

© Springer Fachmedien Wiesbaden GmbH, ein Teil von Springer Nature 2019
N. Kostadinova, *Ein Koffer voller Wollen*, https://doi.org/10.1007/978-3-658-23985-5_15

Kein Netz!

Meine Schmerzen wurden nach der Operation noch stärker. Mein „Bis bald!" konnte ich vergessen. Statt zurück ins Büro ging ich nach Italien, um mich in den Thermalbädern von Ischia weiter behandeln zu lassen. Die ständige Belastung der Wirbelsäule durch viel Sport bei gleichzeitigem Ignorieren der Schmerzen war offenbar durch eine Rückenoperation kurzfristig doch nicht zu reparieren. Ich nahm meinen Computer natürlich mit und versprach mir, von Ischia aus zu arbeiten. Die schlechte Internetverbindung, die sich auch noch auf einen bestimmten Platz im Restaurant dort beschränkte, war aber schließlich ein Hindernis, das überhaupt nicht mit dem Reha-Programm, der Gymnastik und den Massagen zu vereinbaren war: Ich brauchte für alles ungefähr fünf Mal so lange wie normal und gab schließlich auf. „Es gibt nichts, das ich in der Firma nicht auch später noch reparieren kann", dachte ich, und folgte brav den Instruktionen der Physiotherapeuten.

Und ich ließ los. Genesung! Das war mein neues Ziel, und ihm widmete ich mich jetzt völlig. Als Training für mein Gehirn begann ich, Italienisch zu lernen. Zur seelischen Unterstützung des Genesungsprozesses nutzte ich die Vorzüge der italienischen Küche. Und ich habe es tatsächlich überlebt! Ohne Lingua-World, ohne die Kunden, die Mitarbeiter, die Telefonate und die E-Mails! Ende September, nach fünf ganzen Monaten, kam ich endlich zurück nach Köln. Entspannt und gleichzeitig gespannt auf alles, was mich nun erwartete.

Tour de Deutschland

Meine erste Telefonkonferenz mit den Filialen in Deutschland vermittelte mir den Eindruck einer guten Teamstimmung. Ein paar neue Mitarbeiter waren inzwischen eingestellt worden und sogar die Umsätze hielten meinen kritischen Augen stand! „Ah, lass uns tiefer schauen", sagte ich mir und begann, die Filialen eine nach der anderen zu besuchen. Zuerst ging es nach Aachen. Die Filiale war unterbesetzt. Ein paar Stammkunden beschwerten sich bereits über zu langsame Lieferungen. Diese Kunden band ich jetzt an die erfahrenen Projektmanager in Köln an und bat um Meetings vor Ort. Bei diesen Besuchen erklärte ich offen, wie mich der Rücken aus der Bahn geworfen hatte, aber auch, welche Maßnahmen ich jetzt eingeleitet hatte, um die Zusammenarbeit wieder zu verbessern. Verständnis und Warmherzigkeit strahlten mir entgegen. Das war aber nicht genug: Ich versetzte eine kompetente Projektmanagerin aus Köln nach Aachen und übergab ihr die Leitung der Filiale. So, Aachen war jetzt stabil, und ich zog weiter nach Frankfurt. Ein 100.000 EUR-Auftrag war hier in Gefahr. Der Kunde klagte über mangelhafte Kommunikation mit uns, und das mit Recht! Er stand mitten in einem Bewerbungsprozess für einen Sieben-Jahres-Auftrag und brauchte eine engmaschige Betreuung durch uns bei der Vorbereitung der Bewerbungsunterlagen. Im ersten Telefonat mit mir zeigte sich der Verantwortliche genervt und wollte gar keinen Termin vor Ort haben. „Morgen um 14 Uhr bin ich bei Ihnen!", sagte ich schnell und legte auf, um die Absage nicht zu hören. Der Kunde rief zurück: „Ich bin noch in Spanien und kann Sie gar nicht empfangen", rief er ins Telefon. „Kommen Sie übermorgen!" Gesagt, getan – bei dem Besuch konnte ich schon fast alles klären. Ich fuhr zurück nach Köln und übergab meiner Teamleiterin das Projekt. Der Frankfurter Kunde bekam nun seine enge Betreuung aus Köln, und alles war kein Problem mehr.

Umsatzsteigerung, alaaf!

All das waren aber nur mehr oder weniger kosmetische Verbesserungen – es war tatsächlich nichts Gravierendes passiert! Die Prozesse liefen einwandfrei, trotz meiner langen Abwesenheit. Durch meine Rückkehr bekam das Schiff seinen Kapitän zurück, der die Leitung seiner Crew wieder übernahm und leichte Kurskorrekturen vornehmen musste – mehr nicht. Alles Wesentliche hatte gut funktioniert, und das Ergebnis am Ende des Jahres zeigte sogar meine immer wieder aufs Neue angestrebte Umsatzsteigerung. Die war natürlich nicht so hoch wie in den vergangenen Jahren, aber immerhin. 50.000 EUR mehr als im Jahr zuvor hat Lingua-World in diesem kritischen Jahr erwirtschaftet. Rein rechnerisch ist das nicht viel, aber hinter dieser Summe standen ein Team, das ganze Know-how und eine funktionierende und respektierte Organisation. Ich war ein bisschen stolz, aber ich kam ins Nachdenken. All das war super, aber für mich auch die Bestätigung, dass ich etwas ändern sollte: In meinem Leben und im Leben von Lingua-World. Und das habe ich getan!

Viel Altpapier

Kurz nach Weihnachten ging ich alleine in mein Büro und schloss die Tür hinter mir. Ein Museum meiner Erinnerungen, so wirkte jetzt alles dort auf mich. An den Wänden waren die Regale voller Ordner, in die ich 15 Jahre lang meine Ideen, Experimente, Erfolge und Niederlagen eingeheftet hatte. Fotos, Publikationen, Zeitungen und Zeitschriften dokumentierten die schönen Erlebnisse und berührten mich emotional. Ich behielt nur die wichtigsten, den Rest schickte ich in die Papiertonne. Fertig! Meine Zwangspause hatte mir gezeigt, dass ich weitergehen durfte. Die Zeit, als ich im Büro saß, auf die Weltkugel schaute und davon träumte, von Deutschland aus Kunden

in anderen Ländern zu bedienen, war abgelaufen. Diese anderen Länder verfügten mittlerweile über Übersetzungsfirmen wie Lingua-World. Viele davon
fungierten auch als unsere Lieferanten und übersetzten für uns nach den
gleichen Qualitätsmaßstäben.

Ich öffnete die Tür und ließ Lingua-World in Köln erneut hinter mir. Vor
mir stand meine neue Entscheidung. Weiter expandieren, sich vernetzen,
Kontakte knüpfen und mein Wissen erweitern. Die digitale Welt war für
viele noch ein weit entferntes Ziel. Für mich aber war sie schon real – als
Chance, Herausforderung und Bewegung. Meine Abwesenheit hatte mir
vor Augen geführt, dass ich für die Menschen, die fünf Monate lang meine
Firma selbstständig führen konnten, einen neuen Führungsstil brauchte. Vertrauen, freie Räume, Coaching und Kommunikation auf Augenhöhe – das
war ab dann mein neuer Stil, von einem rein digitalen Schreibtisch aus. Alle
Voraussetzungen dafür waren schon vorhanden. Die Erfahrungen und die
Ergebnisse dieser vergangenen Monate ließen mich fest daran glauben, dass
uns ein neuer großer Schritt der Entwicklung bevor stand. Lingua-World
und ich waren bereit, in das neue, kalte Wasser zu springen!

Kopf- und führungslos?

Was sich bei mir in letzter Konsequenz als Glücksfall und neuer Impuls
präsentierte, ist für viele Unternehmer gefährlich oder sogar die End-
station. Krankheit oder Unfall mit Unternehmerausfall: „Chef krank, Firma
pleite" – so liest es sich in der Managementliteratur (Schönherr 2011). Ich
hatte viel Glück und ein tolles Team, war aber auch strukturell gut aufgestellt und hatte Zeit für eine Übergabe gehabt. Meine Lektion hatte ich
gelernt: Niemand ist unersetzlich! Und die Konsequenzen für meinen
zukünftigen Arbeitsstil daraus gezogen. Aber jedes Unternehmen ist anders
und die Gefahr real: Eine Studie der Hamburger IHK zeigt, dass oft schon
ein 14-tägiger Unternehmerausfall reicht, um Firmen in eine existenzielle
Schieflage zu bringen. Trotzdem haben fast 50 % der deutschen Unternehmen keine Vorsorge für den Fall getroffen, dass der Chef durch Krankheit, Unfall oder auch Tod plötzlich ausfällt (TÜV Süd 2016). Weil viele
kleine oder mittlere Unternehmen echte „One-(Wo)Man-Shows" sind, bei
denen das gebündelte Know-how bei den Chefs liegt, heißt das, das Schicksal herauszufordern …

Mein Prokurist und Buchhalter war und ist die finanzielle Seele von Lingua-World. Und ich war zwar in Italien, aber nicht auf der Intensivstation
oder Schlimmeres. Wenn aber nach dem plötzlichen Ausfall eines Chefs
selbst ganz einfache Vorgänge wie Angebote oder Banküberweisungen
wegen fehlender Autorisierung wochenlang nicht oder nur lückenhaft

erledigt werden, gibt es ein Problem: In der Buchführung klaffen riesige Löcher, Rechnungen werden nicht oder nur unvollständig gestellt und gezahlt, Lieferanten und Dienstleister können nicht bezahlt werden. Womöglich platzen Aufträge oder Kunden springen ab. Kurz: Die Firma geht den Bach herunter.

Alles nur Psychologie?!

Dabei gibt es ganz klare Empfehlungen und Maßnahmen, was in einem solchen Fall zu tun ist. Warum sorgen dann so wenige Unternehmen vor? Das Problem ist eher psychologischer denn praktischer Natur: Viele Chefs fühlen sich unverwundbar und verdrängen die Frage nach den Konsequenzen eines eigenen Ausfalls. Das ist auch natürlich, denn wir Unternehmer sind Macher und neigen nicht zum Katastrophisieren. Aber wenn wir ernsthaft über die Möglichkeit des eigenen Ausfalls nachdenken, sehen wir, dass es sich um ein ganz normales unternehmerisches Risiko handelt. Und dagegen können wir etwas tun.

Erste Hilfe

Stichwort Risikomanagement: Experten empfehlen, eine Art „digitalen Notfallkoffer" zu erstellen, der im Ernstfall das Weiterlaufen des Betriebes ermöglicht. In so einer elektronischen Akte liegen dann eindeutige Stellvertretungsregelungen, Vollmachten für die Bankkonten, ein Unternehmertestament und eine Liste mit Lieferanten, Kunden und Geschäftspartnern. Weiterhin enthält sie konkrete Handlungsanweisungen zu den wichtigsten Aufgaben und Projekten und eine Liste mit sämtlichen IT-Passwörtern (oder dem Namen des Dienstleisters, der sie kennt) sowie die Bank-Zugangsdaten. Geschäftsunterlagen wie Gesellschaftervertrag, Versicherungspolicen, Kreditverträge und eine Vermögensaufstellung gehören auch dort hinein. Und eine Schlüsselliste oder der Name des Vertrauten, der weiß, wo die Schlüssel aufbewahrt werden (Graven 2016). Eine solche Akte macht übrigens auch einen sehr guten Eindruck, wenn man mit Banken über Kredite verhandeln muss. Sie bewerten so eine Risikovorsorge in Ratings äußerst positiv. Als letztes Mittel oder für eine umfassende Absicherung lässt sich auch über eine „Existenz-Betriebsunterbrechungsversicherung" (EBU) nachdenken. Sie gewährleistet die finanzielle Stabilität im Unternehmen, solange der Chef ausfällt, indem sie die laufenden Fixkosten eines Betriebs wie Löhne und Gehälter, Miete und Pacht oder Zinsen für laufende Kredite übernimmt (Schulze 2017).

Nicht jeder Unternehmerausfall ist „nur" eine geplante Rückenoperation – die auch noch zu einer persönlichen und unternehmerischen Weiterentwicklung führt …

Literatur

Graven, Julia (2016): *Was, wenn der Chef plötzlich ausfällt?* In: Impulse 12/2016. Online verfügbar unter: https://www.impulse.de/management/unternehmensfuehrung/notfallkoffer-unternehmen/2106175.html, letzter Zugriff am 27.8.2018.

Schönherr, Katja (2011): *Chef krank, Firma pleite.* In: Zeit online v. 15.9.2011. Online verfügbar unter: https://www.zeit.de/karriere/beruf/2011-08/nachfolge-planung-fuehrungskraefte/komplettansicht, letzter Zugriff am 27.8.2018.

Schulze, Jürgen (2017): *Chef krank, Betrieb pleite?* Fachbeitrag. Online verfügbar unter: http://www.sicherheit.info/artikel/1142613, letzter Zugriff am 27.8.2018.

TÜV Süd (2016): *Chef krank, Firma am Ende.* Whitepaper zum Thema: *Was passieren kann, wenn der Unternehmer plötzlich ausfällt.* Online verfügbar unter: https://www.tuev-sued.de/uploads/images/1168532435154834050752/06_04_Unternehmerausfall.pdf, letzter Zugriff am 27.8.2018.

Dienen statt herrschen: Das Geheimnis guter Führung

Student mit Wow-Faktor – Mitleid mit der Chefin – Das Lingua-World Haus – Temperament: Voll auf die Bremse! – Ich gebe niemanden verloren – Menschen machen das Unternehmen – Krise? Schon vorbei! – Was ich bereue – Führen heißt, Menschen zu mögen – Und: Sie groß zu machen!

Erste Erfahrungen mit Mitarbeitern sammelte ich in meinem „Lampenladen" im Belgischen Viertel. Nach meinen beiden erfolgreichen Werbe- und Presse „attacken" schaffte ich die Aufträge nicht mehr allein. So landete Daniel bei mir. „Ich komme wegen der Anzeige. Bin 22, Student, und brauche einen Job." Ohne groß zu überlegen, zeigte ich ihm den Arbeitsplatz neben mir. Die Kunden kamen, belegten mich mit Beschlag, und ich hatte ihn schon wieder vergessen. Als ich meinen Kopf zwischendurch wieder hob, sah ich Daniel voll in Aktion. Er beriet einen Studenten seines Alters, der Übersetzungen für sein Auslandsstudium brauchte. Ich schaute ihn verblüfft an. „Woher weißt Du das alles?", versuchte ich streng zu wirken. „Hab' nur zugehört, als Du das Deinem Kunden erklärt hast." „Wow", dachte ich…

Dream-Team mit Post-its
An dem Tag haben wir noch eine Menge russischer Diplome, Referenzschreiben und Führungszeugnisse zum Übersetzen in alle möglichen Sprachen angenommen. Kurz bevor die Zeitschaltuhr uns das Licht abdrehte, machten wir uns auf den Heimweg. „Der ist aber zäh", war das einzige, was ich über meinen neuen Mitarbeiter denken konnte. Die Aufträge lagen sauber sortiert in den Ordnern, die Übersetzer waren beauftragt, und

© Springer Fachmedien Wiesbaden GmbH, ein Teil von Springer Nature 2019
N. Kostadinova, *Ein Koffer voller Wollen*, https://doi.org/10.1007/978-3-658-23985-5_16

mein Geschäft begann zu laufen. Aber wie! Alles, was danach passierte, war die Fortsetzung meines intuitiven Gründerstils. Daniel arbeitete hart und schnell, aber er musste auch zur Uni. Innerhalb der nächsten Monate stellte ich weitere sieben Studenten ein und überließ ihnen das Büro. Ich dolmetschte, war dafür ständig unterwegs und erledigte die Übersetzungen, die meine drei Sprachen betrafen, meist nachts. Die Studenten hatten selbstständig Schichten eingerichtet und wussten ganz genau, wer wann kommt. Die Übergaben organisierten Sie mithilfe gelber und rosafarbener Memozettel. Alles lief. Ich arbeitete in aller Ruhe, wenn sie weg waren.

In der Rückschau frage ich mich heute: Was war das für ein Führungsstil, der es möglich machte, dass junge Menschen (deren Namen ich teilweise nicht einmal behalten konnte) so gewissenhaft und präzise für mich arbeiteten? Die Antwort liegt in einer Grauzone, weil ich so intuitiv vorgegangen war: Die jungen Leute durften mein noch kleines Schiff selbst lenken. Sie leisteten einen unglaublichen Service und bekamen danach die zufriedenen Kundengesichter zu sehen. Ich übertrug ihnen die Verantwortung – das war eine Facette meines Stils. Der war aus der Notwendigkeit geboren: Ich arbeitete fast ununterbrochen. Es gab Situationen, in denen meine Mitarbeiter wegen meiner Müdigkeit Mitleid mit mir bekamen. Ich war die Chefin, keine Frage, aber ich war auch eine Übersetzerin, die für die Kunden arbeitete. Die Kameradschaft, die Energie, das Feedback der Kunden und die Verantwortung waren die Faktoren, die das Team zusammenschweißten und uns alle motivierten. In der Theorie hatte ich damals keine Ahnung von Führung und auch keine vom Business. Aber weil ich alles gegeben habe, bekam ich sehr viel zurück. Heute bin ich gesegnet mit der Erinnerung an eine Zeit, die von der Leidenschaft und Hingabe meines ersten Teams geprägt war. Dafür bin ich einfach dankbar!

Aber ich wuchs weiter (vorerst nur in Deutschland) und brauchte mehr und mehr Mitarbeiter für meine Filialen. Im Vorstellungsgespräch beschrieb ich den Charakter meiner Firma mit einer einfachen Vision: „Stellen Sie sich ein großes Haus vor. Ein Zimmer befindet sich in Aachen, eins in Stuttgart, ein weiteres in Hamburg. Und Ihr Zimmer ist in Frankfurt." Diese Beschreibung steckte die jungen Menschen an. Sie fühlten sich gleich als fundamentaler Bestandteil eines großen Ganzen. Das erleichterte vieles: Wenn man in einem Haus zusammenlebt, spricht man selbstverständlich miteinander. Man weiß im Wesentlichen, was der andere so macht. Und wenn's mal hakt, dann hilft man sich. Mit regelmäßigen Trainings versuchten wir, die Arbeitsweise in den verschiedenen Städten zu vereinheitlichen. Aber wir ließen den Mitarbeitern auch den notwendigen Freiraum, um Mentalitäten und Eigenheiten der jeweiligen Region gerecht zu werden. Der Schwabe schwätzt halt lieber als der Hanseat, so meine Erfahrung …

2003 vernetzte ich alle Standorte. Das erleichterte und harmonisierte die Arbeitsweise bei der Projektabwicklung weiter. Guten und vor allem auch individuellen Kundenservice zu liefern, blieb immer eine Aufgabe der Filiale vor Ort. In Stuttgart wurde ab und zu mit den Kunden geschwatzt, in Berlin auch, aber anders – und in Köln wurde einfach auf die kölsche Art schnell und unkompliziert etwas besprochen und gemacht.

Nelly, beherrsch' Dich!

Hierbei habe ich auch weiter meine wesentlichen Erfahrungen als Arbeitgeberin gesammelt und die Pläne für mein Business nach und nach weit über die Grenzen Deutschlands hinaus erweitert. Die schwierigsten Aufgaben waren dabei weder die Zahlen noch die neue Ideen. Es war die Arbeit mit den Menschen, die meine Ideen nachvollziehen, ihnen folgen und meine Innovationen umsetzen sollten. Das war schwierig. Schließlich habe ich einen Coach mit ins Boot geholt. Besser gesagt, einen echten Sparringspartner. Wir trafen uns regelmäßig. Ich boxte mich langsam durch die Theorie der Führungslehre. Ich lernte vor allem mein Temperament und meine Ungeduld zu zügeln. Und Reaktionen meiner Mitarbeiter ruhig zu begegnen und sie einzuordnen. Die Aufgaben meines Sparringspartners waren vielfältig, aber das machte ihm nichts aus. Er war vom Fach. Ich lernte sehr viel. Diese Jahre liegen jetzt längst hinter mir. Ich bin ihm sehr dankbar, aber ich brauche ihn nicht mehr.

Eine sehr wichtige Entscheidung in meiner weiteren Entwicklung war, die Firma physisch zu verlassen. Ich räumte ja meinen Schreibtisch und das ganze Büro im dritten Stock meines Firmensitzes und „war dann mal weg". Die Arbeit ging natürlich weiter, nur woanders und mit anderem Ablauf. Das Internet machte jetzt das ehemals Unmögliche möglich. Das Ideal meiner Eltern „My home is my castle" war mir fremd geworden. In mir tönte es immer lauter: „The world is my home". Das Internet begann uns schneller und schneller mit allen Ecken der Welt zu verbinden. Das Bewusstsein, dieses Medium für alles Mögliche nutzen zu können, wuchs rapide. In den Nächten verteilten wir blitzschnell Aufträge und Aufgaben an diejenigen, die gerade erst erwachten. Die Welt wurde immer kleiner: Darin sah ich eine neue, interessante und wirtschaftlich höchst attraktive Herausforderung.

For my eyes only

Jetzt konnte ich das Wachstum von Lingua-World und den Ausbau meines Unternehmertums weit über die Grenzen Deutschlands hinaus planen.

Dazu brauchte ich nicht mehr den Schreibtisch in den Räumen meiner Firma, sondern zwei andere, wichtige Säulen: Die geeigneten Mitarbeiter und geschickte Hände für Investitionen. Die Leidenschaft für die weitere Entwicklung brannte in mir. Niemand konnte sie mir nehmen. Vorstellungsgespräche mit den potenziellen neuen Mitarbeitern führte ich allerdings weiter grundsätzlich selbst. Meine Teamleiterin machte den ersten Filter, aber dann klinkte ich mich ein. Bis heute bin ich fest davon überzeugt, dass die Zusammensetzung eines Teams eine entscheidende Rolle für den Erfolg eines Unternehmens spielt. Platt ausgedrückt: „Es muss passen". Wie es so gut gepasst hatte in meinem kleinen Lampenladen! Aber ich konnte mich nicht auf eine Wiederholung der Ereignisse verlassen. Denn hinter dem Erfolg eines wachsenden Unternehmens stehen so viele Überlegungen: Ausbildung und Qualifikationen der Mitarbeiter – sind wichtig, aber sie sind auch bereits im Lebenslauf zu sehen. Das Entscheidende kann man nur persönlich „erfahren". Leidenschaft und Liebe sind im Beruf meiner Erfahrung nach genauso wichtig wie in unserem Privatleben.

Neue Bewerber schneiten vor allem aus zwei Gründen bei Lingua-World hinein: Sie brauchten einen Job nach dem Uniabschluss und/oder sie brauchten Geld. An eine echte Karriere dachten die Wenigsten. Sie vermieden es sogar, das Wort in den Mund zu nehmen. Dann gab es Leute, die zwar seit mehreren Jahren schon einen Hochschulabschluss, aber noch keinen richtigen Job gefunden hatten. Normalerweise würde man sagen: Die braucht man nicht weiter zu beachten, geschweige denn zum Gespräch einzuladen. Diese E-Mails werden gelöscht und fertig! Ich aber versuchte oft in einem Telefonat erst einmal Haltung und aktuelle Motivation zu erkennen und gab diese Kandidaten nicht sofort verloren. Was ich zu hören bekam, war entweder „Hilfe, ich brauche Kohle! Hoffentlich nehmen Sie mich!", oder: „Es wird langsam Zeit. Ich habe die Nase vom Rumsitzen voll."

Einer meiner letzten Bewerbungskandidaten gehörte zur zweiten Kategorie: Er war zu der Entscheidung gelangt, jetzt endlich eine volle Stelle haben zu wollen. Sein Problem war, dass er seinen aktuellen Minijob-Arbeitgeber nicht im Stich lassen wollte. Er wusste schlicht nicht, wie er mit Anstand seine 450-Euro-Stelle kündigen sollte. Ich dachte: „Dem Manne kann geholfen werden …" Heute leitet dieser Mann bei mir eine Abteilung, ist beliebt und wird jederzeit von seinen Mitarbeitern unterstützt. „Die Zeit war einfach gekommen", sagt er zu seinem früheren Leben und vergisst sogar oft, dass ihm der gesetzliche Jahresurlaub zusteht. Manchmal lohnt es sich, vermeintlich hoffnungslosen Fällen nachzugehen. Und manchmal ist es für beide Seiten gut, jemandem auf die Sprünge zu helfen und vielleicht auch ein bisschen zu seinem Glück zu zwingen.

Denn „Teamspirit" heißt nicht nur „Ich helfe Dir, Du hilfst mir". Team-spirit ist eine schwer berechenbare Gruppendynamik, die ein Team in eine Glückstrommel wirft und aus jedem Teammitglied im speziellen Kontext eine Persönlichkeit formt. Durch den Teamspirit werden die Charaktere junger Menschen geprägt, die diese Prägung oft als Glück empfinden und dann bereit sind, hierfür mit Freude etwas zu geben: Nämlich ihren Ein-satz für das Team und damit für das Unternehmen. Sie freuen sich über den fortwährenden Gedankenaustausch und feiern Erfolge zusammen. Sie wis-sen sich an diesen Erfolgen emotional zu bereichern, weil das Gefühl der Zusammengehörigkeit eine feste Säule für jeden einzelnen ist.

Das waren meine Gedanken und war mein Traum, als ich als unerfahrene Unternehmerin das große „Lingua-World-Haus" beschrieb und begann, es zu bauen. Das Haus war meine Metapher, das Haus war meine emotio-nale Vision. Rein intuitiv wünschte ich mir Menschen, die miteinander und füreinander da waren. Und ich habe diese Menschen gefunden. Einige von ihnen sind bereits seit weit mehr als zehn Jahren an meiner Seite. Sie haben inzwischen Kinder und Familie. Und: Sie arbeiten heute anders als früher. Es war sehr wichtig, dass die Firma darin mitging, dass sie diese Ent-wicklung begleitete. Wir haben tatsächlich die berufliche und einen gro-ßen Teil der persönlichen Entwicklung gemeinsam gemacht. Homeoffice, Spezialaufgaben, Boni, Laptops, Telearbeit und noch viele weitere Möglich-keiten nutzten und nutzen wir, um noch besser zusammen zu arbeiten. Und: Wir wissen viel voneinander, das schafft Verständnis.

Rückgrat und Samthandschuhe

Vor allem wissen wir, wie man Krisen zusammen meistert und daraus gestärkt hervorgeht. Mitarbeiter sind Menschen, und Menschen machen Fehler. Wie würden Sie ein Kind behandeln, das unabsichtlich eine teure Vase zerbrochen hat? Sie würden die Scherben beseitigen und das Kind trös-ten. Am besten mit Humor: „Scherben bringen Glück". Auch ich begann, den „kleinen Katastrophen" mit Samthandschuhen zu begegnen: Diese Metapher behielt ich immer im Kopf. Und ich konnte nicht nur eine Kundin, die eine zugegebenermaßen schlechte Übersetzung in der Hand hielt, damit beruhigen: Meine junge Projektmanagerin hatte ein paar ent-scheidende Übersetzungsfehler übersehen. Die Kundin musste ihren Flug erreichen und brauchte die Papiere dringend an ihrem Zielort. Wäh-rend des Gesprächs wurde die Luft immer dicker und die Spannungen im Raum knisterten. Die junge Mitarbeiterin war verzweifelt und Regina, eine Top-Projektmanagerin, die neben ihr saß, schaute mich angstvoll an. „Wir werden alles hier und sofort korrigieren", versprach ich der Kundin und lächelte meine beiden Mitarbeiterinnen an. Die Spannung war raus und beide gingen gemeinsam sofort an die Arbeit. Binnen weniger Minuten hielt die Kundin ihr neues Dokument in der Hand. Ein Führungsstil mit (fest angezogenen) Samthandschuhen ist (besonders in unmittelbaren Konflikt-situationen) immer die beste Lösung. Die junge Frau war noch sehr auf-geregt, aber von Regina ging ein Ausatmen aus. Ihr Blick sagte: „Danke, Sie haben mich nicht enttäuscht."

Fehleinschätzung!

Es gibt trotzdem eine traurige Geschichte aus meiner Führungserfahrung, die ich seit ungefähr fünfzehn Jahren mit mir herumtrage: Ihr Name war Tanja. Heute könnte ich die alte Personalakte öffnen und mehr über sie lesen. Aber es tut mir noch immer weh. Ich hoffe tatsächlich, dass Tanja mein Buch sehen und diese Passage lesen wird. Wer weiß, die Welt ist klein. Ich war damals noch in meinem Büro in der Firma. Sie war sehr jung, frisch von der Uni und äußerst wissbegierig. Sie war noch nicht lange bei uns, aber ich hielt große Stücke auf sie. Ich hatte ihr eine wichtige und anstrengende Aufgabe übertragen, weil sie sehr gute Softwarekenntnisse hatte. Sie sollte in einer PowerPoint-Präsentation die Besonderheiten einer innovativen Übersetzungssoftware darstellen und vortragen. Die Präsentation lief gut. Tanja war kompetent. Die Kollegen hatten alles verstanden. Ich kaufte diese Software aufgrund ihrer Präsentation und erweitere noch einmal Tan-jas Aufgabenkreis. Sie sollte jetzt jeden einzelnen der für Geschäftskunden zuständigen Kollegen im Gebrauch dieses Programms schulen und damit zur Steigerung seiner Leistung beitragen. Auch das lief gut an und ich war sehr zufrieden.

Doch eines Tages sah ich ein Blatt Papier auf meinem Schreibtisch – Tan-jas Kündigung! Ich war geschockt, traurig und fühlte mich völlig hilflos. Sie war doch die einzige, die das Programm und seine optimale Nutzung komplett beherrschte! Was jetzt? Einen anderen Mitarbeiter zu einer Intensivschulung beim Hersteller schicken? Noch mehr Geld investieren? Irgendwann die anderen Leute schulen lassen? Was zuerst? – Das waren die Fragen in meinem Kopf. Tanja kam zu mir und setzte sich. Wir mussten reden. Das kam zuerst! Aufgeschmissen in meiner eigenen Unbeholfenheit versuchte ich, sie zu überreden, weiterzumachen. Ich appellierte an ihr Ver-antwortungsgefühl gegenüber der laufenden Aktion, der Firma und den hilf-losen Mitarbeitern. Doch Tanja ließ sich von ihrer Entscheidung nicht mehr abbringen. Was ich überhaupt nicht bedacht und gesehen hatte: Ich hatte sie schlicht und ergreifend überfordert. Die Tränen liefen über ihr Gesicht und sie sagte leise: „Das ist zu groß für mich! Das schaffe ich nicht!" Ich weiß nicht mehr genau, ob ich damals schon verstanden hatte, wie sich Tanja fühlte. Und ich weiß auch nicht mehr, was ich danach gefühlt habe. Aber ich verstehe sie jetzt viel besser und trage seit vielen Jahren das Bedürfnis in mir, einen Satz zu sagen. Ich hoffe, dass Tanja ihn eines Tages lesen wird: „Entschuldigung, Tanja!"

Ungewöhnlicher Stil, erfolgreiche Bilanz

Ich könnte noch viele Geschichten erzählen aus meinem persönlichen Wachstum Richtung Führungskraft. Aber ich ziehe lieber eine Bilanz. Es gibt ein erfolgreiches Motiv, das sich durch meine ganzen Jahre bei Lingua-World zieht. Und das heißt „Führen in Abwesenheit": In meinem Lampenladen war dieser Stil aus der puren Not geboren. Später konnte ich auch nicht in jeder der jetzt 14 Filialen in Deutschland vor Ort sein. Dann meine internationalen Expansionen: Ich verbrachte Monate in Afrika, um meine Standorte dort ans Laufen zu bringen. Und schließlich mein Abschied vom Präsenzbüro nach meiner Rücken-OP. Warum bin ich mit diesem Stil so erfolgreich? Ich sage dazu gerne: Mein Geist durchdringt die Firma. Das ist natürlich ein kleines Bonmot. Mein Arbeitspensum hat nach wie vor nichts Geisterhaftes an sich. Großer Einsatz ist gefordert. Aber ich kann ihn dosieren und das meiste digital steuern. Und es gibt ein paar grundlegende Prinzipien, die ich im Unternehmen verankert habe und die diesen Geist, den „Lingua-World-Spirit", möglich machen:

Verantwortung übertragen

In meinen vielen Abwesenheiten musste ich meine Verantwortung als Chefin stärker delegieren. Entziehen wollte ich mich ihr natürlich nicht! Also blieb mir nur übrig, meine Mitarbeiter dazu zu bringen, mehr Verantwortung zu übernehmen und ihre Arbeit eigenverantwortlicher gestalten. Das war kein Umdenken von heute auf morgen. Und auch kein Selbstläufer wie beim Start-up im Lampenladen. Aber es funktionierte: Wir legten Prozesse fest, hielten engen Kontakt übers Web, führten Gespräche per Skype und legten so den Grundstein für ein neues Verständnis von Zusammenarbeit.

Vertrauen schenken

Vertrauen ist ein Muss in jeder Arbeitsbeziehung. Wer ständig kontrolliert, dämpft jede Motivation! In meiner Erfahrung ist die Kombination von Verantwortung übertragen und Vertrauen schenken unwiderstehlich. Natürlich muss man dranbleiben und die Umsetzung der Aufgaben im Blick haben. Sie einfordern, wenn nötig. Und nachjustieren, wenn etwas nicht rund läuft.

Ich war glücklich, denn meine Mitarbeiter wurden mit der Zeit und den Jahren immer erfahrener und selbstbewusster. Sie entwickelten selbst unternehmerische Fähigkeiten. Mein Vertrauen ließ sie wachsen. Und dass die Verantwortung nun auf viele Köpfe verteilt ist, gibt allen ein Stück Freiheit!

Digitaler Schreibtisch

Die Technik hat mir zusätzliche Freiheit geschenkt. Mein Schreibtisch ist inzwischen der digitale Raum. Meistens bin ich nicht physisch vor Ort, aber trotzdem ganz nah am Geschehen. Ich pendele zwischen den Büros und den Ländern – und behalte den Finger am Puls der Firma.

Kultur der Wertschätzung leben

Ich arbeite grundsätzlich mit den Stärken meiner Mitarbeiter, anstatt mich über vermeintliche Schwächen zu beklagen. Das setzt ihr Potenzial frei! Gleichzeitig habe ich ein offenes Ohr für ihre Anliegen. Und ich gebe viel Feedback – wann immer möglich, natürlich positives! Wertschätzung bedeutet für mich auch, dass ich Prämien zahle. Dass Geld nicht motiviert, ist in meinen Augen ein Märchen. Nur fair muss das System dahinter sein, damit es alle motivieren kann.

Mentor sein

Körperlich abwesend zu sein, heißt nicht, sich nicht zu kümmern. Im Gegenteil! Ich bin präsenter denn je. Ansprechpartnerin, Coach und sogar Assistentin: Das sind alles Rollen, die ich erfülle und ernst nehme. Ich schaffe dadurch den entsprechenden Raum, damit meine Mitarbeiter sich weiterentwickeln und ihren Erfolg selbst erreichen können.

Literatur

Hage, Simon (2007): *Unternehmenskultur „Führen heißt dienen".* ManagerMagazin online vom 1.2.2007. Online verfügbar unter: http://www.manager-magazin.de/unternehmen/karriere/a-461215.html, letzter Zugriff am 1.9.2018.

Grundl, Boris (2007): *Leading simple: Führen kann so einfach sein.* Gabal, Offenbach.

Kostadinova, Nelly (2018): *Unternehmen führen auf Distanz.* Online verfügbar unter: https://berufebilder.de/unternehmen-distanz-abwesend-chefs/, letzter Zugriff am 1.9.2018.

Wo ist das Geld? Klug investieren!

*Den Lebensunterhalt verdienen und dabei glücklich sein – ist das überhaupt möglich?
Ich habe den Fischer in mir gefunden! – Wer darf den Unternehmer bremsen? –
Informiert und vorbereitet! – Investitionen sind Maßarbeit – Die Latte auf die richtige
Höhe legen*

„Empfehlen Sie mir zu wachsen, oder…?"
Den Satz brachte der junge Unternehmer nicht zu Ende. Er hatte etwas, das
viele andere Jungunternehmer nicht haben: Geld! Man kann das natürlich
mit „Es gibt Schlimmeres, mein Junge …", kommentieren. Und sich dabei
denken, er solle doch wissen, was zu tun ist, wenn er mit seinem Geld und
den eigenen Ideen die Welt erobern möchte. Das ist aber gar keine einfache Angelegenheit: Jung sein, Ideen und noch dazu plötzlich Geld auf
dem Konto haben. Dazu ein kleiner Ausflug zu meinen eigenen beruflichen
Anfängen:

Der glückliche Fischer
Der Fischer, den ich Jahrzehnte zuvor am Strand eines kleinen bulgarischen
Städtchen kennengelernt hatte, besaß kaum Geld. Auch seine Sprache war
arm; er war kein Mann von großen Worten. Er hatte große, starke Hände
und eine schmächtige Figur, deren Muskeln sich enorm anspannten, als er
sein Boot samt den Fischen gegen zehn Uhr aus dem Meer ans Ufer zerrte.
Ich grüßte ihn freundlich, und es war mir unangenehm, dass er nicht antwortete. Seine karge Begrüßung spiegelte den Fang wider, und dieser war
mal wieder nicht so blendend gewesen. Ich studierte in dieser Zeit bereits
Journalismus und dachte, mein Freundschaftsangebot könnte ihm helfen.

© Springer Fachmedien Wiesbaden GmbH, ein Teil von Springer Nature 2019
N. Kostadinova, *Ein Koffer voller Wollen*, https://doi.org/10.1007/978-3-658-23985-5_17

Ich wollte ihn besser kennenlernen und glaubte, ihm den einen oder anderen Tipp geben zu müssen.

Denn Tatsache war, dass er seinen Fang nicht immer erfolgreich an die Kunden brachte und die nicht verkauften Fische ins Meer zurückwerfen musste. „Hej! Lass' uns die Fische an Restaurants, ein Geschäft oder eine Fischfabrik verkaufen!", versuchte ich es noch einmal – an einem Tag, als der Fang richtig dick und fett aus dem Boot herausschaute. „Und warum?" „Was für eine Frage!", konterte ich, „Wegen des Geldes natürlich!" „Ich brauche kein Geld!", war seine Antwort, und ich blieb erschüttert zurück. Er begann um vier Uhr morgens zu arbeiten, verbrachte die Zeit nach seiner Rückkehr an der Mole in der Erwartung von Kunden, schlief ein paar Stunden – und das alles, weil er kein Geld brauchte?!

Am nächsten Tag positionierte ich mich wieder auf dem Stein neben seinem Boot und mein Gesicht, voller Geduld, wie es war (dachte ich zumindest), sollte ihm die Botschaft vermitteln: Ich warte hier, bis Du mir eine verständliche Antwort gibst! „Ich bin glücklich so, Mädchen!" Das war alles, was ich ein paar Stunden später zu hören bekam. Seine starken Hände, die innere Ruhe, seine physische Ausdauer und die stille Form seines Glücks, das alles habe ich mitgenommen von meinem Besuch am Schwarzen Meer. Meine junge Natur aber wollte und konnte diese Antwort nicht akzeptieren.

Kein Einzelfall

In den nächsten Jahren habe ich als Journalistin viele Menschen gesehen und interviewt. Ich fragte niemanden mehr danach, was Glück ist, oder ob sie glücklich sind. Ich betrachtete Gesichter, die ich mit meiner Schwarzweißkamera fotografierte, und sammelte Geschichten, die ich in die Zeitungen brachte. Eine alte Weberin etwa fing um drei Uhr an zu weben und erzählte durch ihre Teppiche die Geschichte ihrer Familie. Ein betagter Priester beschrieb auf 400 Seiten die Geschichte seines Dorfes. Eine junge Frau arbeitete unter Tage und lächelte, mit schwarzem Gesicht aus der Tiefe kommend, das Sonnenlicht an …

Besonders beeindruckend war mein Besuch im Stranza-Gebirge. Ich schrieb einen Artikel über ein Dorf dort und übernachtete im Haus einer Familie. Am nächsten Morgen ging ich mit dem Familienvater aufs Feld, um seine Arbeit kennenzulernen. Da kam sein Traktor uns schon entgegen, und ich schaute verwirrt in die Staubwolke. Der Traktor kam näher und näher. Ich sah darin aber keinen Menschen, der das Fahrzeug lenkte! Ich schaute den Vater an, und er lächelte. Erst auf den letzten Metern sah ich einen Kopf durch das Lenkrad des Traktors schauen. Der kleine Fahrer war sein neunjähriger Sohn …

Verzockt!

„Empfehlen Sie mir zu wachsen, oder …?", hatte mich der Jungunternehmer ganz ernsthaft gefragt.

Diese Frage hatte nichts mit all diesen Menschen zu tun, die Lebensunterhalt von Glück nicht trennen konnten. Die Frage hatte einen rein pragmatischen Charakter, weil sie sich nur ums Geld drehte: Der junge Mann hatte einen großen Kunden und dieser Kunde war zufrieden. Er zahlte gut und der Unternehmer wollte seinen Gewinn investieren. Die Frage war selbstverständlich und leicht zu beantworten. „Nicht sofort!", sagte ich und riet zur Vorsicht. „Sie sollten zuerst mehrere zufriedene Kunden haben. Dann gewinnen Sie die als Stammkunden, und dann …" Der junge Mann atmete erleichtert auf. Genau das schien auch sein Gefühl im Hinblick auf Wachstum zu sein. Er hatte ein schönes Sanitärgeschäft und beschäftigte bereits fünf Mitarbeiter.

Ein Jahr später traf ich ihn wieder, und er machte mir den Vorwurf, dass ich ihm davon abgeraten hatte zu wachsen. Eine dicke Steuernachzahlung saß ihm im Nacken und er hatte das Geld nicht! „Aber wo ist das Geld geblieben?", fragte ich.

Urlaub, Auto, Häuschen – das war das Sammelsurium seiner Investitionen. „Kann man so machen", dachte ich, „ist aber nicht schlau. Und: Wo ist sein Glück?" Zwei seiner Mitarbeiter hatte er schon entlassen müssen, weil seine Lieferanten nicht länger auf Zahlungen warten wollten. Das kleine Drama hatte seine Familie bereits in Mitleidenschaft gezogen, und der junge Mann steckte in Schwierigkeiten. Keine Spur von Glück …

Seitdem beantworte ich solche Fragen nur mit einem einzigen Satz: „Gib das Geld nicht einfach aus!"

Denn solche und andere Geschichten kennt die Welt nicht nur von jungen Unternehmern. Es ist doch traurig, wenn junge Familien ihre neuen Häuser wieder verlassen müssen, weil sie sich verkalkuliert haben. „Was hätte ich besser machen können?", fragte mich der junge Mann. „Rücklagen bilden und klug investieren!", war meine klare Antwort.

Es gibt nichts Wichtigeres im Geschäftsleben, als das Geld, das wir verdienen, clever zu investieren. Das stille Glück ist natürlich eine andere Geschichte, und die hat nichts mit Geld zu tun, wie wir gesehen haben. Und wenn Sie mich fragen, wäre der Jungunternehmer auch weiter glücklicher in seiner gemieteten Wohnung gewesen …

An die eigene Nase gefasst

Aber wenn man anderen gute Ratschläge gibt, ist man immer besonnener! Hier die entsprechende kleine Geschichte von mir: „Sie haben das nötige

Geld nicht!", sagte mein Buchhalter trocken, als ich darauf brannte, gleichzeitig (also im selben Geschäftsjahr) ein Franchisesystem aufzubauen und mit meiner Firma ins Ausland zu expandieren. „Aber wieso? Das Geld werde ich doch verdienen!", argumentierte ich. Ich bombardierte ihn mit Zahlen aus meinem Businessplan und überschüttete ihn mit meiner ganz speziellen Lava aus unternehmerischer Begeisterung, Inspiration und der unendlichen Kraft meines Kopfes und Körpers. „Verdienen Sie es zuerst und expandieren Sie dann!", antwortete er mir völlig unerschrocken. „Jetzt können Sie nur eine Idee verwirklichen, nicht beide!"

Nach diesem Gespräch hörte ich wieder die Stimme des Fischers: „Ich bin glücklich so, Mädchen!"

Mir wurde klar: Ich war (und bin) vor allem glücklich, dass ich diesen Mann als Buchhalter habe. Ehrlich, entschlossen und mutig stand er mir gegenüber. Eigentlich brauchte er mir nichts weiter zu erklären, denn ich kannte den unausgesprochenen Rest: „Sie haben mich eingestellt, um Sie zu bremsen. Und das tue ich!" Ich verließ sein Zimmer – bewegt von seiner Freundschaft und glücklich mit der Entscheidung, einen Schritt nach dem anderen zu machen.

Klug entscheiden ohne Blaupause

Eine kleine, aber wichtige Lektion aus der Geschichte des Jungunternehmers ist: Geld ausgeben ist nicht investieren, auch nicht, wenn man es in „bleibende" Dinge wie ein Haus für die Familie steckt! Nachdem er sich nicht dazu durchringen konnte, Geld in sein Firmenwachstum zu investieren, weil er noch keinen Plan hatte, wie es weitergehen sollte, hatte der Sanitärmeister es hauptsächlich privat ausgegeben. Das hat ihn in Schwierigkeiten gebracht. Es wäre klüger gewesen, zumindest einen Teil anzulegen, dann hätte die Steuernachzahlung ihn nicht so aus der Bahn geworfen. Das meinte ich, als ich sagte: „Rücklagen bilden!" Aber was war sein grundlegender Fehler an dieser Stelle? Ganz einfach, er war nicht gut informiert und nicht entsprechend vorbereitet …

Das eine (informiert zu sein) ist für uns Unternehmer die Pflicht, das andere (vorbereitet zu sein), ist die Kür. Die eigenen Steuernachzahlungen nicht im Blick zu haben, erfüllt beide Anforderungen nicht. Es ist fast so etwas wie ein Anfängerfehler; dadurch sollte niemand in Schwierigkeiten kommen. Mit anderen Worten: Das müssen Sie auf dem Schirm und die entsprechenden Reserven auf der Seite haben! Doch worin sollen Sie investieren, wenn Sie Rücklagen gebildet und die Mittel dazu haben? Das hängt sehr stark von der Situation Ihrer Firma ab, darum oben auch „ohne

Blaupause" – und hier kein „Fünf-Schritte-zum-Erfolg-Programm". Aber ein paar wichtige Gedanken dazu, was „klug investieren" eigentlich heißt …

Was kommt da auf uns zu? Horizon scanning

Wenn Sie ein Picknick organisieren wollen, werfen Sie vorher einen Blick auf die Wetterkarten, oder? Mit dem Investieren ist es ähnlich – nur, dass es keine zuverlässigen Wetterkarten gibt, die das Wetter über fünf bis zehn Jahre vorausmelden können. Das aber ist der Zeitraum, mit dem Sie sich beschäftigen sollten. Sie können sich dazu fragen, wie die Welt für Ihre Firma, Ihre Dienstleistung oder Ihr Produkt in fünf bis zehn Jahren aussehen wird oder kann. Wo geht es hin mit Ihrer Branche? Was sind die externen Faktoren, die Ihre Firma derzeit beeinflussen und zukünftig beeinflussen werden? Schauen Sie dabei ruhig systematisch in die Breite, also auf Ihren Markt und seine möglichen Veränderungen, den technologischen Fortschritt insgesamt, auf die demografische Entwicklung (Stichwort: Mitarbeiter!) und andere gesellschaftliche Tendenzen, auf Rechtsprechung und Gesetze und auf Ihre Konkurrenz … Und schauen Sie auch in die Weite (darum heißt diese Technik „Horizon scanning"). Achten Sie auch auf die kleinen Wölkchen, die sich vielleicht zu einem Gewitter auswachsen können. Denken Sie quer oder lassen Sie Ihre Gedanken ruhig mal zu den Rändern unseres aktuellen Denkens wandern – das bringt Sie auf Ideen, die sonst keiner hat. Und das kann Ihnen helfen, aufs richtige Pferd zu setzen. Dinge wahrzunehmen, die lohnend sein können. Oder Dinge wahrzunehmen, die gefährlich sein können … (Weber 2017).

Mir ging es so mit den Übersetzungsprogrammen, die nach und nach den Markt durcheinanderbrachten: Ich habe sie wahrgenommen. Ich habe ihre Entwicklung engmaschig verfolgt und mir angeschaut, was sie wirklich können. Und dann habe ich gelernt, sie nicht als Bedrohung, sondern als Chance zu sehen. Als Ergänzung zu meinen „Live"-Geschäft mit den Menschen, denen sie Vorarbeit abnehmen können – was die Kosten senkt und die Marge erhöht. Darum habe ich in solche Programme investiert. Nicht übermäßig viel, aber genug, um stetig davon zu profitieren.

Was brauchen wir wirklich? Beschränken auf das Wesentliche

Warum investieren wir überhaupt? Als Unternehmer wissen wir, dass es um den Geschäftsbetrieb geht. Entweder gestalten wir ihn mit unserem Geld nach unseren Zielen oder wir erhalten ihn damit aufrecht. Je nachdem, welches der zwei Ziele wir verfolgen, ermitteln wir unseren Bedarf. Und das bedeutet: Die wichtigsten Aspekte unserer Entscheidung müssen sich daran orientieren, inwieweit eine Investition den Bedarf erfüllt und dem festgelegten Ziel dient. Ein Beispiel: Wenn wir in unserer Produktion Metallteile stanzen müssen, dann sollten wir nach der Investition eine Maschine haben, die dazu in der Lage ist. Weil unser Rohstoff kostbar ist, möchten wir, dass das Stanzen mit so wenig Verschnitt und Ausschuss wie möglich passiert. Weil der Betrieb nicht stillliegen darf, muss die Maschine zuverlässig sein. Weil wir bestimmte Mengen produzieren müssen, soll die Maschine einen bestimmten Durchsatz erreichen und im Idealfall noch flexible Leistungsreserven haben – in Zeiten guter Auftragslage oder wenn wir noch wachsen möchten, können wir nicht direkt eine neue Maschine anschaffen. All das entspricht unserem Bedarf und verlangen wir von der neuen Maschine, in die wir investieren wollen (Lietz 2009).

Natürlich gibt es Maschinen, die noch mehr können: Sie haben 100 Programme, mit deren Hilfe man die exotischsten Metallsorten stanzen kann. Sie sind so designt, dass man in der Werkshalle ein Schaulaufen veranstalten könnte. Oder sie erstellen eine Statistik, wann was gestanzt wurde und mit wie viel Verschnitt (Lietz 2009). Alles toll, aber brauchen wir das wirklich? Kaufen Sie das, was Ihre Anforderungen erfüllt und stecken sie den Rest des Geldes in andere Projekte – oder in Ihre Reserve!

Was passt zu meinem Unternehmen? Die richtige Herausforderung zur richtigen Zeit

Kurz zurück zu unserem Jungunternehmer vom Anfang. Er konnte diese Frage oben nicht beantworten. Er wusste nicht, wo hinein er sein Geld stecken bzw. in welche Richtung er wachsen sollte: Er hätte einen weiteren Mitarbeiter einstellen können, um seinen Kunden noch mehr und besseren Service zu bieten. Er hätte ein weiteres Serviceauto leasen können, um den vorhandenen Mitarbeitern ein flexibleres Arbeiten zu ermöglichen. Er hätte seine Gesellen zu einer Weiterbildung über erneuerbare Energien und effektivere Brauchwassernutzung schicken können … und, und, und. Aber er hat das Schlimmste getan, nämlich das Geld einfach ausgegeben! Aber auch die anderen Investitionen wären vielleicht nicht optimal gewesen. Denn er war mit seiner ganzen Firma noch nicht gut genug aufgestellt und hätte so den zweiten Schritt vor dem ersten gemacht. Ich mag folgendes Zitat von Warren Buffet, das seine Einstellung zu Investitionen beschreibt: *„Ich versuche nicht, zwei Meter hoch zu springen. Ich schaue mich nach Hindernissen um, die 30 Zentimeter hoch sind, und die ich einfach überschreiten kann. "*

Als Unternehmer müssen wir wachsen und investieren und sind ständig auf der Suche nach einer Herausforderung. Aber es muss die richtige sein, und sie muss uns im richtigen Maß fordern. Ich an der Stelle des Jungunternehmers hätte den Gewinn (teilweise) in Werbung und in neue

Kenntnisse über den Markt investiert. Mit dem neu gewonnen Wissen und dem gewachsenen Bekanntschaftsgrad der Firma hätte ich neue Kunden akquiriert, meine Kundenbasis auf diese Weise erweitert und eine gesündere Struktur geschaffen. Und dann die Finanzen konsolidiert und jemanden eingestellt, um einen noch kundenfreundlicheren Service anbieten zu können. Und danach wäre ich vielleicht in den Urlaub gefahren und hätte ein neues Haus gekauft …

Literatur

Lietz, Kai-Jürgen (2009): *Entscheider-ABC: Klug investieren.* In: managermagazin online. Online verfügbar unter: http://www.manager-magazin.de/unternehmen/karriere/a-614573.html, letzter Zugriff am 11.8.2018.

Weber, Jan Torben (2017): *Gewinner-Gewohnheiten: Die Wurzeln des Erfolgs.* BOD, Hamburg.

Persönliches Wachstum: Abschied und Aufbruch

*Innehalten, wenn der Moment gekommen ist – Entschlossenheit und
Schmetterlinge im Bauch – Vor einem beruflichen Abschied – Warum
Erfolg ein undefinierbarer Zustand ist*

Eine Rückblende am Schluss dieses Teils: Es war nur eine Visitenkarte –
nicht mehr, nicht weniger. Darauf vermerken wir normalerweise, wer wir
sind, was wir machen und unsere Kontaktdaten. Fertig! Ich hatte schon
so eine Karte, auf der in englischer Sprache mein Beruf und meine neue
Adresse in Köln standen. „Journalistin" – stand dort geschrieben, und das
war absolut richtig. Ich schrieb Artikel über Deutschland und publizierte sie
in Bulgarien. Ebenso schrieb ich Artikel über Bulgarien und veröffentlichte
diese in Deutschland. Ja, genau – ohne Deutschkenntnisse. Wie das funktionierte? Ganz einfach. Jemand musste die geschriebene Sprache übersetzen.
Das Übersetzen, das später der wesentliche Teil meines Lebens wurde, war
für mich damals nur ein Instrument. Nein, stimmt nicht! Nicht einmal ein
Instrument. Es war wie eine Krücke, ohne die ich nicht gehen konnte. Für
mich waren meine Gedanken wichtig, meine Auseinandersetzung mit den
Problemen Bulgariens nach der Wende, von denen im 2000 km weit entfernten Deutschland nur sehr wenige Menschen etwas wussten.

Selbst wenn ich mein Herkunftsland benannte, stieß ich oft auf Lücken
in den geografischen Kenntnissen. Oft schallte mir entgegen: „Ah, Bukarest,
nicht?". Ich war niemandem böse. Wir waren schließlich so viele Jahre durch
den Eisernen Vorhang getrennt gewesen … Ja, diese Jahre waren plötzlich
vorbei, und wir wollten endlich mehr voneinander wissen. Meine Arbeit
war gefragt, und ich brauchte meine Ellbogen nicht zu benutzen, um meine

© Springer Fachmedien Wiesbaden GmbH, ein Teil von Springer Nature 2019
N. Kostadinova, *Ein Koffer voller Wollen*, https://doi.org/10.1007/978-3-658-23985-5_18

Artikel in der Presse zu platzieren. Ich brauchte „nur" eine Übersetzung. Heute würde ich dafür speziell ausgebildete Übersetzer suchen, die das Vokabular und kulturelle Kenntnisse über beide Länder haben müssten. Ich würde heute Referenzen verlangen und erst einmal den Stil von drei Übersetzern prüfen, bevor ich jemandem so einen Auftrag anvertraue. Aber ja, das Übersetzen war noch nicht mein Beruf geworden, und ich hatte noch keine Ahnung davon, was eine gute Übersetzung ausmacht. So war es für mich einfach. Ich brauchte nur einen Bulgaren, der auf Deutsch gut schreiben und die komplizierten Zusammenhänge in meinen Texten verstehen konnte. Mehr nicht.

Interessen erkennen

Man würde es heute kaum glauben, aber die Bulgaren, die als Dissidenten schon lange in Deutschland lebten und stark unter Heimweh litten, haben meine Texte mit großer Leidenschaft übersetzt. Meine Worte waren für sie wie ein Fenster in eine Welt, die sie schon lange verloren glaubten. Alle hatten eine Gemeinsamkeit. Sie hassten den Kommunismus und liebten die Heimat abgöttisch. Jeder hatte seine Geschichte, und viele dieser Geschichten durfte ich erfahren. Sie lasen meine Artikel durstig und waren glücklich, mehr und mehr über das neue Bulgarien zu erfahren.

Die übersetzten Texte wurden veröffentlicht: Die WELT, die ZEIT, die FAZ und das Institut für wissenschaftlichen Studien in Köln – sie alle gierten nach Informationen über die Entwicklungen in den ehemaligen sozialistischen Staaten. Und dort wiederum interessierte man sich brennend für das Leben und die Reaktionen im Westen. Dass ich in dieser Zeit mein erstes Buch schrieb, war fast eine zwangsläufige Entwicklung. Die Grenzen waren offen und der Tourismus ein interessanter Wirtschaftszweig: Für den Merian Verlag verfasste ich einen Reiseführer über meine Heimat.

Ein neuer Honigtopf lockt

Ein Berufswechsel entsteht oft aus einem Bedürfnis, aber nicht immer. Manchmal ist es nur eine kleine Abweichung von der Hauptspur, der wir jahrelang gefolgt sind. Manchmal ergibt er sich einfach irgendwie und manchmal denken wir: „Das mache ich jetzt!" – um mehr Geld zu verdienen. Nach dem Motto: „Ich weiß doch, was ich bin und wohin ich will". Das war bei mir nicht der Fall. Ich war Journalistin durch und durch und überhaupt nicht auf den Gedanken gekommen, dass ich etwas anderes machen würde. Viele Vorbilder von schreibenden Frauen hatten mich beeindruckt, und ich war deren treue Nachfolgerin. Dachte ich! Und jetzt?

Darum stand ich ein Jahr später wieder vor dem Visitenkartenautomaten am Neumarkt und überlegte. Den Automaten zu bedienen war ja einfach. Münzen einwerfen und tippen. Aber was? Den Namen – ja, klar, kein Problem. Den Beruf? Welchen denn? Ich sollte etwas eintippen, das ich noch nicht war. Übersetzerin – das sollte mein Beruf werden. Denn ich hatte mit so einer Geschwindigkeit Deutsch gelernt, dass man mich kaum wiedererkennen konnte.

Nach großen Investitionen in Deutschkurse bei Privatschulen arbeitete ich mit Experten im juristischen Bereich. Drei verschiedene Anwälte aus Bulgarien, Russland und Jugoslawien traf ich regelmäßig, um die Feinheiten der jeweiligen juristischen Sprache zu erlernen. Aus meiner ersten Qualifikation als Linguistin im Bereich Slawistik ergaben sich plötzlich ganz neue Chancen. Ich musste nicht mal tief graben, um diese zu entdecken. Ich stand mittendrin im großen Honigtopf.

Die Justiz in Deutschland hatte enormen Bedarf, den Kriegsflüchtlingen aus Jugoslawien, den Spätaussiedlern aus Russland plus den angeblich Asylsuchenden aus Bulgarien und allen auf schiefen Bahnen Wandelnden aus diesen Ländern Dolmetscher und Übersetzer zur Verfügung zu stellen.

Diese Chancen musste ich nur ergreifen. Die Anforderungen waren hart, ich aber auch. Ich hatte Diplome für Journalismus und Slawistik aus Bulgarien, die ich in Deutschland zunächst als nutzlos betrachtet hatte. Doch jetzt sah ich sie als Basis und begann, auf diesem Fundament aufzubauen. Ich qualifizierte mich weiter in den juristischen Fachterminologien und erwartete jede neue Herausforderung mit Lust, sie zu erfüllen. Je weiter ich ging, desto interessanter wurde es!

Wo war dann bitte das Problem?

Ich wusste: Das wird ein Abschied

Das Problem war die massive Richtungsänderung. Ich hatte diesen Weg nicht geplant. Ich wusste, diese Visitenkarten sind nicht die kleine Abweichung vom Hauptweg. Es wird kein Zurück mehr geben. Nur einen Moment blieb ich damals ganz ruhig am Visitenkartenautomaten stehen, ergriffen von der Erinnerung an meine Auszeichnung als Journalistin des Jahres in der Kategorie „Junge Journalisten" in Sofia. Das war mein Abschied. Er war kurz und schmerzlos. Er war still und trotzdem unvergesslich. Mein Kindertraum ging, und es öffneten sich die weiten Horizonte eines neuen Berufes, der mir Zukunft, Bewegung und hoffentlich sonnige Momente versprach.

Ich tippte das Wort „Übersetzerin" und die Sprachen „Bulgarisch, Russisch, Serbokroatisch" in den Automaten und nahm die billigen

Visitenkarten in der Hand. Ich war erleichtert, entschlossen und neu ver-
liebt: in die Zukunft.

Bis zu meinem nächsten Abschied vergingen zwölf abwechslungsreiche,
hoch interessante und tatsächlich sonnige Jahre. Ich arbeitete als Dolmetscherin bei Gericht, für die Polizeibehörden und eine Menge Rechtsanwälte,
die ihre Mandanten verstehen mussten. Die Arbeitstage waren endlos,
Zeit für Urlaub blieb kaum. Die Straftaten der Menschen aus meinem
Sprachbereich waren zahlreich und vielseitig in den Sachverhalten. Kleine
Bagatelldelikte waren hauptsächlich aus dem Serbokroatischen zu übersetzen, Kapitaldelikte oft im Zusammenhang mit Zeitgenossen aus den verschiedenen Ecken der ehemaligen UdSSR und Bulgarien. Eine Zeit lang
ging ich voll in diesem Beruf auf. Ich arbeitete äußerst gewissenhaft und
akkurat. Ich genoss das Vertrauen der Richter und der Anwälte. Das war
sehr wichtig, denn niemand außer dem Angeklagten verstand, was ich sagte.
Für mich war das saubere Arbeiten Ehrensache. Ich war beeidigt, Querein-
steigerin und stolz auf meinen neuen Beruf!

Besonders interessant fand ich die Verbindung zwischen dem Dolmetschen und den schriftlichen Übersetzungen. Eine Anklageschrift zu übersetzen erfordert maximale Präzision und das Verstehen des Kontextes. Das
Dolmetschen, oft für den Angeklagten „live" in der Gerichtsverhandlung,
schien erst einmal das Gleiche zu sein. Die Anklageschrift musste übersetzt werden, während der Staatsanwalt sie laut vorlas. Das Dolmetschen
hier hatte aber zudem die Aufgabe, dem Angeklagten den Text, den ich auf
juristischer Ebene übersetzt hatte, verständlich zu machen. Die juristischen
Termini erhielten jetzt durch mich ihre Äquivalente aus dem umgangs-
sprachlichen Gebrauch. Und das alles musste möglichst diskret vonstatten-
gehen: leise, auf den Punkt und ohne, dass Nachfragen kamen.

Spannend wurde es dann meist in der anschließenden Verhandlung. Jetzt
ging es um die Charaktere, die Taten, die Strategien von Staatsanwalt und
Verteidigern und die Urteile. Ich konnte mich vor Aufträgen kaum retten
und wurde immer besser. Aber: Die juristischen Termini wiederholten sich,
die Angeklagten und deren Anwälte manchmal auch. Ob ich das gemocht
habe? Ja, eine Zeit lang schon.

Aber mit der Zeit lief alles immer mehr automatisch ab. Die Routine
begann die Spannung und meine Begeisterung zu ersticken. Die Menschen,
deren Beweggründe ich anfangs immer hatte begreifen wollen, kamen und
gingen. Wirklich verstanden habe ich sie oft nicht. Die Frage nach dem
„Warum", die mich des Öfteren in der Nacht wach gehalten hatte, ver-
blasste, und ich begann mich zu langweilen. Ich wollte mehr und hatte größere Ideen … Dieser Beruf war nicht meine echte Berufung, das spürte ich.

Mir fehlten die Leidenschaft und die echte Liebe. Das anfängliche Interesse hatte stark nachgelassen und ich hatte begonnen, „gut zu funktionieren". Es war Zeit für neue Wege!

Blick in die Zukunft

1997 begann mein Leben mit Lingua-World. Mein Leben als Unternehmerin, als Arbeit- und Auftraggeberin – parallel zu meiner Arbeit als selbstständige Dolmetscherin und Übersetzerin.

Der Dämpfer, den die IHK mir verpasst hatte, hatte nur zu einem kleinen Winterschlaf meiner Idee geführt. War es schön, diese zwei komplett unterschiedlichen Felder zu bearbeiten? Ja, aber anstrengend, und meine Entwicklung war weiter in vollem Gange …

Lingua-World war schließlich im sechsten Jahr. Spannend, dynamisch und risikoreich waren diese sechs Jahre gewesen. Müde war ich nicht, aber reifer als Unternehmerin. „Beginne die Arbeit als Pferd und beende sie als Reiter!" – diesen Spruch nahm ich mir mehr und mehr zu Herzen. Enthusiasmus ist am Anfang sehr wichtig, um die zahlreichen Hürden zu überwinden. Und Mut! Risikobereitschaft im Verhältnis zu den wirtschaftlichen und persönlichen Möglichkeiten. Es gibt viele Managementbücher, die uns Kenntnisse vermitteln und Gründern helfen können. Man kann diese sogar Schritt für Schritt umsetzen, um bloß keine Fehler zu machen. Jetzt aber ehrlich, sind Fehler so schlimm? Alles hängt von unserer Sichtweise ab. Mein Synonym für Fehler ist „Lehrgeld". Das muss man sich leisten können. Und mein Rezept für den Erfolg einer neuen Gründung ist: Leidenschaft.

Leidenschaft provoziert neue Ideen, repariert Fehler und treibt uns weiter zu wieder neuen Ideen und Alternativen. Sie war auch meine treibende Kraft in diesen ersten sechs Jahren.

Und danach kam wieder die Frage: Wohin gehe ich jetzt? „Wohin jetzt?" heißt nicht: „Hilfe, bin ich verloren?" „Wohin jetzt?" heißt in meinem Vokabular: Ich muss weiter! Ich will mehr! Ich muss mich weiterentwickeln, weil Stillstand tödlich ist. Diese Weiterentwicklung sah natürlich wieder turbulent aus. Meine Energie brach sich Bahn: Eröffnung der Filialen in Frankfurt, Nürnberg und Stuttgart. Persönlich weiter dolmetschen und gleichzeitig den Hauptsitz in Köln ausbauen. Aber ich war noch immer auf der Suche. Nicht rastlos, aber mir fehlte etwas. Ich wollte mich entwickeln und brauchte dazu … Ja, was? Ich schaute in mein Inneres: Alles war an seinem Platz. Alles lief rund. Allen meinen Bedürfnissen gab mein neues Leben Nahrung. Dann traf es mich wie der Blitz. Da war etwas, aber es war nicht in mir. Es war im Außen. Ich brauchte Futter für meinen Geist! Darum der

Wunsch: Ich werde Management und Marketing studieren. „Das Marketing hast du doch im Bauch", hörte ich aus meiner Umgebung. „Im Bauch ist nicht genug", antwortete ich. Wir brauchen neue Impulse aus der Theorie, wir brauchen die Erfahrung anderer Menschen, um unsere Grenzen zu verschieben!

Der Spagat in meinem Kopf

Meine Seminare in Bochum fanden im Blockunterricht von 17 bis 22 Uhr statt. Die Entfernung von Köln: 100 km. Und am nächsten Tag wieder das ganze Programm. Übersetzen bei Gericht, zwischen den Gerichtsterminen die Firma leiten, die Filialen in Süddeutschland ausbauen, abends und nachts schriftliche Übersetzungen. Die körperliche Belastung war enorm, das war mir aber vorher schon bewusst gewesen. Ich konnte damit umgehen – sportlich natürlich! Jogging am Samstag, Training ein paar Mal pro Woche um sechs Uhr morgens, irgendwie lief das. Womit ich aber nicht gerechnet hatte, war die mentale Überlastung auf Dauer. Der Unterricht fand auf Englisch statt. So musste ich noch eine Sprachabteilung in meinem Kopf pflegen. Die vier Sprachen, zwischen denen ich automatisch schnell umschalten konnte, bekamen jetzt noch einen sehr präsenten Konkurrenten: Tagsüber übersetzte ich Bulgarisch, Russisch und Serbokroatisch ins Deutsche und umgekehrt. Am Abend sprach ich Englisch. Das hatte Folgen: Als ich einem Angeklagten die Kammer des Gerichts in seiner Sprache vorstellen sollte, erschienen in meinem Kopf uneingeladen plötzlich englische Worte. Ich schob sie bewusst weg und musste mich dann stark konzentrieren.

Etwas aufzugeben heißt auch, etwas zu gewinnen

„Das reicht!", beschloss ich. Ich begann, an eine neue berufliche Orientierung zu denken. Aber wie? Ich hatte so viele Aufträge, wieso sollte ich sie alle aufgeben! Die Tatsache, dass ich meine Firma ohne Startkapital gegründet hatte, war eine rote Signallampe in meinem Kopf. Mitarbeiter, Mieten, eine Menge Dienstleister und Steuern mussten bezahlt werden. Meine Investitionen in die Firma lagen zwischen 15.000 und 20.000 EUR monatlich. Wie könnte ich auf dieses Geld verzichten?

Diese fortan stets gegenwärtige Frage beantwortete ich mir jeden Tag immer ein bisschen mehr. Wie? Ich lernte! Erkannte den neuen Weg meiner Firma, den sie unter meiner Leitung (und weniger unter meiner Mitarbeit) gehen sollte und nicht nur durch das von mir verdiente Geld.

Die andere, für mich schwierigere Frage war: Wie kann ich das loslassen, was ich gerne mache – trotz der Routine? Ich mochte die Atmosphäre bei Gericht, ich mochte es, von Dienststelle zu Dienststelle zu fahren, ich kannte die Menschen und wusste, dass meine Sprachkenntnisse und soziale Kompetenz auch zur Fairness in den strafrechtlichen Verfahren beitrugen. Selbst im Gefängnis kannte ich die Angestellten und freute mich immer auf das Wiedersehen. Aber: „Ich werde mich trennen", dachte ich. Und das hieß nicht: Ich ändere meinen Tagesablauf, sondern: Ich ändere mein Leben. „Ich beende jetzt einen großen Abschnitt in meinem Leben", war mein Gefühl. Und ich vertraute diesem Gefühl erneut.

Die Raupe wird ein Schmetterling

„Das ist das Finale", klingelte es in meinem Kopf. Ich stellte mir die Abschiedsspiele der Sportler vor, die mich beeindruckt hatten: André Agassi, Steffi Graf, Boris Becker oder Franz Beckenbauer und Pelé. Fußballprofis ziehen zum Schluss oft das T-Shirt aus und laufen von einer Ecke des Stadions zur anderen, um sich von den Fans zu verabschieden. Oder sie stehen allein in dem sich leerenden Stadion, um ein letztes Mal diese besondere Atmosphäre einzuatmen.

„Habe ich auch Fans?", fragte ich mich und beobachtete den Gerichtssaal. Natürlich nicht! „Was ist denn dann so schwer?", dachte ich und suchte nach der Antwort. Schwer war für mich, dieses Leben aufzugeben. Ich hatte mir in Deutschland einen neuen Beruf erarbeitet, mich nach allen Regeln der Kunst qualifiziert und mir meinen Platz auf dem Markt erkämpft. Den sollte ich jetzt aufgeben?

Aber die Strömung meiner Entwicklung riss mich mit, und der Moment der Entscheidung kam: Der fünfte und letzte Verhandlungstag in einem Prozess gegen drei Russen, die mehrere Banken überfallen hatten, nahm seinen Lauf. Nach den Plädoyers der Anwälte kamen die Urteilsverkündung und die Begründung. Ich übersetze, die Angeklagten nickten. Dann hatten sie das letzte Wort. Ich wiederholte die Worte der drei auf Deutsch. Die Männer bedankten sich für die Übersetzung. Die Verhandlung wurde geschlossen.

Ich dachte an die Profisportler und machte gedanklich den Gang durch „mein Stadion", den Gerichtssaal. Jetzt würde ein Sportler die Hände der Fans ergreifen. Ich stand nur auf und verkündete laut: „Ich verabschiede mich, Herr Richter, Herr Staatsanwalt!" Keiner hat mich verstanden. „Bis zum nächsten Mal!", antworteten beide, während sie ihre Mappen einsammelten.

„Ich verabschiede mich für immer und werde nicht mehr übersetzen!" Das stieß jetzt komplett auf Unverständnis. „Aber Sie sind … top of the bill", sagte der Richter. Ich lächelte, ging zu ihnen und schüttelte ihre Hände, bedankte mich für alles und ging mit der Anwältin der Russen hinaus. „Was ist mit Ihnen los?", fragte auch sie besorgt. „Kommen Sie mit – ich zeige es Ihnen", antwortete ich …

Zehn Minuten später waren wir bei Lingua-World. Ich war keine Dolmetscherin mehr und sah meine Firma mit anderen Augen. Die Führung, die ich für die Anwältin veranstaltete, war der Start in mein neues Leben. Interessanterweise war diese Anwältin auch Inhaberin einer Firma für Stahlbearbeitung. Und sie hatte einen enormen Bedarf an Übersetzungen. Sie wurde in diesem Moment eine große Kundin.

„Wir wissen nie, was wir gewinnen, wenn wir etwas verlieren", dachte ich und kehrte noch einmal gedanklich zurück zu meinem inneren Stadion. Es war leer, und ich saß jetzt alleine darin. Jetzt musste ich noch meine neuen Fans reinlassen, und die frische Saison konnte beginnen.

Aus Köln hinaus in die Welt. Gewappnet, leidenschaftlich, bereit. Für das Neue.

Unternehmer ist kein Ausbildungsberuf

Der Punkt dabei ist: Management kann man lernen, Controlling kann man lernen. Sie können ein guter Kaufmann sein oder werden, Sie können ein guter Chef sein und stetig Führungsseminare besuchen und mehr und mehr lernen … Aber ob Sie dann auch als Unternehmer erfolgreich sind – dafür gibt es keine Garantie. Das liegt daran, dass die Aufgaben des Unternehmers den ganzen Menschen betreffen. Und so muss auch der ganze Mensch wachsen und sich selbst entwickeln, nicht nur einzelne Kompetenzen. Fähigkeiten kann sich jeder aneignen, aber als Unternehmer gerät man immer wieder in Situationen, in denen man nicht weiterkommt, weil diese an sich schon einen ganz anderen Menschen erfordern. Wenn Sie nicht daran arbeiten, sich persönlich zu entwickeln, sind Sie, solange Sie als Mensch „genügen", vielleicht noch die treibende Kraft in Ihrem Unternehmen. Aber es kommt der Tag, dann sind Sie nur noch der begrenzende Engpass! (Merath 2007). Oder anders formuliert: Wenn Ihr Unternehmen wächst, haben Sie zwei Möglichkeiten. Entweder Sie wachsen mit, entwickeln sich und haben Erfolg. Oder Ihre Schuhe werden Ihnen zu groß, das Unternehmen wächst Ihnen über den Kopf und Sie fallen auf die Nase (ebd.).

Synapsenfutter, keine Krücken

Hier teile ich nun ein paar meiner Einsichten dazu mit Ihnen: Über mein Wachstum können Sie oben einiges nachlesen. Ihres kann (und wird wahrscheinlich) ganz anders verlaufen. Und darum gebe ich Ihnen hier nur ein paar Fragen mit auf den Weg: Stoff zum Nachdenken, Energie für Ihre Synapsen. Und keine „Fünf-Tipps-wie-Sie-garantiert-erfolgreich-werden"…

Arbeiten wir für unsere eigenen Erwartungen?

Wenn wir mit unserem Leben das tun, was wir wirklich wollen, dann ist das die größte Freude, die wir spüren können. Aber nach und nach, wenn die Routinen kommen, vergessen wir oft, dass wir nur das tun wollten, wofür wir diese Leidenschaft gefühlt haben oder fühlen. Wir machen einfach weiter, obwohl die Leidenschaft schon abgekühlt ist. Das ist wie in der Liebe! Genau, wie es mir passiert ist, als meine Gerichtsauftritte zur Routine wurden… Wofür arbeiten wir dann noch? Oft für das Geld (wie ich zuerst auch) – oder, um die Erwartungen anderer zu erfüllen. Doch so sollte es nicht sein. Unternehmer zu sein bedeutet, wirklich etwas zu tun, wofür wir diese Leidenschaft fühlen, und das sollten wir unser ganzes Leben lang beibehalten.

Was ist Erfolg?

Was für eine Frage! Geld, Wohlstand, Anerkennung gehören bestimmt dazu – oder auch nicht … Zumindest nicht nur! Ich glaube, erfolgreich sind wir dann, wenn wir unseren Fähigkeiten und Kompetenzen voll und ganz Ausdruck verleihen können. Wenn wir in der Lage sind, voll und ganz auszuleben, wer wir sind. Wir müssen in unserer eigenen Arena kämpfen können und dort überleben. Nur dann kann die Leidenschaft entstehen, die so wichtig ist!

Aber ist es überhaupt notwendig, so viel über Erfolg zu sprechen? Ist „Erfolg haben" ein definierbarer und kalkulierbarer Zustand? Als ich als junge Journalistin in Bulgarien über die erste Herztransplantation an einem zehnjährigen Jungen berichtete, publizierten alle Zeitungen meinen Artikel. Auf den Tag genau ein Jahr später ging ich erneut zum Haus dieses Jungen – er hieß Ivan. Ich nahm meinen kleinen Sohn mit, um den Erfolg mit ihm zu teilen. In der Tür stand Ivans Mutter und sagte leise: „Mein Sohn ist heute Nacht gestorben." Ich hielt die Hand meines Jungen, der weinte. Noch einmal: Ist es überhaupt notwendig, so viel über Erfolg zu sprechen?

Müssen wir immer Abschied nehmen?

Ja! Immer wieder. Bewusst und konsequent. Meistens ist diese Form des Abschieds nämlich kein Ende, sondern ein Anfang: Mein Abschied vom Journalismus war mein Anfang als Dolmetscherin, mein Abschied als Dolmetscherin war mein Start als Geschäftsführerin meiner eigenen Firma und mein Abschied vom Tagesgeschäft war dann der Beginn meines Lebens als echte Unternehmerin! Und, wie Hermann Hesse es so wunderbar ausgedrückt hat: „Jedem Anfang wohnt ein Zauber inne!"

Literatur

Merath, Stefan (2007): *Warum man als Unternehmer seine Entwicklung planen sollte.* Online verfügbar unter: https://www.unternehmercoach.com/coach-unternehmer-coaching-eigene-entwicklung-planen-persoenlichkeit.htm, letzter Zugriff am 5.6.2018.

Teil III

Stillstand ist Rückschritt

Der Lockruf der Ferne: Globalisierung am eigenen Leib

In Indien ist alles günstiger – Englisch ist nicht gleich Englisch – Nachts auf einem Bahnsteig in Mumbai – Eine Universität mit vielen Hilfskräften – Vor die Wand gefahren! – Der Sprung zum nächsten Kontinent – Von langer Hand geplant – Fishy dancing – Es rechnet sich einfach nicht – Tiefer Süden – Ich verliebe mich in einen Landstrich

Es war die Zeit der Callcenter in Indien, die in amerikanischem Englisch erfolgreich Menschen in den USA berieten. Die digitale Welt zeigte langsam ihr wahres Gesicht und ermöglichte diese Art der Dienstleistung von Indien aus zu sehr geringen Kosten. Zwei plus zwei macht eben vier, nicht wahr? Ich dachte sofort: „Ich biete auch eine Dienstleistung an. Warum also nicht meine Übersetzungen in britischem oder amerikanischem Englisch in Indien machen lassen?" Denn zu dieser Zeit dominierten die Anfragen für Übersetzungen vom Deutschen ins Englische mein Geschäft. Das Internet boomte, und Englisch war der *common ground,* auf dem sich alle trafen. Und im Exportland Deutschland mussten viele, viele Texte übersetzt werden … Auf diese Weise würde ich meine Preise reduzieren können und konkurrenzfähiger sein. Zur Klarstellung: Wir sprechen hier über eine Zeit, als im Fernsehen eine Werbung mit dem Claim „Qualität zum Nulltarif gibt es nicht!" lief. Doch die Kunden in unserer Branche waren noch lange nicht so weit. Übersetzungsaufträge erfolgten bei Bedarf spontan und waren darum oft nicht in die Kosten einkalkuliert. Die Übersetzungen wurden darüber hinaus meist plötzlich notwendig und waren unverzichtbar, aber sie kosteten natürlich Geld. Geschickte Einkäufer versuchten, Übersetzungsfirmen an Visionen und Expansionsstrategien zu binden und Festpreise auszuhandeln.

© Springer Fachmedien Wiesbaden GmbH, ein Teil von Springer Nature 2019
N. Kostadinova, *Ein Koffer voller Wollen,* https://doi.org/10.1007/978-3-658-23985-5_19

Sie versprachen große Mengen Texte, um die Wortpreise der Übersetzungen zu drücken. Natürlich wollten sie trotzdem das spezielle Englisch aus ihrem geschäftlichen Zielland und Top-Qualität. Die Ansprüche an die Qualität wurden sowieso immer ausgeprägter, und der Bedarf differenzierter: Englisch aus Großbritannien, den USA oder Australien? Das war schon jetzt eine obligatorische Frage, die unsere Projektmanager den Kunden stellen mussten. Meine Kooperationen mit den Universitäten in Manchester und Liverpool brachten mir zwar recht fähige und im Vergleich günstige Übersetzer, aber die meisten waren noch nicht voll qualifiziert und konnten schließlich die Erwartungen der Kunden nicht voll erfüllen. Warum also nicht outsourcen?

Reality-Check im Zug

So fuhr ich nach Indien. Ich schloss mich einer Geschäftsdelegation der IHK an und flog mit einer Gruppe von Geschäftsleuten los nach Mumbai. Firmenbesichtigungen, gemeinsame Abende und kleinere Inlandsreisen standen auf dem Programm. Ich hatte das Ziel, Partner zu finden, mit denen ich zusammenarbeiten konnte, um trotz des Qualitätsstandards, der mittlerweile überall gefordert war, die Preise senken zu können. Zunächst aber nahm das Land mich gefangen: Wir machten eine Reise von Mumbai nach Pune. Und zwar mit dem Zug, obwohl wir über einen eigenen Bus verfügten. Es war einer von diesen Zügen, die keine Scheiben, dafür aber getrennte Männer- und Frauenabteile haben. Diese Fahrt brachte uns sehr nah heran an die Realität in Indien und zeigte uns eine der (wenigen) Logistikmöglichkeiten live und in Farbe. Um zwei Uhr in der Nacht verließen wir das Hotel und erreichten kurz darauf den Bahnhof. Mütter mit kleinen Babys lagen auf dem Bahnstieg, Bettler tauchten plötzlich auf. Dunkel, fremd und unbekannt fühlte sich diese erste Begegnung mit der Realität in Indien an. Wir blickten vor uns hin und keiner sprach. Die nächtlichen Bilder vom Bahnhof konnte man nicht so schnell vergessen. Am Ziel, in Pune, überreichten wir jeder eine Spende, die über den örtlichen Rotary Club weitergeleitet wurde: Der Bau eines Trinkwasserbrunnens war geplant, und wir wollten unseren Beitrag leisten.

Zurück in Mumbai verließ ich meine Unternehmergruppe vorübergehend und fuhr eigenständig zur Universität. Ein Meeting mit der Chefin des „Languages Department" hatte ich bereits vereinbart. Mein Transportmittel war eine Motorriksha, die Entfernung betrug satte 30 km. Mein Fahrer überholte kühn und wurde überholt. Die Abstände – immer nur Millimeter. Ich schloss die Augen, doch meine Ohren mussten offen bleiben. Das Hupen war unglaublich, ein Unfall schien nur eine Frage der Zeit.

Aber ich erreichte die Universität unversehrt und traf den Mitarbeiter, der mich zur Frau Professorin bringen sollte. Geschafft! Schließlich saß ich in ihrem Zimmer. Die nächste Herausforderung wartete schon: Ich sollte ein Getränk bekommen. Das wurde mir von einem zweiten Mitarbeiter serviert. Und dann: Hurra! Das Gespräch begann! Professor Aarany unterrichtete und sprach perfekt Deutsch. Sie verstand meine Idee schnell und sagte etwas, das ich in diesem Moment nicht begriff: „Dein Problem wird nicht Deutsch sein, sondern Englisch!" Ich stand unter einer Flut von Eindrücken, nahm ihren Satz einfach auf und dachte nicht weiter darüber nach. Ein dritter Mitarbeiter kam, um die leeren Getränkegläser und Flaschen aufzusammeln. Die Professorin verstand wieder die Frage in meinen Augen und erklärte: „Jede Arbeitsstelle bei uns ist klar definiert!"

Auf der weiteren Reise durch Indien besuchte ich noch das Goethe-Institut und schaute mich nach Indern um, die Deutsch ins Englische übersetzen konnten. Auch hier lernte ich wieder indische Studenten kennen, die einwandfrei Deutsch sprachen und sich als potenzielle Übersetzer anboten. Meine Stimmung hob sich weiter. In Hyderabad dann traf ich endlich den Mann, der mit seiner eigenen Übersetzungsfirma eine Kooperation mit mir anstrebte. Das war mir mehr als recht. Und es funktionierte – erst einmal.

In Deutschland angekommen, setzte ich die Zusammenarbeit auf und … leider hörte sie auch schnell wieder auf. Die Erwartungen an die Qualität wurden einfach nicht erfüllt. Mir standen buchstäblich die Haare zu Berge: Die Texte waren in einer Sprache verfasst, die Hindi und Englisch vermischte. Und das immer wieder. Sehr schade! Nach meiner Kalkulation wären die Übersetzungen sieben Mal billiger als in England gewesen. Aber das Eis für eine Kooperation war einfach zu dünn, und die Perspektiven zu negativ, um es weiter zu probieren. „Dann eben nicht!", sagte ich mir. Ich hatte mentales Lehrgeld bezahlt, echtes Geld und Zeit investiert, um am Ende zu sagen: Es funktioniert NICHT! Aber es ist keine Schande, rechtzeitig einen Schlussstrich zu ziehen und zu wissen, was man zu investieren bereit ist. Die Welt ist groß! Es war Zeit, den Blick auf andere Länder zu richten.

Wir bauen eine Brücke

Ich richtete ihn sogar auf einen ganz anderen Kontinent: Afrika mit all seinen Möglichkeiten interessierte mich! Ich wollte schauen, was ich dort ausrichten konnte. Kenia war meine erste Anlaufstelle. Wieder suchte ich Verbündete an der Universität und unter den Professoren. Ich hatte inzwischen verstanden, dass ich langfristiger denken und planen musste und sondierte erst einmal die Möglichkeiten. Schnell kam heraus, dass wir alle das Gleiche wollten: eine Brücke nach Europa bauen. Wir organisierten Workshops und Vorträge für Studenten und eine Gruppe von fünf Professorinnen und ich bauten das Bündnis „Die Brücke". Wir suchten zusammen die Studentinnen der germanistischen Fakultät aus, die in Deutschland bei Lingua-World ein Praktikum machen sollten. Ich fuhr durch das Land und lernte Mädchen kennen, die fantastisch Deutsch sprachen. Sie zeigten mir das Land, die Leute, die Armut. Ein kleines Büro von Lingua-World existierte hier schon, da meine frühere Mitarbeiterin Maureen zurück nach Nairobi gegangen war und fortan von dort aus für mich arbeitete. Wir wollten in Nairobi wachsen, und ich entschied, zunächst junge Frauen in Deutschland im Rahmen von Praktika auf die künftige Arbeit vorzubereiten.

Die mit dem Fisch tanzt

Und weil in Afrika nichts ohne Beziehungen läuft, stand zuerst Socializing auf dem Programm: Samstags gingen wir in einen Klub für Einheimische. Die Mädels waren schick angezogen und entschlossen, mir das Wochenendleben in Kenia zu zeigen. Gesagt – getan! Der Klub hatte drei Etagen und war sehr voll. Wir wollten zuerst etwas essen. Unser Tisch war rund und sah ganz normal aus – dachte ich. Wir alle hatten Lust auf Fisch. Jede von uns bekam einen Teller, ich auch. Eins der Mädchen winkte mir aufzustehen und ihr zu folgen. Wir gingen zum Waschbecken. Das war aber nicht in separaten Waschräumen zu finden, sondern ganz zentral, in der Mitte des Raumes, in dem die Musik laut pulsierte. „Du musst Deine Hände für den Fisch waschen", erklärte mir das Mädchen, und ich tat brav genau das. Am Tisch wartete ich auf dann das Besteck. „Brauchst Du nicht", sagte meine Etikettelehrerin, „Deine Hände sind doch schon sauber." Der weitere Verlauf des Essens ist schwerlich zu beschreiben: Die Ladys in Abendbekleidung und hochhackigen Schuhen zerrten ihre Fische in alle Richtungen, schmatzten und genossen das Essen. Ihre Hände glänzten bis zum Handgelenk vom Fett, aber alles war in bester Ordnung. Ich hatte Hunger und versuchte es auch. Schließlich war ich auch gekommen, das wahre Leben dort kennenzulernen. Nach dem Essen wusch ich meine Hände noch einmal ausgiebig. Dann ging's zum Dancing. Ich aber wurde das komische Gefühl nicht los, dass auch meine schöne Bluse inzwischen etwas von dem Fisch in sich trug …

Ein paar Monate später empfing ich meine Praktikantinnen aus Kenia in Deutschland. Ich kannte ihr Land jetzt einigermaßen und wollte den nächsten Schritt zum Aufbau der Kooperation machen. Während der Monate ihrer Beschäftigung bei uns erweiterten die jungen Frauen ihre Deutschkenntnisse enorm: Wortschatz, Grammatik, Kontextverständnis – die

Mädchen lernten schnell und versuchten immer, ihr Bestes zu geben. Aber: „Dein Problem wird nicht Deutsch, sondern Englisch sein!" – klingelte es aus der Erinnerung in meinen Ohren. Das stimmte leider auch hier wieder. Nach ihrer Rückkehr arbeiteten die Mädchen in Kenia weiter, allerdings bedurften ihre Texte immer einer gründlichen Nachbearbeitung. Das war auf die Dauer wirtschaftlich nicht tragbar. Wieder musste ich tief Luft holen. Auch in Kenia hatte sich eine dauerhafte Zusammenarbeit nicht ergeben. Warum, wo war nur mein Fehler?

Ein Bedarf der ganz anderen Art

Ein Jahr später machte ich weiter. Ich ging nach Ghana und Nigeria, um meine Kenntnisse über die Märkte dort zu erweitern. Aber auch hier: Keine funktionierende Kooperation, keine neue Firma, und schließlich auch keine Illusionen mehr. Hier musste ich jetzt einen Punkt hinter setzen. Doch wohin jetzt? Ich packte erneut meinen Koffer und machte mich auf den Weg: Nach Südafrika. Inzwischen waren wir schon im Jahr 2010 angekommen. Ich besuchte Johannesburg und Durban – und da wusste ich, was ich will. In Johannesburg wurde ich wieder bei den deutschen Fakultäten der beiden Universitäten vorstellig. Einige Professoren und die „Head of Departments" kannte ich bereits. Jetzt war die Zeit für meine Expansion gekommen. Nur unter anderen Vorzeichen, denn zehn lebendige Landessprachen strahlten mit großer Anziehungskraft und zeichneten ein einziges Wort in mein Bewusstsein: Verständigung. Meine Reisen durch verschiedene Kulturen hatten mich gelehrt, einen Bedarf zu erkennen, wenn es ihn gibt. Als ich Eleen Max von der Wirtz Universität besuchte, sah ich, wie die Studenten dort verschiedene Landessprachen lernten. Das Interesse war da, weil in diesem Land viele Missverständnisse das Leben beherrschen. Englisch – ja, Zulu – auch. Aber was war mit den anderen acht Sprachen? Was machte eine Versicherung, wenn die versicherte Person nur Xhosa spricht? Was machte die Bank, wenn die Menschen kein Englisch verstehen? Geld brauchen sie trotzdem! Und was ist mit der NGO, die die Leute im Busch gegen Malaria impft? Wie funktioniert die Verständigung hier? Also: Der Bedarf war definitiv da! Aber gab es auch einen Markt? Das war die wichtige Frage! Die Antwort, die mir die KPMG Business Research gab, war: Bedarf, ja! Markt – noch nicht! Das war schwierig, aber die berühmte Lava in meiner Brust ließ mir keine Ruhe. Sollte ich abfahren, ohne eine Entscheidung getroffen zu haben? An meinem letzten Tag, einem Freitag, nahm mich Eleen Max zum Hotel *Fire and Ice* mit. Wir standen im Stau, das Auto stoppte. In mir kochten Energie und Ungeduld. Ich schaute nach links und sah Johannesburg dort liegen: wachsend, lebendig, grün. Und wie mir schien, auch ungeduldig und hungrig. Nach Business! Der Rest war eine Sekundenentscheidung, die ich niemals bereut habe: Hierher möchte ich mit Lingua-World kommen! Am 1. November 2012 eröffnete ich mein Büro in Johannesburg. Sicher und richtig. Getrieben von der Überzeugung, dass Afrika und die Afrikaner mich brauchen. Und ich sie!

(South) Africa calling: Ein Land mit vielen Mentalitäten

Johannesburg heißt mich willkommen – Zimmer mit Aussicht – Die ganz spezielle Zeitrechnung – Dranbleiben! – Emotionen im Netz – Kontakten ist Chefsache – Buy local – Auf nach Kapstadt! – Zwei Seelen in einem Land – Bewerbungsmarathon – Under construction!

(I) Johannesburg: Wachstum auf einem festen Fundament

Alle Zimmer in dem 100-m²-Büro waren voll mit Menschen. Computer, schöne moderne Schreibtische und bunte Stühle als Farbakzente wirkten einladend und stimmungsvoll. Mein Büro lag nebenan, ein Eckzimmer mit zwei Glaswänden, die auf die Autobahn schauten. Autos, Busse, Kleintransporter bewegten sich vor meinen Augen und gaben mir das Gefühl, dass ich Teil dieses bunten Flusses da unten war. Aus dem Fenster im fünften Stock konnte ich die Farben der Ampeln nicht erkennen, dafür aber die Länge des roten Signals an der Bewegung der Fahrzeuge ablesen. Die Bettler näherten sich den stehenden Autos und bekamen Geld von fast jedem zweiten Fahrer. Ich konnte stundenlang den fließenden Verkehr und die Aktionen an der roten Ampel beobachten, nachdenken, Parallelen suchen. Die Bewegungen waren monoton und dennoch schön. Der Anblick der Bettelei war erst einmal gewöhnungsbedürftig, die Masche offenbar aber recht erfolgreich. Alles war irgendwie anziehend und widersprüchlich – wie mein Anfang in Südafrika.

Als ich Ende August mit dem großen Überseekoffer ankam, wusste ich noch nicht, was mich alles erwartete. Ich stieg in einem schönen Hotel ab und krempelte sofort die Ärmel hoch. Mein erweiterter Businessplan beinhaltete eine Art Kursbuch, in dem ich mithilfe einer guten Struktur

© Springer Fachmedien Wiesbaden GmbH, ein Teil von Springer Nature 2019
N. Kostadinova, *Ein Koffer voller Wollen*, https://doi.org/10.1007/978-3-658-23985-5_20

detailliert meine Aufgaben aufgelistet hatte. Recherchieren, telefonieren, kommunizieren … und die Termine standen schon. Ich begann bei der Bank, ging weiter zu den Universitäten und kontaktierte dann die Dienstleister. Die Ansprachen liefen gut, die Menschen waren höflich am Telefon. Ein Gefühl von Erfolg? Ja, genau das bedeutete das Kribbeln in meinem Bauch jeden Morgen.

Africa time

Ich fuhr einen kleinen Honda und erreichte mit meinem Navigationssystem die Adressen zu den vereinbarten Terminen. War das jeweilige Ziel erreicht, musste ich mich anmelden, danach einen Kaffee trinken und dann: warten und Zeitschriften lesen. Das Wort „Pünktlichkeit" existierte hier nicht, dafür aber der feststehende Begriff „Africa time", an den ich mich gewöhnen musste. Südafrikaner pflegen, unabhängig von ihrer ethnischen Herkunft, ein Zeitverständnis, das sich an dem Grundsatz orientiert: „Lieber flexibel bleiben, statt sich an starre Vorgaben zu binden" (IHK 2015). Das gilt übrigens im gesamten Subsahara-Afrika. Die Verspätung meiner Ansprechpartner wurde fast immer mit „He (or she) is in a meeting" erklärt. Wenn der Termin endlich begann, musste ich zuerst eine tolle und umfangreiche Präsentation der Gesellschaft oder Firma und der Gesprächspartner über mich ergehen lassen. Irgendwann kamen wir dann zu dem tatsächlichen Grund meines Besuches. Die Termine endeten mit Versprechungen, Komplimenten zu Deutschland und absolut charmanten Abschiedsworten. Ganz allmählich bemerkte ich allerdings, dass sich die Deadlines in meinem Fahrplan als unrealistisch erwiesen. Die Zeit lief mir weg. Das Geld natürlich auch. Meine Spalte mit dem Titel „Erledigt" war immer noch leer. Langsam verstand ich: Ich bin in Afrika! Diese Feststellung hatte jedoch keinerlei beruhigenden Effekt auf mich. Als eine echte Businesswoman schaute ich auf meine Arbeitsstunden und rechnete die Resultate gegen. Das sah mau aus!

Beim dritten Besuch der Internetagentur, die meine südafrikanische Webseite an den Start bringen sollte, bemerkte ich schließlich, dass und wie ich zumindest starken Einfluss auf den Preis nehmen konnte. Das war wirklich interessant: Immer, wenn ich dort erkennbar in einem Gespräch über einen Punkt in dem Angebot laut nachgedacht hatte, wurde jemand angerufen – und nach dem Telefonat wurde mir ein Rabatt gewährt. Der Preis der Webseite betrug so am Ende nur noch ein Drittel des ursprünglich geforderten: Ich platzierte endlich meine Unterschrift auf dem Auftrag. Mein Ansprechpartner war trotzdem glücklich, weil ihn die Zahl der abgeschlossenen Verträge zu einer heiß ersehnten Prämie geführt hatte.

Ein Zuhause im Web

Dann war die Webseite fertig! Mit Leichtigkeit, Vertrauen in jeden einzelnen Mitarbeiter der Firma und ihrem Eingehen auf die Vielfältigkeit der ethnischen Gruppen war sie perfekt für Südafrika. Logisch. Ich hatte den Auftrag lokal vergeben, um unsere Zielgruppen vor Ort gezielt anzusprechen und zu bedienen. Die Seite war authentisch. Das Design unterschied sich allerdings stark von unserer deutschen Webseite: Mit dem kopflastigen, durchstrukturierten Ansatz, der in Deutschland gut funktioniert, kommt man in Afrika nicht weit. Und das, obwohl man Südafrika neben Namibia wohl als das „deutscheste Land" in Südafrika bezeichnen kann (exportmanager-online.de). Emotionen! heißt das Zauberwort – und so begrüßt den Besucher auf der Startseite ein stimmungsvolles Landschaftsbild mit einem von Fingern geformten Herz (siehe Abb. 1).

Beziehungen! ist neben den Emotionen ein weiteres Zauberwort. Deswegen sind Bilder unserer Office-Manager vor Ort mit ihren Namen gut sichtbar platziert. Der Blog greift lokale Themen auf und ist mit vielen bunten Bildern durchsetzt. Auch ich zeige dort Gesicht und mein Engagement für die Menschen des Landes.

Und natürlich ist Lingua-World South Africa auf Facebook: Facebook ist die meist besuchte Webseite in Afrika. Schon 2012 zählte man ca. 44,9 Mio.

Abb. 1 Startseite von www.lingua-world.co.za

Nutzer vom afrikanischen Kontinent. Aktuellere Zahlen kommen bereits auf 52 Mio., Tendenz steigend! (socialmediainternational.de).

Nachdenken sollte man als Unternehmen aber auch über Mxit, ein soziales Netzwerk und ein Instant Messaging- Dienst, der speziell für die Bedürfnisse der Afrikaner entwickelt wurde. Er zählt momentan ca. 7,4 Mio. monatliche Nutzer – davon kommen 6,5 Mio. aus Südafrika (ebd.). Einen Webshop haben wir bei Lingua-World nicht, aber auch hier gibt es landestypische Präferenzen: Die bevorzugten Onlinezahlungsmittel der Südafrikaner sind: Bezahlung mit Bankkarte (via MyGate oder SagePay) oder Bezahlung per Banküberweisung (mit M-Pesa, AirtelMoney oder TigoCash; addons.prestashop.com).

Daneben spielen noch PayPal oder Google Pay eine Rolle (socialmediainternational.de).

Für eine Domain in Südafrika (co.za) gelten auch ein paar Besonderheiten: Im Gegensatz zu so gut wie allen anderen Domains weltweit müssen .co.za-Namen sehr kurz sein: Die Mindestlänge beträgt drei Zeichen, die Höchstlänge lediglich 30 Zeichen – üblich sind ansonsten 60 Zeichen! Sonderzeichen wie deutsche Umlaute sind im Domainnamen nicht erlaubt. Ebenfalls nicht möglich sind nur aus Ziffern bestehende Namen. Dazu kommt, dass die Registrierung (auf: https://www.united-domains.de/za-domain/) zwar automatisiert verläuft, aber bis zu drei Tage lang dauern kann. Africa time! – neben Kreativität bei der Namensfindung ist also auch etwas Geduld gefragt! (checkdomain.de).

Menschen treffen Menschen
Online! Das war mein Startschuss! Prompt begann ich, mich bei den Nachbarn meiner Firma im Office-Gebäude vorzustellen. Das Gebäude gehörte der JCCI (Johannesburg Chamber of Commerce and Industry). Die Verwaltung der Kammer lag eine Etage über meinem Büro. Ich beschloss, ein wenig zu netzwerken und ging in den sechsten Stock. Ich stellte mich vor und fand sogar gemeinsame Bekannte aus verschiedenen internationalen Organisationen. Jetzt war Small Talk angesagt. In meiner Vorbereitung auf Südafrika hatte ich mich vorgebildet. Ich dachte an die Empfehlungen, die ich zum Thema „Netzwerken" gelesen hatte: Nicht mit der Tür ins Haus fallen, mit unverfänglichen Themen beginnen und erst mal eine Beziehungsebene aufbauen (Beis 2013; IHK 2015). Als ich in der realen Situation in der Runde mit meinen neuen Bekanntschaften dastand, wusste ich wieder: Leeres Blabla ist einfach nicht meine Sache! Einen willkürlichen Anknüpfungspunkt (wie das in Europa so beliebte Wetter) konnte und wollte ich nicht herbeizaubern! Also ging ich, ohne viel nachzudenken, auf

die ganz normale menschliche Sympathieebene: Ich war die „Neue" und wollte „Hallo" sagen. Gute Entscheidung! Ich musste mich nicht verstellen. Meine Leidenschaft für das Thema „Gründen in einem neuen Land" leuchtete aus meinem Gesicht und sprach aus meinen Worten. Gleichzeitig gab ich mir alle Mühe, auch den anderen zuzuhören. Meine Ehrlichkeit wurde belohnt. Ich gab eine kurze emotionale Einführung und meinen Gesprächspartnern dann zügig die Chance, selbst einzusteigen. Die Afrikaner lieben es zu sprechen und Weisheiten zu verbreiten. Und sie lieben es zu helfen, wenn ihnen jemand sympathisch ist oder wenn Geld winkt. Und so ging es mir dann beim JCCI: Nach meiner Vorstellung kannte ich bereits die Zuständigkeiten aller Mitarbeiter und ging immer öfter hinauf in den sechsten. Stock, um den einen oder die andere etwas zu fragen. So baute ich schnell nützliche Beziehungen zu sechs Abteilungen sowie zu einem guten Dutzend Personen auf. Mir war dabei voll bewusst, dass keiner meiner Mitarbeiter vor Ort in der Lage gewesen wäre, solch eine Kommunikationsebene aufzubauen. Das zu erwarten oder zu verlangen, war illusorisch. Ich weiß aus Erfahrung, dass der strategische Aufbau von Kontakten zu Schlüsselpersonen Chefsache ist. Hier lohnte sich das besonders: In Südafrika geht es viel individueller zu als in Europa, und Zwiegespräche stehen hoch im Kurs.

Eines Tages passierte es dann. „I need translations, and I am looking for 'Nelly's translations'", sagte eine männliche Stimme am Telefon. Damit hatte ich nicht gerechnet. Aber klar, das Benutzen des Vornamens (auch im Business) ist in vielen Ländern üblich und vereinfacht häufig Kommunikation und Verstehen. Genau das passierte hier. Statt der zwei Worte „Lingua" und „World" hatten sich meine neuen Freunde den Vornamen aus der ihnen ausgesprochenen Empfehlung angeeignet. Im Endeffekt war das egal – nein, es war sogar optimal! Die Kunden suchten „Nelly" und bekamen von „Nellys Büro" schnell und ohne große Anstrengung die Übersetzungen. „Easy makes it possible!" dachte ich erfreut.

(II) Kapstadt: Der Sprung ins Unbekannte

Fünf Jahre lang baute ich das Büro in Johannesburg auf und aus. Dann dachte ich: „Hier bin ich fertig!" Was ich wollte? Ein zweites Büro in Kapstadt eröffnen! Der Schritt war größer, als man denken mag: Die kulturellen Unterschiede zwischen Johannesburg und Kapstadt sind riesig. In Johannesburg pulsiert das Herz einer Wirtschaftsmetropole. Unter der Woche ist jeder dort schon um fünf Uhr morgens komplett wach. Gut und weniger gut definierte Körper schwitzen bereits in den Fitnessstudios. Und zwei Stunden später leben die Menschen in allen Branchen der Wirtschaft dort schon das Wort, das tief in ihrem Bewusstsein gespeichert ist: Business! „I am hungry for business", „I love to work" und „Let me do it" – das waren die Sprüche in den Bewerbungsgesprächen, die ich in Johannesburg führte. In meinen aufwendigen Bewerbungsprozess hatte ich zuvor nicht nur drei Probetage eingebaut – die Bewerber mussten sogar ein Konzept darüber schreiben, wie sie ihre Qualifikationen in der ausgeschriebenen Stelle umsetzen wollten. Das traf dort den Nerv!

In Kapstadt war alles anders. Dort ist die Wiege der südafrikanischen Filmindustrie, von Kunst, Musik und vom Tourismus. Die spektakuläre Küste von der Water Front nach Camps und weiter zur Hout Bay bis zum Kap der Guten Hoffnung atmet das Gefühl von „Holidays forever". Entspannung wird hier schnell zum Dauerzustand. Ich gründete trotzdem! Oder gerade deswegen. Ich liebte die Herausforderung! Mein erster Schritt: Mitarbeiter suchen. Als die ersten Bewerbungen kamen, musste ich schlucken. Sie waren ohne Lebensläufe oder Motivationsschreiben. Manchmal stand in der E-Mail nur eine Telefonnummer und der Hinweis: „Please contact me." In den letzten fünf Jahren hatte ich gelernt, Unterschiede zwischen Europa und Afrika gelassener hinzunehmen. Aber diese Form von Bewerbungen konnte ich beim besten Willen nicht akzeptieren! Mein nächster Schritt war die Zusammenarbeit mit einer Vermittlungsagentur. Super Service, eine tolle Präsentation der Leistungen, ein gut ausgearbeiteter Fragenkatalog, eine transparente Vorstellung der Kandidaten. Aber trotzdem – so wurde das nichts! Die Zeit lief mir weg: Mein Markt ist spezifisch, die Einarbeitungszeit der Bewerber lang – das Ergebnis würde fraglich bleiben. Und es bestand immer die Gefahr, dass so ein Mitarbeiter das Interesse verlieren würde. „Nein", dachte ich, „so lange kann ich gar nicht vor Ort bleiben." Mir blieb nur eines übrig: Erst mal selbst einen einzigen Mitarbeiter zu finden, um die Bürostruktur anzulegen und sie später weiter auszubauen. Der im ganzen Land virulente Fachkräftemangel war in Kapstadt besonders ausgeprägt – ich würde also intensiv suchen müssen… (bmz.de).

Aus 66 mach eins

Nach mehreren Anzeigen im großen Onlineportal Gumtree für „Office Manager", „Projektmanager" und „Sales Manager" machte ich einen Termin, um die Bewerber zu interviewen. Alles lief erst einmal nach Plan. Der Fragenkatalog war in meinem Kopf, der Raum für die Probearbeit war technisch ausgestattet – alles sollte eigentlich gut klappen. Die Bewerberinnen und Bewerber kamen ansprechend gekleidet und parfümiert; alle sahen gut aus und wussten, was sie wollten. Die niedrigste Gehaltsvorstellung lag bei 15.000 ZAR (Südafrikanische Rand) monatlich, was ca. 1000 EUR bedeuten würde. Die bombastischste Vorstellung waren 80.000 ZAR und kam von einem Mann, der sogar eine Blume in Revers trug. Das war recht happig, denn die Löhne in Kapstadt sind im Landesdurchschnitt eher niedrig: Eine Kassiererin in einem Supermarkt bekommt ein Monatsgehalt von etwa 3000 Rand. Normale Büroangestellte ohne Führungsaufgaben verdienen ca. 3000 bis 4000 Rand im Monat (kapstadt-entdecken.de). Aber das konnte ich noch verhandeln …

Es wurde ein kleiner Marathon: 66 Bewerber hatte ich für diese Stelle eingeladen. Zu einem Gruppeninterview! Das war eher ungewöhnlich für diese Männer und Frauen, die den Job in dem neuen Büro haben wollten. Die Vorstellungsrunde nach meiner Präsentation befreite mich gleich von der Hälfte. Es blieben diejenigen, die sich sicher waren, für diesen Job geeignet zu sein. Bei den Einzelgesprächen danach tauchte ich tiefer und tiefer in verschiedene Ausbildungsprofile, Arbeitseinstellungen und Qualifikationen ein. Es bot sich eine breite demografische Struktur: Mütter, die ihre Kinder nicht bei sich hatten, Männer, die einen Job hatten und sich auf den Weg zu einem besseren Gehalt machen wollten, Studenten, Arbeitslose und hoch bezahlte Restaurantmanager, die vor ihren Überstunden weglaufen wollten. Alles war dabei. Die gebotene Vielfalt zwang mich, mich zu fokussieren: „Nach was suche ich eigentlich?"

In Deutschland hatte ich mich früher meistens an meiner Teamleiterin in Köln orientiert. Bei jeder weiteren Einstellung wünschte ich mir, ihre Power zu spüren und ihre Entschlossenheit zu sehen. Jetzt, nach dreizehn Jahren Zusammenarbeit mit ihr, stelle ich auch Menschen ein, die andere Qualitäten haben und eine andere Generation vertreten. Die Werte, die Präferenzen, der Lebensstil haben sich geändert und die Menschen auch. Ein wunderschöner Mix von Kulturen, Nationalitäten und Berufserfahrungen bildet heute das internationale Gesicht meiner Firma in Europa …

Aber zurück nach Kapstadt. Es ging in die dritte Runde: Von der Hälfte war wieder die Hälfte übrig geblieben. Jetzt brauchte ich nur noch einen Satz, mit dem der Bewerber mich überzeugen sollte. Ich drehte den Kandidaten meinen Rücken zu und verließ mich nur auf mein Gehör. Schließlich kam der Volltreffer: „I will be able to structure the work with drive!" Gebongt! Ich drehte mich um und reichte der Frau, die gerade gesprochen hatte, meine Hand: „Welcome on board!", sagte ich und schaute auf den Lebenslauf: Geboren in Zimbabwe, ein Kind, etwas über ein Jahr alt, lebt beim Vater. Ich war erleichtert: Mein Los war wieder nicht einfach, aber menschlich!

Achtung, Baustelle!

Zu Hause angekommen, merkte ich nach einiger Zeit leider: Kapstadt funktionierte nicht! Dasselbe Land, dasselbe Konzept, dieselbe Mission wie in Johannesburg! „Was stimmt da nicht?", fragte ich mich und wartete ungeduldig darauf, endlich wieder ins Flugzeug zu steigen. Ich spannte alle Muskeln an, wie vor dem nächsten Marathon – so eine Bedeutung hatte die nächste Reise zu meiner Firma dort für mich …

Literatur

Beis, Elena (2013): *Fettnäpfchenführer Südafrika*. Conbook Medien, Meerbusch.

Checkdomain: https://www.checkdomain.de/blog/domains-hosting/vergabestellen/ domainendung-mit-besonderheiten-sudafrikas-tld-co-za/, letzter Zugriff am 30.8.2018.

IHK Mittlerer Niederrhein (2015): *Interkulturell kompetent unterwegs in Sub-Sahara-Afrika. Ausgesuchte Geschäftskulturen im Fokus*. IHK, Krefeld/Mönchengladbach.

Socialmediainternational: https://www.socialmediainternational.de/2014/05/19/ das-internet-und-social-media-in-afrika/, letzter Zugriff am 30.8.2018.

Uniteddomains: https://www.united-domains.de/za-domain/, letzter Zugriff am 17.9.2018.

https://addons.prestashop.com/de/content/35-die-bevorzugten-online-zahlungs-methoden-nach-land?pab=1&, letzter Zugriff am 30.8.2018.

http://www.bmz.de/de/laender_regionen/subsahara/suedafrika/index.jsp, letzter Zugriff am 30.8.2018.

http://www.kapstadt-entdecken.de/durchschnittsverdienst-in-suedafrika/16371/, letzter Zugriff am 30.8.2018.

Samthandschuhe oder: Wie viel Rache ist erlaubt?

Eine völlig neue Erfahrung für mich – Überraschung! – Gerechtigkeit ist Ansichtssache – Wie ist die Lage? – In die nächste Instanz – Der E-Mail-Beweis – Rache? Kein Bedarf!– Inside South Africa – Wo der Wind weht – Mein einsames Büro – Denunzieren übers Web?

Sie kam alleine zur CCMA (The Commission for Conciliation, Mediation and Arbitration). Zwei Minuten vor dem festgelegten Termin. Es war für mich eine neue und befremdliche Situation. Ich wusste nicht wirklich, wie ich mich verhalten sollte. Ich sah die junge Frau an, die ich vor drei Monaten eingestellt hatte und glaubte einfach nicht, dass sie wirklich diese frustrierenden Ausführungen über eine angeblich ungerechtfertigte Kündigung geschrieben hatte. Nandi jedoch war ganz entspannt, grüßte uns freundlich und trat ins Zimmer des Schlichters.

In dem Zimmer war es heiß und unglaublich laut von der alten Klimaanlage. Nandi war wunderschön angezogen, gepflegt und gut gelaunt. Wir hatten uns drei Monate lang nicht gesehen. Ich war nach ihrer Anstellung von Kapstadt zurück nach Johannesburg und danach nach Deutschland geflogen und kommunizierte in der Folge nur per E-Mail und Telefon mit ihr. Umso größer war meine Überraschung, dass sie sich nach diesen drei Monaten deutlich erkennbar in einem fortgeschrittenen Zustand der Schwangerschaft befand.

© Springer Fachmedien Wiesbaden GmbH, ein Teil von Springer Nature 2019
N. Kostadinova, *Ein Koffer voller Wollen*, https://doi.org/10.1007/978-3-658-23985-5_21

Ich hätte mich gefreut…

Jeder Arbeitgeber kennt das. Wenn wir mit jungen Frauen arbeiten, werden wir direkt nach dem Ehemann oder Freund über das Geheimnis der jungen Mutter informiert. Für mich war das immer ein besonderer Moment. „Ein Lingua-World Baby" dachte ich dann und gratulierte der jungen Mutter von Herzen. Die meisten jungen Frauen arbeiteten bis zum letzten Tag vor dem Beginn des Mutterschutzes bei uns und kamen nach sechs Monaten oder spätestens einem Jahr gern wieder zurück. Es wäre in diesem Fall ein südafrikanisches Lingua-World-Baby gewesen, aber Nandi hatte einen anderen Plan. Der Grund für ihre Anzeige gegen mich bei der CCMA sollte ihre „ungerechtfertigte Kündigung" durch mich sein. Auf die Frage des Schlichters, was sie sich wünsche, antwortete sie: „Gerechtigkeit!". Der Mann hakte nach: „Wie sieht die Gerechtigkeit in Ihren Augen aus, Ms. Qina?". Nandi antwortete schnell: „Sechs Gehälter als Abfindung!"

Ich schaute zu ihr hin und versuchte, Kontakt aufzunehmen: „Nandi, du hast nur drei Monate bei mir gearbeitet, warum soll ich dir sechs Gehälter bezahlen?". Sie antwortete wie aus der Pistole geschossen: „Sie haben mir das Gefühl einer Zukunft genommen, als Sie mir gekündigt haben!". Gekündigt? Ich? Ich war zu dem betreffenden Zeitpunkt in Deutschland gewesen! Ich bot ihr höflich eine ausgezeichnete Empfehlung an, die sie entschieden ablehnte. Die Sitzung ging zu Ende und Nandi stimmte einem zweiten Termin nach nur einer Woche zu. Sie war vielleicht überzeugt, aus dieser zweiten Sitzung mit einem Beschluss in ihrem Sinne herauszugehen, der mich verpflichten würde, ihr die sechs Gehälter innerhalb einer Woche auszuzahlen.

Rechtliche Fallstricke

„Unfair dismissal" warf Nandi mir vor. Tja. Dumm nur, dass ich ihr gar nicht gekündigt hatte! Im südafrikanischen Arbeitsrecht ist fast alles rund um eine Kündigung ein heißes Thema. Viele Arbeitnehmer pokern um eine Abfindung, ohne entlassen worden zu sein. Der Rechtsweg ist einfach: Bei der CCMA wird erst einmal geklärt, ob es überhaupt eine „echte" Kündigung gibt. Gibt es keine, lehnt diese (übrigens kostenlose) Schlichtungsinstanz den Fall ab – sie hat dann keine Jurisdiktion (Lewis 2017). Dem Kläger bliebe der Weg zu einem Labour Court (also zum Arbeitsgericht) aber seine Chancen sind fraglich und ein Verfahren ist teuer (UHY 2018). Anders, wenn es doch eine Kündigung gibt: Dann klärt der *Labour Relations Act* von 1996 (LRA) die Rechte von Arbeitnehmer und Arbeitgeber bei Kündigung und die CCMA kann entscheiden. Bei unrechtmäßiger Entlassung steht dem Arbeitnehmer das Recht auf Wiedereinstellung oder eine

Abfindung zu. Der Arbeitnehmer hat die Beweispflicht für die Kündigung, der Arbeitgeber muss die Rechtmäßigkeit der Entlassung nachweisen. Die hängt wiederum von der Begründung *(substantive fairness)* und vom Vorgehen *(procedural fairness)* ab. Vorsicht dabei: Eine einfache schriftliche Kündigung ist u. U. in Südafrika nicht genug – wir als Arbeitgeber müssen vielmehr sicherstellen, dass die Kündigung auch *verstanden* wird. In einem Land mit so vielen Analphabeten ein wichtiges Detail.

Nach dem LRA sind bestimmte Entlassungsgründe per se unrechtmäßig: etwa Schwangerschaft oder auch die Mitgliedschaft in einer Gewerkschaft. In Südafrika gibt es überhaupt nur drei reguläre Gründe für ein Kündigung: Arbeitsunfähigkeit *(incapacity)* infolge von Krankheit, Unfall oder ungenügender Arbeitsleistung, ein Vergehen oder Verbrechen *(misconduct)* oder veränderte geschäftliche Bedingungen für das Unternehmen *(operational requirements)* (Leistner 2018). Kündigungsfristen und Abfindungen sind allerdings nicht vergleichbar mit Deutschland – sie sind deutlich kürzer und geringer. Hätte ich es gewollt, hätte ich Nandi im Vorfeld wegen *incapacity* mit nur einer Woche Kündigungsfrist sang- und klanglos entlassen – ihre Arbeitsleistung war ein Diskussionspunkt zwischen uns gewesen (Basic Guide to Termination CCMA).

In Deutschland ist die Lage differenzierter. Wir haben als Arbeitgeber mehr Spielraum. Gültige Entlassungsgründe sind diverser, es geht um „Leistungsfähigkeit" (wenn der Arbeitnehmer nicht die geforderten Leistungen erbringt oder bezüglich seiner Qualifikationen gelogen hat), um „Verhalten" (Vergehen oder Verbrechen, etwa Diebstahl von Firmeneigentum oder auch rassistische oder beleidigende Äußerungen, unerlaubtes Fernbleiben von der Arbeit, regelmäßige Verspätungen und einiges mehr). Dann gibt es die berühmte „betriebsbedingte Kündigung" mit sehr klaren gesetzlichen Richtlinien. Ein „wilder" Personalabbau, so wie man es gerade brauchen kann, oder um einen bestimmten Mitarbeiter loszuwerden, geht natürlich nicht. Aber auch bei „Gesetzesverstößen"(zivil- oder strafrechtlicher Natur), die sie außerhalb der Arbeitszeit begehen, müssen Arbeitnehmer eine Kündigung hinnehmen. Und dann sind da noch die „sonstigen Gründe" – eine Bestimmung, die Arbeitgebern einen gewissen Schutz vor Arbeitnehmern bietet, die entlassen werden „möchten", um dann juristisch dagegen vorzugehen. Allerdings sind hier die Kündigungsfristen länger und die Abfindungen (wenn welche gezahlt werden) höher. Und: Viele Unternehmer neigen tatsächlich dazu, stillschweigend zu zahlen, statt sich vor Gericht zu streiten und einen Reputationsschaden zu riskieren (Trepp 2016).

Justice reloaded

Aber zurück nach Kapstadt. Die erste Sitzung wurde ohne Ergebnis geschlossen, und für mich war deutlich: Ich muss nächste Woche wieder dort sein. Mein Anwalt Wilder und ich gingen in ein portugiesisches Restaurant zum Mittagessen. Ich fragte und fragte und fragte. Es war klar, selbst wenn ich diese sechs Gehälter bezahlen müsste, wäre es keine Katastrophe – nur ärgerlich. Ich überlegte sogar laut, ob ich nicht „Samthandschuhe anziehen" und zustimmen sollte, um Nandi in ihrer Schwangerschaft zu unterstützen. Tausende Gedanken hatte ich im Kopf! Ich fragte mich, ob das Kind einen Vater hatte, wann sie entbinden würde, ob sie überhaupt irgendwann einmal arbeiten würde? Sie war als Journalistin ausgebildet und ein intelligentes Mädchen. „Wozu dieses Theater?!", fragte ich meinen Anwalt. Wilder aber hörte mir kaum zu – er war mit dem leckeren Essen beschäftigt. „You never know", sagte er am Ende kryptisch und ließ alle meine Fragen offen. Dennoch verließ ich mich auf ihn als Anwalt. Ich wusste viel über die Rechtslage in Südafrika, aber längst nicht alles. Das war sein Job. Ich saß bei den Terminen als seine Begleitung und wollte persönlich für meine Sache einstehen, aber er war der Profi!

Als ich eine Woche später zum zweiten Termin erneut nach Kapstadt kam, hatte ich gar keinen Termin! Die Sitzung sollte am Freitag stattfinden. Am Donnerstagabend konnte mein Anwalt mir noch immer nicht sagen, wann ich erscheinen sollte. Die Gerichte arbeiten am Freitag nicht lang und ich befürchtete, umsonst gekommen zu sein. Um zehn Uhr traf ich Wilder bei der CCMA in der Darling Street. Irgendwie wurde der Termin zusammengebastelt. Die Büromanagerin rief Nandi an, und zwei Stunden später saßen wir wieder zusammen. Diesmal waren wir in einem richtigen Gerichtssaal und die Sitzung wurde aufgezeichnet. Meine Suche nach Gerechtigkeit wurde schließlich belohnt! Ich musste Nandi keine sechs Gehälter zahlen, weil ich ihr nicht gekündigt hatte: Ein Schreiben aus meinem Hauptsitz in Johannesburg beinhaltete klar und eindeutig meine Bitte an sie, zurück an ihren Arbeitsplatz zu kommen, weil ich sie zehn Tage später besuchen wollte. Es war keine komplizierte Sache, das Schreiben vorzulegen, das Nandi per E-Mail erhalten und sogar beantwortet hatte. Ich höre noch heute die Frage des Richters: „Warum sind Sie nicht zurückgekommen Ms. Qina? Sie hatten doch das Schreiben Ihres Arbeitgebers bekommen und gelesen?" Darauf antwortete Nandi nicht mehr. Ich aber richtete meinen Blick nach innen und fragte mich: „Warum bin ich hier? Um mich zu rächen?" Nandi schaute mich nicht mehr freundlich an. Ich hatte sie enttäuscht! In ihren Augen war ich die Frau, die nach Südafrika gekommen war, um den Menschen zu helfen! Und jetzt? Jetzt wollte ich „nur sechs

Gehälter" nicht bezahlen! Das Geld hätte sie so sehr und besonders jetzt gebraucht!

Kein Einzelfall

Ich kannte das natürlich! Das Leben einer Mutter ohne Geld in Afrika war für mich nichts Neues. Und mein Einsatz war vor allem den Frauen gewidmet! Ich versuchte jeden Tag, sie zu entwickeln und ihnen zur Unabhängigkeit zu verhelfen. Statistiken sind eine Sache, aber wenn ich vor Ort bin, werde ich täglich mit den Fakten konfrontiert: Fast 40 % der Kinder in Südafrika werden nur von ihren Müttern großgezogen! Und nur ein Drittel wächst überhaupt in Haushalten mit beiden Elternteilen auf. Dafür gibt es viele Gründe. Die meisten stammen aus der Geschichte des Landes: Die Rassentrennung zwang viele schwarze Männer, zu Wanderarbeitern zu werden – in den Homelands gab es keine Arbeit. Oder Aids: Die Krankheit führt dazu, dass viele Kinder nur mit einem Elternteil oder bei der Großmutter aufwachsen. Und Heiraten ist in Südafrika sowieso ein teurer Spaß, weil der Bräutigam nach Xhosa-Tradition einen hohen Brautpreis an die Schwiegereltern bezahlen muss: Kühe, Ziegen oder einen Stapel Bargeld (Bröll 2013). Dazu kommt: Verheiratete reichen immer öfter die Scheidung ein. Schon seit 2008 haben schwarze Ehepaare die weiße Minderheit bei der Zahl der Scheidungen überholt. Viele jüngere Frauen allerdings steuern aktuell gegen den Trend: Sie haben gute Noten und wollen studieren, vielleicht Anwältin werden. Oder etwas anderes Qualifiziertes – Hauptsache, auf eigenen Füßen stehen. Familie planen sie dann für später … (Putsch 2015).

Wir alle verließen schließlich das Gericht: mein Anwalt Wilder, seine Junior-Anwältin, meine Praktikantin aus Deutschland und Nandi. In der Darling Street war es warm und windig. Der Wind wehte unsere Abschiedsworte und Dankfloskeln hinweg. Aber ein Echo kam zu mir zurück. Mir schien, dass ich das Wort hörte, wofür ich diesen ganzen Aufwand getrieben hatte: „Gerechtigkeit!" Ich drehte mein Gesicht in den Wind und erwiderte dem Echo: „Ich habe meine Pflicht getan!"

Ich hatte „gewonnen". Aber mein Büro in Kapstadt war nun verwaist – ich musste wieder auf die Suche gehen. Zwar kann ich in Südafrika mit geschlossenen Augen eine Anzeige in „Gumtree" posten und schnell viele Bewerbungen bekommen. Aber: Menge ja, Qualität nein. Und warum? Weil die Menschen dort so sportlich mit dem Internet umgehen! Ich habe es oben schon gesagt: Oft senden sie aus ihrem Smartphone höchstens einen gespeicherten Lebenslauf und ergänzen prosaisch: „Please contact me!" Nicht schlecht, nur die meisten hätten die Anzeige zuvor lesen sollen!

Die Anforderungen sind dazu da, um erfüllt zu werden. So viele Gedanken machen sich die Menschen dort aber nicht. Wenn sie zurückgerufen werden, nutzen sie das Telefonat oft, um zu betonen, wie sehr sie das Geld brauchen. Ihre Qualifikationen sind dabei oft zweitrangig. Deshalb hatte ich es in Südafrika auch mit Personalagenturen probiert und Geld investiert, um gute Mitarbeiter mit den entsprechenden Qualifikationen zu finden. Naja, ich würde auch das wieder hinbekommen…

Onlinespielchen

Noch ein letztes Wort zum Thema Rache. Die funktioniert natürlich auch anders herum. Ein Blick ins Internet kann beunruhigend sein: Es gibt eine Fülle von Bewertungsportalen für Arbeitgeber, die echter oder gefakter Rache Tür und Tor öffnen. Oft ist es so einfach, einen aktuellen oder ehemaligen Arbeitgeber (oder sogar irgendein Unternehmen, bei dem man noch nie zuvor gearbeitet hat) mit einer schlechten Onlinebewertung zu schädigen. Wie gehen wir als Unternehmer mit so etwas um? Müssen wir wegen so einer simplen Manipulationsmöglichkeit in Angst leben? Ich sage dazu ganz gelassen „nein". Dafür ist diese Social-Media-Sparte einfach nicht mächtig genug. Und ich bezweifele auch, dass sie es jemals werden wird: kununu.com etwa wirbt als „größtes Portal" mit rund 300.000 Arbeitgeberbewertungen. Schauen wir genauer hin, betrifft dies aber ungefähr 88.000 bewertete Firmen – wirkliche Durchschlagskraft sieht anders aus … (Justitz 2013).

Mein Fazit: Rache ist überbewertet, aber die Suche nach Gerechtigkeit ist unsere Unternehmerpflicht!

Literatur

Basic Guide to Termination. Online verfügbar unter: http://www.labour.gov.za/DOL/legislation/acts/basic-guides/basic-guide-to-termination, letzter Zugriff am 16.8.2018.

Bröll, Claudia (2013): *Die Kämpferin.* In: NZZ online vom 5.3.2013. Online verfügbar unter: https://www.nzz.ch/die-kaempferin-1.18162011, letzter Zugriff am 23.8.2018.

Justitz, Robert (2013): *Likes & Leads: Gefakte Rache.* Fachbeitrag. Online verfügbar unter: https://www.business-wissen.de/artikel/likes-leads-gefakte-rache/, letzter Zugriff am 16.8.2018.

Leistner, Christoph (2018): *Über den LRA.* Online verfügbar unter: http://www.deutscheranwaltsuedafrika.de/news/2012/2/24/arbeitsrecht/, letzter Zugriff am 23.8.2013.

Lewis, Rushaan (2017): *The Jurisdiction of the CCMA where No Dismissal Took Place.* Online verfügbar unter: https://ceosa.org.za/the-jurisdiction-of-the-ccma-where-no-dismissal-took-place/, letzter Zugriff am 23.8.2018.

Putsch, Christian (2015): *Es bleibt in der Familie: Südafrika.* In: Die Welt online vom 8.9.2015. Online verfügbar unter: https://www.welt.de/print/welt_kompakt/print_lifestyle/article146133991/Es-bleibt-in-der-Familie.html, letzter Zugriff am 23.8.2018.

Trepp, Claudio (2016): *Wer hat Anspruch auf Abfindung? Ein Überblick.* Online verfügbar unter: https://www.berufsstrategie.de/nachrichten-jobwelt-bewerbung/WerhatAnspruchaufAbfindung.php, letzter Zugriff am 23.8.2018.

UHY International (2018): *Doing Business in South Africa.* PDF. Online verfügbar unter: http://www.uhy.com/wp-content/uploads/Doing-Business-in-South-Africa2.pdf, letzter Zugriff am 23.8.2018.

Frischer Chancenblick – Lingua for Growth!

Übersetzen: klassisch und modern – Ich will mehr, aber was? – Die ganze Welt in einem Onlineshop – Holland revisited – Zu teuer? Zu langsam! – Die Großen wissen, wo's lang geht – Stolperfallen, charmante Unterschiede und dünnes Eis.

Vor Jahren bekamen wir den Auftrag von einem Manager eines großen Konzerns, Unterlagen für ein anstehendes Meeting in China zu übersetzen. Er war spät dran: Kurzfristig kamen immer wieder neue Texte per E-Mail. Die letzten Seiten schickte er uns noch, kurz bevor er zum Flughafen fuhr. Wir haben es damals dank unseres 24-h-Services trotzdem irgendwie geschafft: Der Manager erhielt seine gesamte Dokumentation auf Chinesisch beim Aussteigen am Flughafen in Shanghai direkt in sein E-Mail-Konto. Damals war das eine große Sache, jetzt ist es nicht mehr der Rede wert. Heute können wir einem Unternehmer in Indien die Gebrauchsanweisung einer deutschen Maschine über Nacht in Hindi oder Urdu übersetzen lassen, sodass dessen indische Mitarbeiter dort ab acht Uhr morgens den Anweisungen in den eigenen Sprachen folgen und die Bedienung der Maschine starten können. Die beiden Fälle sind Standards – jeder für seine Zeit. Sie betreffen unsere Kernkompetenz, dafür sind wir schließlich eine Übersetzungsfirma.

I want more!
Das dachte ich aber jedes Mal, wenn wir wieder eine erfolgreiche Lösung für eine typische Übersetzungsherausforderung gefunden hatten. Und ich wollte wirklich mehr! Weil mich der Service als solcher faszinierte. Als Unternehmerin war ich nur dann begeistert, wenn meine Kunden schneller, unkomplizierter und letztendlich bequemer alle gewünschten Leistungen von Lingua-World

© Springer Fachmedien Wiesbaden GmbH, ein Teil von Springer Nature 2019
N. Kostadinova, *Ein Koffer voller Wollen*, https://doi.org/10.1007/978-3-658-23985-5_22

bekamen. Aber bekamen sie die? Dass die Kunden Übersetzungen wollten und damit ihren Job transparenter und sicherer machen konnten – prima. Aber das war mir längst nicht mehr genug! Die Zeiten änderten sich rasant schnell, und ich wollte mehr bieten. Mehr als nur übersetzen! Dabei war Schnickschnack nie mein Ziel – es ging schlicht und ergreifend um Simplizität und Vertrauen. Was konnte ich noch tun? Der Mehrwert, den ich geben wollte, sollte außerhalb unseres bisherigen Bereiches liegen. Ich fühlte, dass da Dinge waren, die ich noch entdecken musste! Ich wollte eine Schnittstelle zwischen unserer eigenen Erfahrung als Global Player, der bereits mehrere erfolgreiche Positionierungen in ausländischen Märkten hatte, und dem Übersetzen …

Zunächst dachte ich an die Kunden, die ihre Produkte über Onlineshops in anderen Ländern vermarkteten. Von ihnen bekamen wir seit Jahren die Passwörter, sodass sich unsere Übersetzter direkt in den betreffenden Onlineshop einloggen und virtuell „vor Ort" übersetzen konnten. Wir organisierten die Sprachspezialisten, kommunizierten mit den Internetfirmen der Kunden und am Ende stand dann jede Änderung, jede Ergänzung oder jedes neue Produkt in dem Onlineshop in der jeweiligen Sprache des Ziellandes. Es war eine gute „Hand in Hand"- Zusammenarbeit, aber meine Fragen blieben: Ist gut gut genug? Sind unsere Kunden jetzt erfolgreicher? Ist das alles?

Lederhandschuhe auf Japanisch

Einen deutschen Onlineshop in verschiedenen Ländern zu betreiben, ist ja eine ganz normale Sache. Oder? Schauen wir uns den Onlineshop von Rakuten aus Japan (https://www.rakuten.co.jp/) an, sehen wir sofort: „Nein, das ist alles andere als normal!" Die japanische Version ist bunt, überfüllt, mit Beschriftungen zugepflastert und wirkt für uns einfach fremd. So gehört es sich auch: Wir verstehen diese Seite auf Japanisch nicht – sie ist nicht für uns gemacht! Wir wollen doch nicht extra Japanisch lernen, um z. B. ein Paar Lederhandschuhe in einem der Shops bei Rakuten zu kaufen. Aber das müssen wir auch nicht, denn zu diesem Zweck hat der schlaue Rakuten extra eine „deutsche" Seite in seinem Onlineshop. Ich sage bewusst nicht „eine Seite auf Deutsch", sondern „eine deutsche Seite". Das bedeutet, dass sie auch deutsch wirkt: Nämlich aufgeräumt, strukturiert, deutlich, nicht übermäßig bunt oder beschriftet und mit Preisen in Euro. Gut für uns: Denn dort möchten wir uns tummeln und shoppen. Meine grauen Zellen arbeiteten, und 2015 merkte ich, was meine Kunden brauchen: Lingua-for-Growth! Das war mein kleines Bonbon für diejenigen, die eine Webseite, einen Webshop oder eine Imagebroschüre in viele Sprachen übersetzen lassen wollten. Ich dachte zurück an meine Erfahrungen in den Niederlanden: Dort hatte ich gelernt, die Grenzen zwischen den Kulturen nicht zu missachten.

„Die Übersetzung alleine reicht nicht!"

Das wurde mein neuer Slogan. Ich brach die Grenzen unserer Branche auf und definierte sie neu. Diese Herausforderung entfachte mein unternehmerisches Feuer. Ich war Tag und Nacht mit der Umsetzung meiner Idee beschäftigt. Der Erfolg kam nicht sofort, aber er kam: Der Claim brachte unsere Kunden zum Nachdenken. Dann kamen die Anfragen. Farben, Design, Bilder, Texte, Kontaktinformationen, Zahlungssysteme, Social Media, Newsletter, Blog – all das hatten wir als die Komponenten identifiziert, durch die Kernaussagen eines Unternehmens in einem anderen Land über das Internet vermittelt werden. Unsere Beratung zu der neu entwickelten Leistung machten wir zunächst telefonisch. Auftragspotenzial gab es reichlich: Wenn wir ein Angebot für die Übersetzungen einer Webseite in mehrere Sprachen abgaben, entdeckten wir Kunden, die nicht einmal ihre Kontaktseite aus Deutschland an den jeweiligen anderen Markt angepasst hatten, obwohl die Firma längst Vertreter in dem Land hatte. Auf unsere Frage „Wollen Sie auch inhaltliche Änderungen vornehmen?" antworteten allerdings die Mitarbeiter aus den Marketingabteilungen oft: „Später vielleicht, jetzt ist es uns wichtig, dass unsere Kunden im Ausland die Verantwortlichen in Deutschland sehen können". (Gähn! Dieses Argument sticht nur dort, wo die Vertrauensbasis zu den ausländischen Vertretern noch nicht aufgebaut ist und die Zusammenarbeit noch nicht einwandfrei läuft.)

Wer die kulturellen, religiösen, politischen und letztendlich individuellen Bedürfnisse der User in anderen Ländern ignoriert, macht einen großen Fehler! Und die meisten falschen Entscheidungen auf diesem Gebiet treffen nicht die Konzerne, sondern die mittelständischen Betriebe. Solche Langsamkeit und Schwerfälligkeit sind in unserer schnelllebigen Welt schlechte Berater. „Das alles zu ändern ist zu teuer", hörten wir oft – hören wir manchmal heute noch. „Eine Übersetzung ins Englische reicht erst einmal, unsere Kunden kennen uns", war in einigen Fällen die (besser nachvollziehbare) Argumentation. Schön, wenn Sie genug Kunden haben! Aber was, wenn Sie neue Kunden gewinnen wollen? Die Welt ändert sich, und wir müssen uns auch ändern. Vor allem der Mittelstand produziert in Deutschland für den Export. Ja, die Kunden schätzen die hochwertigen deutschen Produkte, aber die Konkurrenz wird härter. Sie müssen Ihre Produkte im Web angemessen präsentieren, wenn Sie im Wettbewerb bestehen wollen.

Und das Web ist nicht nur vielsprachig und global, sondern auch national geprägt und divers!

Willy Brandt hatte den Durchblick

So sagte ich mit „Lingua-for-Growth" eingerosteten Webpräsenzen den Kampf an! Mir ging dabei der Spruch des Altbundeskanzler Willy Brandt im Kopf herum – genial für seine Zeit: „If I'm selling to you, I speak your language. If I'm buying, dann müssen Sie Deutsch sprechen." Dieses Bonmot ist immer noch aktuell! Wenn wir Sprache nicht nur als linguistische Eigenart betrachten, sondern als Sammelbegriff für die Kommunikation und den Ausdruck der Mentalität eines Landes, müssen wir die Botschaft Willy Brands heute weiter anwenden. Ein Land kommuniziert nicht nur durch seine Sprache, sondern auch durch seine Kultur, Politik, Religion, Geschichte und … vieles mehr.

Wir adressierten unsere Botschaft also an die mittelständischen Betriebe. Eine Reihe von Workshops führte uns zu diversen IHKs in Deutschland. Unsere Message fiel auf fruchtbaren Boden, und wir erstellten u. a. die der Abb. 1 gezeigten „Die 7 Goldenen Regeln für die Lokalisierung" als Unterstützung für die Kunden, die an ihrer Internationalisierung im Web arbeiten wollten. Wir passten das Projektmanagement für die Übersetzungen und für die Lokalisierungen aneinander an. Ich ließ Mitarbeiter bei einem Spezialdienstleister und Lokalisierungsinstitut in den USA schulen. Und wir arbeiteten mit Hochdruck an weiteren Publikationen zu den Web-Spezialitäten einzelner Länder.

Scheich fährt Mini?

Auf diese Idee war die ganze Lokalisierungsbranche im Bereich Software für die großen Konzerne schon längst gekommen: Auf den Seiten der Global Player kann man viel lernen. Es gab vor ein paar Jahren ein Foto auf der Seite von BMW-Mini in Taiwan, das junge Menschen zeigte. „Klar, das ist die Zielgruppe", dachten wir – bei den kleinen, schnellen und spritzigen Autos. Zur gleichen Zeit aber präsentierte sich BMW-Mini im Mittleren Osten mit dem Foto eines etwas älteren sehr attraktiven Scheichs. Der würde sicherlich lieber einen BMW 7 als einen Mini fahren … oder? Jetzt waren wir verwirrt! Aber: Er ist der Entscheidungsträger und gegebenenfalls der Geldgeber – also doch die Zielgruppe! Und wiederum auf den Seiten von BMW-Mini können wir die Unterschiede bei dem Aufbau der Kontaktseiten bewundern, die z. B. in Peru mit Bildern der Verkäufer ausgestattet waren: In Südamerika ist es wichtig, dem Käufer gleich die „Vertrauenspersonen" zu präsentieren, an die man sich wenden kann.

7 Goldene Regeln für die Lokalisierung

Erfolgsfaktor Internationalisierung
Checkliste

	erfüllt	in Bearbeitung	nicht erfüllt

1. Kulturdimension
- Sind die Inhalte der Website in kultureller, politischer oder religiöser Hinsicht auf das Zielland geprüft worden?
- Enthält die Website Inhalte, die problematische Reaktionen hervorrufen könnten?
- Wurden die Inhalte der Firmen-Policy (Leitbilder, Werte etc.) auf die Anforderungen des Ziellandes angepasst?

2. Vorbereitung
- Wurde eine gründliche Marktforschung im Zielland durchgeführt?
- Sind die eigenen Produkte und Dienstleistungen auf den Zielmarkt hin angepasst? Decken sich die Schwerpunkte mit den Anforderungen?
- Sind alle Inhalte der Website erfasst, die in die Übersetzung und Lokalisierung gehen sollen?
- Sind die avisierten Zielgruppen der Website festgelegt?

3. Sprache
- Sind alle Inhalte professionell übersetzt worden?
- Wurde das Unternehmens-Wording beachtet?
- Wurden regionale Besonderheiten beachtet (z. B. in der mehrsprachigen Schweiz)?

4. Bilder und Motive
- Wurde das Design der Website (Farben, Symbole, Bilder, Infografiken) auf kulturelle Besonderheiten des Ziellandes geprüft?
- Sind Farben, Symbole und Bilder kulturneutral gehalten?

5. Formale und rechtliche Standards
- Sind Preise, Längen- und Maßeinheiten, Uhrzeit-, Datums-, Telefon- und Adressangaben dem Zielland angepasst?
- Sind rechtliche Bestimmungen oder Beschränkungen innerhalb des Ziellandes beachtet worden (Impressum, Datenschutzrichtlinien, AGBs)?
- Wurden Links und Dokumente zum Download für das Zielland übersetzt und lokalisiert?

6. Kontakt und Kommunikation
- Können Kunden und Geschäftspartner auf der Website gemäß ihren lokalen Gewohnheiten Kontakt zum Unternehmen aufnehmen?
- Sind Ansprechpartner für das Zielland vorhanden, die die jeweilige Sprache sprechen?
- Sind alle Kontaktinformationen der Ansprechpartner (inkl. Bilder, Hintergrundinfos etc.) für das Zielland verfügbar und lokalisiert?
- Sind Kontaktformulare so aufbereitet, dass diese verschiedene Eingabeformate verarbeiten können?
- Sind Karriereseiten auf die Anforderungen des Ziellandes ausgerichtet?
- Ist ein eventueller Kunden-Login auf die Website des Ziellandes angepasst?

7. Technische Besonderheiten
- Erlaubt die Programmierung der Seite bzw. das CMS ggf. eine Ausdehnung auf weitere Sprachen?
- Lässt sich die Navigation der Seite leicht auf die Sprache oder Schreibrichtung und das Nutzerverhalten im Zielland anpassen?
- Sind Schriftarten und Corporate Design so gewählt, dass diese ohne Weiteres in andere Zielländer übertragen werden können?
- Wurde die Suchmaschinenoptimierung an die Anforderungen des Ziellands angepasst, etwa mithilfe neuer Keywords?
- Sind weitere technische Dienste (Social Media, Chats) mit in die Lokalisierung eingebunden?
- Sind die Inhalte der Website auf geringere Übertragungsgeschwindigkeiten im Zielland ausgerichtet?

Abb. 1 Sieben goldene Regeln für die Lokalisierung Ihrer Website

Und hier weiterer Lesestoff für Sie, wenn Sie im Web nicht „durch und durch deutsch" erscheinen wollen:

Reise durch den Web-Dschungel

In welches Land Sie auch expandieren möchten, die Webseite Ihres Unternehmens ist die erste Visitenkarte, die Sie hinterlassen. Deshalb sollte sie unbedingt mehrsprachig sein, wenn Sie sich weltweit an Kunden und Geschäftspartner wenden wollen. Aber das ist absolut basic. Die pure Übersetzung ihrer deutschen Seite führt selten zum Ziel. Bildmotive, Leserichtung und vieles mehr auf Ihrer Webseite müssen an die Gewohnheiten des jeweiligen Landes angepasst werden. Damit Ihre neuen Kunden Sie finden, müssen Sie außerdem in die Sichtbarkeit in Suchmaschinen investieren. Ihre Inhalte sollten unbedingt SEO-optimiert sein. Das ist für viele Unternehmen immer noch ein Buch mit sieben Siegeln, dabei ist das Prinzip einfach: SEO verbessert die Sichtbarkeit in den Suchmaschinenrankings von Google, Yahoo und Co. Mit Hilfe von Keywords, Schlüsselbegriffen, die dem Suchverhalten der Nutzer entsprechen, soll die Auffindbarkeit der eigenen Webinhalte möglichst verbessert werden. Dazu werden auf der Website Textpassagen, Bilder und Videos so ausgewählt und positioniert, dass die Suchmaschinen die eigene Website weit oben in ihren Suchergebnissen platzieren. Das ist oft tricky, weil die Algorithmen der Suchmaschinen sich ständig ändern. Entsprechende Fachleute einzukaufen, ist unerlässlich. Wichtig ist vor allem, SEO als ganzheitlichen, kontinuierlichen Prozess zu begreifen. Dazu gehört zum einen die Onpage-Optimierung, also etwa die Entwicklung von Keywordstrategien, die Analyse des Suchvolumens und die Verkürzung der Ladezeiten. Zum anderen zählt die sogenannte Offpage-Optimierung dazu. Dabei geht es um den Linkaufbau und um Content Marketing, also darum, wie Sie Ihre Inhalte möglichst wirkungsvoll im Netz verteilen.

Formale Aspekte und rechtliche Anforderungen dürfen Sie ebenfalls nicht links liegen lassen. Ein Amerikaner wird mit Zentimetern als Maßeinheit wenig anfangen können und deutsche Adressformate können selbst im europäischen Ausland schon zu Missverständnissen führen. Und es gibt die weiteren erwähnten Komponenten: Farben, Design, Bilder, Texte, Kontaktinformationen, Zahlungssysteme, Social Media, Newsletter, Blog: Alles läuft anders – überall. Gerade bei Blogartikeln wird z. B. oft nur mit Themen aus Deutschland gearbeitet – es gibt keinen wie auch immer gearteten Bezug zu den Aktivitäten oder Aufhängern in oder aus dem jeweiligen Land! Oder bei Bildern: Sie sind unter Umständen eine große Gefahr für die Wirkung einer Firma in anderen Ländern. Für den Laien ist es vielleicht unglaublich, was für einen negativen Eindruck Bilder hinterlassen können, wenn die Kultur des Ziellandes nicht berücksichtigt wird, aber die Gefahr ist real. Und damit meine ich nicht nur zu viel nackte Haut in muslimischen Ländern. Oft sind die Zusammenhänge unbekannt und nicht so plakativ. Bei der Wahl der Farben gibt es ebenfalls Stolperfallen: Ihre Produkte auf der Webseite sollen mit Qualität und Kraft in Verbindung gebracht werden? In China steht die Farbe Schwarz für Kraft und Qualität. In unserem europäischen Kulturkreis dagegen bedeutet die gleiche Farbe Trauer – nicht verkaufsfördernd! In Südkorea benutzt man die Farbe Blau als Ausdruck von Kraft und Qualität. Auch in der US-amerikanischen Unternehmerwelt ist Blau eine viel genutzte Farbe (besonders im IT-Bereich), aber sie steht dort für Kompetenz und Wissen. Bunte und knallige Farben sind in Indien sehr beliebt, in Südkorea dagegen als ordinär verpönt. Eine Lücke im Farbdesign klafft besonders beim Vergleich der asiatischen und europäischen Webseiten. Wenn Sie auf die richtigen Farben setzen, beeinflussen Sie Kaufimpulse positiv und stärken Ihre Marke auf ganz unterschiedlichen Märkten.

Zahlen? Geschmackssache!

E-Commerce läuft in der Regel global. Deshalb müssen Sie als Betreiber eines Onlineshops die jeweils passenden Bezahlsysteme anbieten. Sonst passiert es schnell, dass ein Kunde den Einkauf abbricht, weil sein bevorzugtes Bezahlsystem nicht zur Verfügung steht. Deutsche Kunden lieben PayPal. Es wird am häufigsten zum Bezahlen genutzt – noch öfter als die Zahlung per Rechnung oder Kreditkarte. Bei den Österreichern und den Schweizern hingegen steht besonders das Plastikzahlungsmittel sehr hoch im Kurs. In Frankreich bezahlt man online gerne mit der „Carte Bleue" – einer Kombination aus Bank- und Kreditkarte, die auch hiesige Banken ausgeben, die aber ausschließlich in Frankreich eingesetzt wird. In China müssen Sie neben der üblichen Kredit- und Debitkarten auch das Onlinebezahlsystem „Alipay" anbieten – immerhin nutzen über 300 Mio. Chinesen dieses Verfahren, um im Netz einzukaufen.

Social Media = Dünnes Eis

Die meisten Unternehmen nutzen Social Media Plattformen bereits für ihre Marketingstrategie. Doch auch hier lauern international Fettnäpfchen und Fallstricke. In China lebt man ganz ohne Facebook, während es in Deutschland mit mehr als 28 Mio. Nutzern noch immer das beliebteste soziale Medium ist. Trotzdem nutzen rund 650 Mio. Menschen in China Social-Media-Plattformen wie Tencent QQ, einen Instant Messenger mit vielen Extrafeatures, oder QZone, eine Plattform, die Facebook zumindest ähnelt. In Russland vernetzt man sich bevorzugt über das Portal VKontakte, das fast schon wie ein Facebook-Klon aussieht. International kann man das deutsche Businessnetzwerk Xing vernachlässigen, dafür lässt sich mit LinkedIn über Landesgrenzen hinweg netzwerken. Aber der wichtigste Aspekt ist immer: Wie kommuniziere ich richtig? Denn soziale Netzwerke leben vom Dialog auf Augenhöhe. Ihr Social-Media-Team sollte also unbedingt mit verschiedenen kulturellen Gewohnheiten und gesellschaftlichen Werten der Länder vertraut sein, in denen Sie sich bewegen. Themen wie Religion und Politik oder auch der Umgang mit Ironie werden ganz unterschiedlich wahrgenommen. Auch der Einsatz von Emoticons, etwa Smileys oder „Daumen hoch", kann schnell nach hinten losgehen: Wenn Zeigefinger und Daumen einen Kreis formen, versteht man das in Deutschland als Zeichen für „in Ordnung". Asiaten oder Australier dagegen deuten das Symbol als beleidigend und obszön. Das alles kann schnell zu einem „Shitstorm" führen, wenn man sich nicht auskennt.

Meine Erfahrung aus mehr als 30 Jahren Business über alle Grenzen hinweg ist: Verständigung bedeutet so viel mehr als nur reden, schreiben und lesen. Verständigung gelingt dann digital, wenn wir die Unterschiede und Bedürfnisse unserer Kunden kennenlernen, akzeptieren und mit Fingerspitzengefühl ansprechen. Das Web bietet uns die größte Chance aller Zeiten, voneinander zu lernen und den Blick zu weiten. Heute erarbeiten wir unsere Projekte oft in internationalen Teams, weil sie die verschiedenen Kulturen und Mentalitäten repräsentieren und verstehen. Wir müssen die Individualität und die charmanten Unterschiede unseres jeweiligen Ziellandes verstehen und nutzen!

Literatur

Rakuten Online-Shop Japan: https://www.rakuten.co.jp/
N.N.: *Durch und durch deutsch*. In: Wirtschaft im Revier. Nachrichten der IHK Mittleres Ruhrgebiet, 12/2015, 12–13.

Der 19. Standort – und kein Ende in Sicht

*Welcome with a huge smile – Gründen via WorldWideWeb – Terminmarathon
vor Ort – Klarer Kopf durch Push-ups – Africa time again – Ein Ausflug in die
Provinz – Endlich angekommen – Business auf Gegenseitigkeit – Mein digitaler
Arm reicht bis nach Afrika – It's magic!*

00.10 Uhr. Mein Flugzeug landet in Kigali, um die Reisenden mit Ziel
Ruanda aussteigen zu lassen. Die nächste Station des Fliegers ist Entebbe
in Uganda. Touristen und ein paar Geschäftsleute überqueren mitten in der
Nacht müde das Rollfeld. Wir stehen am Schalter der Grenzbehörden an
und reichen unsere Pässe für das Visum ein. „The reason for your visit?",
fragt mich ein amtlich wirkendes Gesicht. „I have just founded my com-
pany in Kigali!", antworte ich energisch. Das junge Gesicht verwandelt
sich in ein großes Lächeln, so groß, dass es mein Sichtfeld fast völlig aus-
füllt. „You are coming to give work to our people?" Die Kollegen von den
Nachbarschaltern schauen mich ebenfalls an und gratulieren mir. Kein
Anzeichen mehr von nächtlicher oder frühmorgendlicher Übermüdung. Die
Sonne scheint auf einmal aus meinem kleinen deutschen Pass und verbindet
das Land, aus dem ich gekommen bin, mit Freude, positiven Gefühlen
und Hoffnungen für das eigene Land, das die schlimme Vergangenheit des
Bürgerkriegs noch nicht vergessen kann.

Instant-Gründung
Direkt im Anschluss an diese kurze Unterhaltung sehe ich Grace, meine
Managerin vor Ort, die vor der Ankunftshalle auf mich wartet. Wir haben
unsere Zusammenarbeit vor sechs Monaten begonnen und treffen uns jetzt

© Springer Fachmedien Wiesbaden GmbH, ein Teil von Springer Nature 2019
N. Kostadinova, *Ein Koffer voller Wollen*, https://doi.org/10.1007/978-3-658-23985-5_23

zum ersten Mal persönlich. Das passiert mir oft im Business. Diese Entwicklung einer Vertrautheit, ja Freundschaft, per Telefon und E-Mail, die das erste persönliche Treffen zu einer ganz normalen Begegnung macht. Der erste Gedankenaustausch, die gemeinsamen Aktivitäten und Absprachen führen schon im Vorfeld des „echten" Kennenlernens zu gemeinsamen Ergebnissen – gut und notwendig in unserer Zeit, die so stark von Schnelligkeit geprägt ist. Die Gründung von Lingua-World in Ruanda ist dafür das beste Beispiel. Grace hatte mir eine Liste mit den notwendigen Unterlagen geschickt. Ich ließ schnell die Kopie meines Passes beim Notar beglaubigen und sandte ihr alles zu. Per What's App! Grace ging zum zuständigen Amt und übersandte mir die Registrierungsurkunde zusammen mit der Steuernummer. Fertig! Schnell und unkompliziert.

Jetzt, drei Monate später, wollte ich endlich meine Firma in Ruanda selbst sehen. Büroraum, Einrichtung, Equipment, Domainregistrierung und Webspace, das alles war schon erledigt. Bilder vom fertigen Büro hatte ich natürlich auch bekommen. Nach nur ein paar Stunden Schlaf stürmte ich hellwach zu einem der alten Autos mit einem Taxischild und fuhr zu meinem Büro, um es endlich persönlich in Augenschein zu nehmen. Während der Fahrt sprach Grace ununterbrochen mit dem Fahrer in der Landessprache Kinyarwanda. In einer kurzen Pause informierte sie mich schnell: „Ich verhandele über den Preis. Er möchte zu viel Geld für die Fahrt." Dieses Gespräch würde ich ab meiner nächsten Fahrt selbst führen müssen. Die Entfernung vom Hotel zum Büro betrug nur drei Kilometer und alle Taxifahrer in Kigali haben einen Lieblingspreis für alle Fremden: „20.000 RWF" – das sind 20 EUR! Der von Grace verhandelte Preis betrug nur 4000 RWF, also 4 EUR, und die übernahm ich. Was nicht heißt, dass ich beim Aussteigen nicht doch mehr gegeben habe, aber – auf eigenen Wunsch.

Das Bürogebäude mit dem charmanten Namen „Kigali Heights" war modern, hell und einladend. „Stopp!" Kontrolle beim Betreten des äußeren Geländes. Dann: zweite Kontrolle – beim Betreten des inneren Geländes. Danach: dritte Kontrolle – beim Eintritt ins Gebäude. Taschen, Handys, alles wurde durchgescannt. Wir auch. Die Kontrolleure waren sehr jung und sehr freundlich, und bestrebt, ihre Arbeit gut zu machen. Das gab mir ein Gefühl von Sicherheit. Endlich erreichten wir unser Büro. Überraschung! Als Zeichen der Zugehörigkeit zur Lingua-World hatte Grace zwei der Wände leuchtend grün streichen lassen. Und war stolz darauf … „So far, so good" dachte ich und schaute mich um. Grace führte mich weiter zu einem fantastischen großen Raum mit einer 180-Grad-Aussicht und stellte mich allen Anwesenden vor. Ach so, ich wusste gar nicht, dass ich so schnell beginnen würde zu arbeiten! „Ich habe dir das doch geschrieben", lächelte die junge Frau und stellte mir meine fünf wartenden Gesprächspartner vor. Und das war nur mein erster Termin!

Konkurrenzlos im Web

An diesem Tag hatte ich noch fünf weitere Termine, weil ich einen Dienstleister für die Produktion unserer Webseite in Ruanda auswählen wollte. Das alles dauerte Stunden. Ich versuchte mein Bestes, um während der Gespräche einen tragfähigen Eindruck von den Dienstleistern einerseits und von den speziellen Anforderungen an eine Website in Ruanda andererseits zu bekommen. Alle meine Fragen wiederholten sich schließlich, und ich begann, ein wenig klarer zu sehen. Unter dem Strich stand folgende Essenz der vielen Statements aller Dienstleister: emotional! Eine gute Webseite in Ruanda muss vor allem emotional sein. Willkommen in Afrika – das kannte ich schon. Nebenbei erfuhr ich dann noch, wer vor Ort überhaupt meine Mitbewerber sind. Meiner bisherigen Erkenntnisse zu einer guten Website für meine Branche waren auf Ruanda kaum übertragbar, weil sieben von den zehn Mitbewerbern überhaupt keine Webauftritte hatten! Und jetzt? Brauchte ich vor diesem Hintergrund überhaupt eine Webseite? Würde überhaupt jemand sie anschauen, wenn hier alles anders läuft? Fragen über Fragen, aber natürlich beschloss ich letztendlich, auf jeden Fall einen Webauftritt in Auftrag zu geben. Zum Glück waren Alex und Diana mein letzter Termin: er Entwickler, sie seine Assistentin und Buchhalterin. Dieses Gespräch ging schnell, da Alex so gut vorbereitet war und schon alles über Lingua-World wusste. Kinyarwanda, Französisch, Englisch – das sollten die Basissprachen für meine Webseite werden. Damit die Mission von Lingua-World verstanden wird, wenn die Webseite zum Einsatz kommt. Alex bot mir ein Proposal inklusive eines kleinen Demos binnen drei Tagen an – das klang gut in meinen Ohren!

Bodenhaftung durch Cross Training

Auf dem Rückweg zum Hotel wusste ich nicht mehr genau, wo mir der Kopf stand. Die Müdigkeit und die durch die unterschiedlichen Arbeits- und Sichtweisen entstandene Verwirrung schoben mich unaufhaltsam in Richtung Bett. Ich leistete keinen Widerstand. Einen „neuen, besseren Tag" wünschte ich mir schließlich selbst statt einer „guten Nacht", und schloss in meinem Kopf das Kapitel „Welcome in Ruanda, Nelly!". Am nächsten Morgen beschloss ich, einen richtig coolen Businesstag für mich zu gestalten. Aus Erfahrung weiß ich, dass ich meinem Tagesplan folgen muss, damit ich meinen wunderbaren Elan, den Enthusiasmus und die Freude nicht durch die allgegenwärtigen Missverständnisse verliere. Eine herrliche

Aussicht auf Kigali begrüßte mich im achten Stock meiner Junior Suite und ich sprang in die Sportklamotten. „Business as usual" nenne ich diesen Trick mit dem Sport. Ich bestelle normalerweise einen Personal Trainer im Hotel, direkt nach der Buchung, und gebe als grobe Richtung „Cross Training" an. Irgendein PT kommt dann zu dem Termin und trainiert mich im Hotel-Gym nach seinem Verständnis, mit seinem Tempo und individueller Wiederholungszahl. Es klappt aber immer wunderbar, weil Sportler einfach Sportler sind und sich verstehen wie Musiker – ohne viele Worte. Mein Trainer begann mit dem Warm-up und testete mich. Er war streng und gut und nach dem Training griff ich mir an den Kopf – der war endlich wieder dort, wo er sein sollte. Dann Dusche, Frühstück mit starkem Kaffee – und ab ins Taxi. Die Verhandlung über den Preis war nicht schwer, der Mann sprach kein Englisch. Er: „20.000"!, ich: „4000!" Er: „O. k. – come!" Beim Aussteigen ließ ich mehr Geld in seiner Hand und er sagte höflich: „Thank you!" Also doch Englisch!

Ah, Ruanda, Kigali, schöne Luft, saubere Straßen. Neben unserem Büro sah ich das imposante Gebäude des Convention Centers und das Radisson Blue. Ich ging zügig zur Security und öffnete bereitwillig meine Tasche. Auf meinen Plan standen viele Aufgaben. Ich wählte für den Tag aber nur drei: Bankkonto eröffnen, Kontakt zur GIZ (der Deutschen Gesellschaft für internationale Zusammenarbeit) aufnehmen und einen Buchhalter engagieren. Alles sollte eigentlich ruckzuck gehen. Bei der ersten Bank aber traf ich auf eine unsichere Beraterin, die für jede meiner Fragen zum Chef musste. Ich entschied mich, die Bank von Grace zu kontaktieren und wollte von ihrer Erfahrung im Onlinebanking in Ruanda profitieren. Wir gingen zusammen zur „Bank of Kigali" und stellten uns an. Eine Angestellte kam auf uns zu und fragte, ob ich ein „Foreign Investor" sei. Natürlich! Der Rest ging blitzschnell und mit einer Dosis faszinierender Kompetenz! Auf die Frage nach einem Passfoto von mir zauberte Grace ein Foto von mir aus ihrer Tasche. Ich schaute sie fragend an. „Ich habe es aus Deinem Facebook ausgeschnitten und in einem Fotogeschäft ausdrucken lassen", antwortete sie mit absoluter Selbstverständlichkeit. „Flexibilität pur", dachte ich und atmete erleichtert auf. Nach ein paar Minuten gingen wir mit der Bankangestellten zum Geldautomaten, um mein Passwort zu ändern. Onlinebanking war auch schnell geregelt, und ich schaute zu Grace, um zu zeigen, dass ich ihre Hilfe in diesem Bereich brauchte. Doch das klappte leider nicht! Grace erledigte ihre Bankangelegenheiten immer durch persönliche Präsenz, trotz des Wartens in der Schlange. Ich sprach ihr dennoch die Flexibilität nicht ab, sondern ergänzte still für mich: Flexibilität mit altmodischen Methoden. Auch gut: Ich wusste jetzt, in welche Richtung mein Coaching mit Grace gehen sollte!

Eine große Hilfe sind für mich immer die Jobportale auf der ganzen Welt. In Südafrika, Deutschland, England, Bulgarien, Russland, Lettland hatte ich schon persönlich viele Anzeigen aufgegeben und damit unterschiedliche Erfahrungen gemacht. Hier in Ruanda stand mir ein gigantisches Recruiting bevor. Manchmal arbeite ich mit Partnern, also mit Personalagenturen, manchmal nicht. Es kommt darauf an, welche Zielgruppe ich ansprechen möchte und wie ausgeprägt die digitale Kultur des jeweiligen Landes ist. Laut Grace war hier das Portal „Jobs in Ruanda" der beste Weg für mein Recruiting. Sie nahm meinen Text und schickte eine E-Mail dorthin. Ich bestand drauf, dass sie die Anzeige gleich selbst hochladen sollte, wie es sich in der digitalen Welt gehört. Das ging aber nur bis zum Niveau der Registrierung. Es folgten Telefonate und persönliche Beratungen, was das Erscheinen der Anzeige erst am nächsten Tag möglich machte. Meine Natur protestierte gegen die mangelnde Effizienz und den Zeitverlust. Im Nachhinein weiß ich, dass ich in diesem Moment die Chance bekommen habe, reichlich Mentalitätskenntnisse zu sammeln. Denn während ich wieder in dem schönen Bürogebäude saß und mich nach Ergebnissen sehnte, hatte ich einfach wieder vergessen, dass ich in einem Entwicklungsland war. Das ist in Afrika oft das Problem. Alle Menschen sind gut angezogen. Alle, mit denen man wegen des Business in Kontakt kommt, haben einen Universitätsabschluss, die Tische, die Stühle, die Computer, alles wirkt so vertraut, dass man glaubt, seine Gewohnheiten aus Europa eins zu eins übertragen zu können. Ich weiß nicht, wie es anderen geht, aber ich war in den ersten Tagen einem vielfach erprobten Erfolgsmuster gefolgt und wollte die Sachen so machen, wie ich sie in Europa mache. Das war wieder ein Fehler! Es ist einfach nicht möglich, die Standards aus dem Berufsleben in Deutschland in Ruanda anzuwenden. Ruanda steht ganz gut da in der Entwicklung – 24 Jahre nach dem Bürgerkrieg. Das Land, die Menschen, die Hilfsorganisationen bemühen sich enorm. Das ist aber ein zweischneidiges Schwert, denn so bleibt der Status eines Landes erhalten, das ein enormes Potenzial bietet, dieses aber nur mit Unterstützung ausschöpfen kann. Ich riss mich aus meinen Reflexionen: Die Unterschiede gehören zum Leben dort, und ich musste lernen, damit umzugehen. Das habe ich auch getan!

Das andere Gesicht des Kontinents

Nach einer Woche Unzufriedenheit mit mir selbst beschloss ich, einen Punkt zu setzen. Das Wochenende meiner ersten Aufenthaltswoche stellte ich unter das Motto „Land und Leute". Ich kaufte mir eine bunte afrikanische Tragetasche und stopfte ein T-Shirt, meine Zahnbürste und die großen Schokoladentafeln hinein, die ich am Flughafen in Deutschland gekauft hatte.

Grace und ich gingen auf Reisen: zu ihrer Familie in Ngoma, in der westlichen Provinz von Ruanda. Der Busbahnhof präsentierte sich bunt und laut und ich freute mich auf den echten „Spirit of Africa". Hühner in Käfigen, Baumaterial in großen Kartons, lange Gardinenschienen und riesige Wasserbehälter wurden zu den Bussen getragen, um transportiert zu werden. Die Karten für unsere Reisen kosteten umgerechnet sechs Euro, weil wir (angeblich) einen Schnellbus besteigen sollten. Nach dem Einsteigen winkte mich der Fahrer zu dem vordersten Platz, direkt neben sich. Er sprach auch kein Englisch – aber kein Problem, ich habe seine Gastfreundschaft verstanden. Hinter mir kamen die anderen Passagiere und Grace informierte jeden, der Interesse hatte, wieso ich genau in diesem Bus gelandet war. Alle lächelten und versuchten mir etwas Schönes über Ruanda zu sagen. Die 110-km-Reise schafften wir mit diesem „Schnellbus" in viereinhalb Stunden. Die Geschwindigkeit von 40 km/h durfte er nicht überschreiten, weil am Samstagnachmittag die Menschen aus der ganzen Umgebung auf der Straße waren: Die Kinder kamen aus der Schule, die Frauen und die Männer von den Märkten. Einige wollten nach Hause, andere blieben einfach auf der Straße – in Afrika ein heiliger Ort der sozialen Kommunikation, des Austauschs und des Spaßes. „Do you like Ruanda, Nelly?" fragte mich fast jeder beim Aussteigen und ich bedankte mich innerlich für diese Frage. Mein „Yes!" war nicht nur eine Antwort. Mein „Yes!" beinhaltete auch meine Bewunderung vor dem, was die Bewohner nach dem schrecklichen Krieg bereits geschafft hatten und diente gleichzeitig als Entschuldigung vor mir selbst für meine Ungeduld, für die komischen Vergleiche mit Europa, zu denen ich die ganze Woche tendiert hatte. Mein „Yes!" war meine tiefe Verbeugung vor dem „Country of 1000 Hills", das nicht in die Vergangenheit zurück, sondern in die Zukunft schaute.

Nach einem Abend in der Idylle von Graces Familie ging ich los, um die Gegend zu erkunden. Mit einem beklemmenden Gefühl überquerte ich die Straße vor dem Haus, um nach den Kindern zu schauen, die gegenüber wohnten. Ich wusste bereits, dass es acht Geschwister waren, die von Mutter und Vater verlassen worden waren. Jetzt lebten sie allein, ohne finanzielle Mittel, und ich wollte sie kennenlernen. Ich betrat das Haus. Keine Fenster, kein Licht, keine Betten und kein Tisch. Die Kinder waren alle zusammen zur Kirche gegangen. Es ist jetzt nicht wichtig, wie das auf mich wirkte, und ob ich geweint habe oder nicht. Es zählte nur eins: Diese Kinder brauchten ein Zuhause! Mein Besuch in einer weiteren Hütte, genannt „Shop", und das Kaufen von Lebensmitteln, Seife und Kerzen für die Kinder löste das Problem nicht. Aber meine Überzeugung, dass ich in Ruanda richtig war, um Dinge zu bewegen, wurde bestätigt.

Eingetunt

Die Reflexion der letzten Woche über die Geschäftsaktivitäten beein-flusste weder mein Know-how noch die Organisation von Lingua-World in Ruanda. Aber mich: Ich begann die nächste Woche ruhiger, gefasster und optimistischer. Vor dem Hintergrund meiner ganzen Erfahrungen aus Süd-afrika sortierte ich mich neu und konzentrierte mich nicht auf das, was ich in den anderen Ländern gelernt hatte, sondern konkret auf die Gegeben-heiten in Ruanda. Mit der Leichtigkeit, die mein ewiger Begleiter im Busi-ness ist, öffnete ich am nächsten Morgen die Bürotür und grüßte meine Mitarbeiter auf Kinyarwanda mit „Mwaramutse!" Mit den nächsten paar Floskeln in der Landessprache öffnete ich die Herzen, und begann, inter-essiert Fragen zu stellen – mit einem Lächeln im Gesicht. In dieser zwei-ten Woche rüsteten wir das Büro weiter mit Computern und Druckern aus, mit Stühlen, Regalen und Ordnern. Wir bündelten die neue Mischung von Kenntnissen über unsere Kulturen und bauten eine gemeinsame, schöne Arbeitsbasis auf. Ich musste ein paar neue Buchhalter kennenlernen, die Anmeldung für die Mehrwertsteuer mit erledigen, noch ein paar Anzeigen auf „Ruanda-Art" schalten und sogar ein Fotoshooting auf dem Dach mei-nes Hotels organisieren, um Fotos für unsere Bildsprache auf der Website zu haben.

Am letzten Tag, bevor ich nach Deutschland zurück fuhr, kam sie dann, die erste Anfrage für eine Übersetzung – die ich eigentlich noch gar nicht haben wollte! Das Angebot haben wir trotzdem erstellt und den Auftrag bekommen. Für alle, die mit uns in Berührung kamen, wurde klar: Es pas-siert etwas, das wir hier so noch nicht kennen. Was war das Neue? Die Frage nach dem Preis beantworteten wir nicht aus dem Bauch heraus. Wir folg-ten unserem normalen Prozess: Die PDF-Datei wurde in Word konvertiert und die Zahl der zur übersetzenden Wörter exakt ausgerechnet. Nach der Definition einer „Standardseite" bestimmten wir dann den Preis pro Seite. Wir besprachen mit dem Kunden die gewünschte Qualität der Übersetzung und wie wir sie nach seinen Wünschen sichern würden. Ein Auszug aus dem Text, im Original auf Englisch, wurde ins Französische übersetzt. In Ruanda, in Frankreich und in Kanada. Der Kunde entschied, welche Über-setzung ihm am besten gefällt. Denn der Kunde ist König, auch in Ruanda.

Warum Ruanda?

Die Perspektive war da: Lingua-World wird in Ruanda übersetzen, das ist das Ziel. Aber warum genau Ruanda, fragten mich alle – Sie sich bestimmt auch. Zuerst die Antwort gemäß der Mission von Lingua-World: Um die generelle Verständigung zu verbessern! Wenn es um technische Dokumentation geht, sollen Übersetzer aus dem Fachbereich Technik übersetzen. Der medizinische Bericht, verfasst auf English, soll für den Patienten in Kinyarwanda übersetzt werden, wenn er nur diese Sprache versteht. Wenn für einen Menschen ein Konto eröffnet wird, sollen die Bankunterlagen in der Sprache, die er versteht, vorliegen. Ist das nicht selbstverständlich für uns Menschen aus der „alten Welt" in Europa – dass wir nur das unterschreiben, was wir verstehen? Also, Bedarf gibt es genug – aber …

„Ich schätze Dich so ein, dass Du trotz aller Liebe zu Afrika keine Investitionen tätigst, wenn Du nicht der begründeten Meinung bist, dass sie langfristig tragfähig sind. An diesem Punkt liege ich also entweder falsch mit dieser Meinung, oder aber in der relativ stark wachsenden ruandischen Volkswirtschaft liegen mittelfristige Chancen verborgen?" So die fragende Aussage eines befreundeten Unternehmers … Um die implizite Frage des Kollegen („Lohnt sich Dein Engagement vor Ort überhaupt?") mit einer Geschichte zu beantworten: Ich besuchte die Universität in Kigali. Die Abteilungsleiterin Ann-Marie öffnete für mich die Türen der Linguistischen Fakultät. Nur neun Personen absolvierten dort ein Masterstudium in diesem Jahr! Das Fach „Dolmetschen" existiert, allerdings ist an der Uni keine entsprechende Technik vorhanden. Wir in Europa wissen, dass ein Dolmetscher nicht länger als 15 min simultan dolmetschen darf, damit seine Konzentration nicht leidet. Wir wissen auch, dass z. B. auf Medizinkongressen nur die im medizinischen Kontext und in der speziellen Terminologie gut ausgebildeten Dolmetscher arbeiten sollten. Wir würden auch nie eine politische Rede von einem im Chemie-Bereich spezialisierten Dolmetscher dolmetschen lassen … In Ruanda finden jährlich 160 internationale Konferenzen statt. Das neue Convention Center verfügt alleine über 18 Konferenzräume für insgesamt 5000 Personen. Woher kommen die Dolmetscher? Aus Ruanda? Wenige! Stattdessen reisen die meisten aus Kenia und Tansania zu den Events an.

In diesem noch nicht State-of-the-Art-Entwicklungsstand liegen viele Chancen verborgen: Trainings, Weiterbildung, fachliche Spezialisierung sind für das neue Level der Verständigung in Ruanda dringend notwendig. Meine Antwort auf die Frage nach tragfähigen Investitionen ist entsprechend: Afrika braucht Know-how und Wissenstransfer. Wir müssen die neuen Maßstäbe zur Verständigung mit entwickeln – und können dann an ihnen verdienen. Microsoft etwa hat das schon verstanden und bildet in Südafrika junge Menschen für die Arbeit am Computer aus. Dahinter steht die Herausforderung, dass einerseits der Alphabetisierungsgrad vor Ort noch zu wünschen übrig lässt. Und dass andererseits Lesen und Schreiben zu können noch lange nicht bedeutet, in der Lage zu sein, beides auch kompetent am Computer auszuführen. Wenn Microsoft also langfristig in Afrika eine Kundenbasis aufbauen will, sind solche Schulungen genau der richtige Weg – den zukünftigen eigenen Kunden vor Ort ausbilden! Und genau da setzt Lingua-World ebenfalls an. Ich sehe in Ruanda große Chancen und viel Entwicklungspotenzial. Übersetzer werden dringend gebraucht, und die fachliche Qualität muss nach oben. Darum werden wir unser Wissen einsetzen und unsere Fachkräfte vor Ort entwickeln. Und die bekommen die Chance, sich mit den entsprechenden Kenntnissen auf dem afrikanischen Übersetzungsmarkt zu etablieren und zum internationalen Niveau aufzuschließen. So also ist der Plan …

Wieder zu Hause…
Zurück nach Deutschland zu fliegen und das Team in Ruanda eigenverantwortlich arbeiten zu lassen, bereitete mir keine Bauchschmerzen. Ich wusste, dass sich auch ohne meine Anweisungen eine positive Gruppendynamik durchsetzen würde. Der allgegenwärtige Teamgeist würde die Leute kreativ verbinden, und meine ambitionierten Ruander würden es anpacken. Ich trennte mich gedanklich schnell und gern von den „typisch afrikanischen" Gründungsschwierigkeiten und wandte meinen Kopf wieder dem komplizierten deutschen Markt zu. Mein erster Besuch in der Kölner Zentrale nach der langen Abwesenheit war die typische Rückkehr nach Hause: Lächeln und Gelassenheit, eingespielte Situationen und ein richtig herzliches Willkommen von meinen Mitarbeitern warteten auf mich. Ich freute mich und stellte Fragen, auf die ich die Antworten fast schon kannte. „Schön", dachte ich, als ich die Tür zur Abteilung Dolmetschen öffnete. Hier erwarteten mich schon neue Expansionspläne: Ideen, Zielsetzung, Motivation strahlten mich an. Der Rundgang durch die verschiedenen Abteilungen, der Small Talk – das Gefühl der Freude gab ich an die Mitarbeiter zurück und verließ zufrieden das Gebäude.

Ruanda aber ließ mir aus der Ferne wenig Zeit zur Muße. Auf What's App kamen Nachrichten vom Webdesigner, vom Copywriter, vom Buchhalter und von den Mitarbeitern. E-Mails folgten. Ich begann, die Aufgaben abzuarbeiten. Zuerst musste ich die Steuer und die Gehälter bezahlen. Die Excel-Tabelle des Buchhalters war übersichtlich, die Steuererklärung mit ihren fünf Positionen auch. „Das wird klappen", dachte ich und loggte mich bei der Bank ein. Das System blockte mich ab. Auch alle weiteren Versuche blieben erfolglos. Der Buchhalter versuchte mir zu helfen. Sein Rat war Afrika pur: Das Geld für die Steuer an meine Mitarbeiterin Grace zu überweisen, damit sie das Geld „cash" zur Bank bringen könnte… „Nein!", war meine Antwort. „Ich arbeite online erfolgreich mit den Banken in England und Südafrika, bezahle meine Steuer dort sogar direkt beim Finanzamt durch die digitale Verbindung unserer Software zwischen mir, dem Buchhalter und dem Finanzamt. Ich werde das auch bei Euch schaffen!", gab ich ihm ein bedrohliches Versprechen und versuchte weiter zu erkennen, was ich falsch mache. Am nächsten Tag ging es weiter. Ich kontaktierte andere Menschen und fragte nach Tipps. Schließlich war ich am Ziel: Der Fehler war durch den irreführenden Hinweis des Buchhalters entstanden, als Referenz die zu zahlende Summe einzutragen. Ich beendete vorerst die Aktion „Steuer". Der Prozess „Zahlungen an die RRA (Rwanda Revenue Authority)" saß jetzt fest in meinem Kopf. Lernen und die europäische Ungeduld zügeln – das war meine eigentliche Aufgabe!

Die große Belohnung

In den nächsten Tagen arbeitete ich sechs bis acht Stunden am Tag aus Deutschland für Ruanda.

Eines schönen Morgens bekam ich folgende E-Mail:

Dear Nelly, Good Morning!

I am pleased to inform you that Lingua-World Rwanda received an order from RCB (Rwanda Convention Bureau). The People are impressed by our Quote and Process Transparency.

All the best,

Jean Paul

Lingua-World Rwanda

Es war nur eine kurze E-Mail. Völlig unemotional, mit rein informativem Charakter – allerdings begleitet von einem Bild: Das Foto zeigte ein Team von Menschen, die sich freuen. Über den Auftrag! Über die Zukunft! Zum ersten Mal, seit ich voller Energie am Flughafen in Kigali ausgestiegen war, hielt ich inne. Es war mir wieder sonnenklar, wofür ich arbeitete. Hier in Deutschland, weit weg von Kigali und den Menschen auf dem Foto, sagte meine innere Stimme leise: „Magic Africa!"

Und darum ist meine Reise noch nicht zu Ende…

Fazit: Meine zehn Gebote für unternehmerischen Erfolg

1. **Finde die Nische – dort ist Dein Schatz!**
   Manchmal sieht der Weg wie eine Sackgasse aus, und wir denken: „Hier geht's nicht mehr weiter!" Ja, vielleicht, aber genau dann lohnt es sich weiter zu suchen und einen neuen Weg auszubauen, der zunächst ungewöhnlich erscheint. Denn der Schatz ist oft dort, wo man ihn am wenigsten erwartet.

2. **Schau' in den Spiegel und bleib kritisch!**
   Selbstkritisch zu sein ist alles anderes als leicht, aber hilfreich, wenn man sich entwickeln möchte.

3. **Mach', statt zu zaudern! (Be a doer – not a talker!)**
   Die Sachen selbst in die Hand zu nehmen und Dein eigener Kapitän zu sein, ist aufregend und riskant. Wer das aber nicht tut, riskiert viel mehr: ewig zu träumen, ohne wach zu werden.

4. **Sorge dafür, dass man Dich wahrnimmt!**
   Es reicht, wenn Du an Dich selbst glaubst, dann glaubt auch die ganze Welt an Dich.

5. **Übernimm' Verantwortung für Menschen!**
   Das ist leicht. Man muss Menschen einfach nur lieben.

6. **Arbeite an Dir, jeden Tag!**
   Die Zeit rennt, und wir rennen mit. Das fällt uns leicht, wenn wir bereit sind, jeden Tag etwas Neues zu lernen.

© Springer Fachmedien Wiesbaden GmbH, ein Teil von Springer Nature 2019
N. Kostadinova, *Ein Koffer voller Wollen*, https://doi.org/10.1007/978-3-658-23985-5

7. **Lerne, Fehler gelassen zu nehmen!**
   Das ist schwer, aber es geht. Wir brauchen nur eine neue Idee.

8. **Ziehe rechtzeitig die Notbremse!**
   Dafür reichen ein kühler Kopf und Entschlossenheit. Der Rest ergibt sich von selbst.

9. **Treffe schmerzhafte Entscheidungen!**
   Der Schmerz vergeht, und die Erinnerung daran lässt Du hinter Dir. Was zählt, ist die Freude an dem Neuen, das danach entstanden ist.

10. **Bleibe offen für Neues!**
    Öffne die Augen für den Glanz des Neuen. Lass' Dich von dem Unbekannten verzaubern – mit einem Lächeln im Gesicht.

Alphabetisches Literatur- und Quellenverzeichnis

A. Sekundärliteratur

Beis, Elena (2013): *Fettnäpfchenführer Südafrika.* Conbook Medien, Meerbusch.

Beyer, Uta et al. (2016): *Business Guide Türkei. Ein Handbuch für ausländische Investoren und Geschäftsleute in der Türkei.* Institut für Außenwirtschaft, Düsseldorf.

Collins, Jim (2001): *Good to great.* Random House, New York.

Diamandis, Peter/Kotler, Steven (2015): *Bold – Groß denken, Wohlstand schaffen und die Welt verändern.* Plassen, Kulmbach.

Erens, Oliver (2012): *Pressearbeit für Dummies.* Wiley-VCH, Weinheim.

Everly, George S. jr., et al. (2015): *Stronger: Develop the Resilience You Need to Succeed.* UK Professional Business Management, London.

Fisher, Roger et al. (2015): *Das Harvard-Konzept. Die beste Methode für unschlagbare Verhandlungsergebnisse.* Campus, Frankfurt a.M./New York.

Gerstbach, Ingrid (2016): *Design Thinking.* Gabal, Offenbach.

Gladwell, Malcom (2016): *The Tipping Point. Wie kleine Dinge Großes bewirken können.* Goldmann, München.

Grundl, Boris (2007): *Leading simple: Führen kann so einfach sein.* Gabal, Offenbach.

Grundmann, Melanie (2017): Erfolgreich auf Pinterest. Eigenverlag, Berlin.

Häusel, Hans-Georg (2018): *Buyer personas. Wie man seine Zielgruppe erkennt und begeistert.* Haufe, Freiburg im Breisgau.

Hofstede, Geert (2011): *Lokales Denken, globales Handeln.* dtv, München.

IHK Mittlerer Niederrhein (2015): *Interkulturell kompetent unterwegs in Sub-Sahara-Afrika. Ausgesuchte Geschäftskulturen im Fokus.* IHK, Krefeld/Mönchengladbach.

© Springer Fachmedien Wiesbaden GmbH, ein Teil von Springer Nature 2019
N. Kostadinova, *Ein Koffer voller Wollen*, https://doi.org/10.1007/978-3-658-23985-5

Kairies, Peter (2017): *So analysieren Sie Ihre Konkurrenz. Konkurrenzanalyse und Benchmarking in der Praxis.* expert verlag, Renningen.

Koch, Richard (2015): *Das 80/20-Prinzip: Mehr Erfolg mit weniger Aufwand.* Campus, Frankfurt a.M./New York.

Kroeber-Riel, Werner (1993): *Bildkommunikation: Imagerystrategien für die Werbung;* Vahlen, München.

Michaeli, Rainer (2006): *Competitive Intelligence: Strategische Wettbewerbsvorteile erzielen durch systematische Konkurrenz-, Markt- und Technologieanalysen.* Springer, Berlin.

Nasher, Jack (2015): *Deal! Du gibst mir, was ich will.* Goldmann, München.

N.N.: *Durch und durch deutsch.* In: Wirtschaft im Revier. Nachrichten der IHK Mittleres Ruhrgebiet, 12/2015, 12-13.

Peters, Tom (2012): *Re-Imagine.* Gabal, Offenbach.

Portner, Jutta (2010): *Besser verhandeln. Das Trainingsbuch.* Gabal, Offenbach.

Rupp, Miriam (2016): *Storytelling für Unternehmen: Mit Geschichten zum Erfolg in Content Marketing, PR, Social Media, Employer Branding und Leadership.* mitp Business, Frechen.

Schranner, Matthias (2001): *Verhandeln im Grenzbereich. Strategien und Taktiken für schwierige Fälle.* Econ, München.

Schulz, Benjamin/Geffroy, Edgar (2016): *Erfolg braucht ein Gesicht.* Redline, München.

Silberzahn, Stefan (2015): *Erfolgreiche Pressearbeit: für Gründer und kleine Unternehmen.* Kindle.

Voss, Chris (2017): *Kompromisslos verhandeln. Die Strategien und Methoden des Verhandlungsführers des FBI.* Redline, München.

Weber, Jan Torben (2017): *Gewinner-Gewohnheiten: Die Wurzeln des Erfolgs.* BOD, Hamburg.

B. Internetquellen

https://addons.prestashop.com/de/content/35-die-bevorzugten-online-zahlungs-methoden-nach-land?pab=1&, letzter Zugriff am 30.8.2018.

Basic Guide to Termination. Online verfügbar unter: http://www.labour.gov.za/DOL/legislation/acts/basic-guides/basic-guide-to-termination, letzter Zugriff am 16.8.2018.

Blindert, Ute (2018): Frauen-Netzwerke & Initiativen. Online verfügbar unter https://www.businessladys.de/frauen-netzwerke-initiativen/, letzter Zugriff am 14.6.2018.

http://www.bmz.de/de/laender_regionen/subsahara/suedafrika/index.jsp, letzter Zugriff am 30.8.2018.

Bröll, Claudia (2013): *Die Kämpferin.* In: NZZ online vom 5.3.2013. Online verfügbar unter: https://www.nzz.ch/die-kaempferin-1.18162011, letzter Zugriff am 23.8.2018.

Bundesweite Agentur der Gründerinnen und Unternehmerinnen in Deutschland (2015): *Daten und Fakten*. Pdf-Datei online verfügbar unter: https://www. existenzgruenderinnen.de/SharedDocs/Downloads/DE/Publikationen/39-Gruenderinnen-Unternehmerinnen-Deutschland-Daten-Fakten-IV.pdf?__blob= publicationFile, letzter Zugriff am 14.6.2018.

Busch, Alexander (2009): *Stilblüten und Fettnäpfchen in Lateinamerika*. In: Wirtschaftswoche vom 16.1.2009. Online verfügbar unter: https://www.wiwo.de/ erfolg/knigge-stilblueten-und-fettnaepfchen-in-lateinamerika/5493116.html, letzter Zugriff am 17.9.2018.

Businesstraveller (2018): *Andere Länder, andere Visitenkarten*. Online verfügbar unter: https://www.businesstraveller.de/lifestyle/andere-laender-andere-visiten-karten/, letzter Zugriff am 17.9.2018.

Checkdomain: https://www.checkdomain.de/blog/domains-hosting/vergabestellen/ domainendung-mit-besonderheiten-sudafrikas-tld-co-za/, letzter Zugriff am 30.8.2018.

Coutu, Diane (2002): *How Resilience works*. In: Harvard Business Review, 5/2002. Online verfügbar unter: https://hbr.org/2002/05/how-resilience-works, letzter Zugriff am 6.8.2018.

Eicher, David (2012): *Virales Marketing: Wie aus einem Impuls ein Selbstläufer wird*. Online verfügbar unter: https://t3n.de/magazin/kommunikations-lawine-227944/, letzter Zugriff am 7.5. 2018.

Frank, Vivecca (2018): So sieht´s aus: Deutsche Unternehmerinnen im Jahr 2018. Online verfügbar unter: https://www.glassdoor.de/blog/deutsche-unter-nehmerinnen-2018, letzter Zugriff am 14.6.2018.

Franks Hotline:www.frank-geht-ran.de, **letzter Zugriff am 16.5.2018.**

Graven, Julia (2016): *Was, wenn der Chef Plötzlich ausfällt?* In: Impulse 12/2016. Online verfügbar unter: https://www.impulse.de/management/unternehmensfu-ehrung/notfallkoffer-unternehmen/2106175.html, letzter Zugriff am 27.8.2018.

Gründerszene: *Zielgruppe: Wer kauft Ihr Angebot?* Online verfügbar unter: https:// www.fuer-gruender.de/wissen/existenzgruendung-planen/idee/zielgruppe/, letzter Zugriff am 28.8.2018.

Hage, Simon (2007): *Unternehmenskultur „Führen heißt dienen"*. ManagerMagazin online vom 1.2.2007. Online verfügbar unter: http://www.manager-magazin.de/ unternehmen/karriere/a-461215.html, letzter Zugriff am 1.9.2018.

Henry, Andreas (2009): *Stilblüten und Fettnäpfchen in den USA*. In: Wirtschaftwoche vom 16.1.2009. Online verfügbar unter: https://www.wiwo.de/erfolg/knig-ge-stilblueten-und-fettnaepfchen-in-den-usa/5493040.html, letzter Zugriff am 17.9.2018.

Höhmann, Ingmar (2017): *Fünf Minuten mit… Michael Stich*. Harvard Business Manager, Januar 2017, S. 102. Online verfügbar unter: http://www.harvardbusi-nessmanager.de/heft/d-148298222.html, letzter Zugriff am 16.5.2018.

Hörr, Susanne (2012): *Der Dresscode fürs Büro kennt kein Hitzefrei*. In: Die Welt vom 2.8.2012. Online verfügbar unter: https://www.welt.de/wirtschaft/karriere/ tipps/article108445942/Der-Dresscode-fuers-Buero-kennt-kein-Hitzefrei.html, letzter Zugriff am 17.9.2018.

Hoffinger, Isabel (2015): So netzwerken Sie richtig. Online verfügbar unter: http://www.faz.net/aktuell/beruf-chance/beruf/dos-donts-netzwerken-13425666. html, letzter Zugriff am 12.7.2018.

https://www.internations.org/japan-expats/guide/japanese-culture-international-etiquette-and-the-female-expat-18287, letzter Zugriff am 5.1.2019.

Justitz, Robert (2013): Likes & Leads: *Gefakte Rache.* Fachbeitrag. Online verfügbar unter: https://www.business-wissen.de/artikel/likes-leads-gefakte-rache/, letzter Zugriff am 16.8.2018.

Kamp, Matthias (2009): *Stilblüten und Fettnäpfchen in China.* Wirtschaftswoche online: https://www.wiwo.de/erfolg/knigge-stilblueten-und-fettnaepfchen-in-china/5493056.html, letzter Zugriff am 5.1.2019.

http://www.kapstadt-entdecken.de/durchschnittsverdienst-in-sucdafrika/16371/, letzter Zugriff am 30.8.2018.

Kauffeld-Monz, Martina (2014): Biografie. https://www.iit-berlin.de/de/koepfe/dr-martina-kauffeld-monz, letzter Zugriff am 14.6. 2018.

Kerslake-Bösch, Patricia (2013): *Interkultureller Business-Knigge.* Pdf-Datei online verfügbar unter: https://www.ihk-krefeld.de/de/media/pdf/international/interkulturelle_kompetenz/interkulturelle_kompetenz/weltweit-interkultureller-business-knigge.pdf, letzter Zugriff am 17.9.2018.

Kostadinova, Nelly (2018): *Unternehmen führen auf Distanz.* Online verfügbar unter: https://berufebilder.de/unternehmen-distanz-abwesend-chefs/, letzter Zugriff am 1.9.2018.

Lietz, Kai-Jürgen (2009): *Entscheider-ABC: Klug investieren.* In: managermagazin online. Online verfügbar unter: http://www.manager-magazin.de/unternehmen/karriere/a-614573.html, letzter Zugriff am 11.8.2018.

Leistner, Christoph (2018): Über den LRA. Online verfügbar unter: http://www.deutscheranwaltsuedafrika.de/news/2012/2/24/arbeitsrecht/, letzter Zugriff am 23.8.2013.

Lewis, Rushaan (2017): *The Jurisdiction of the CCMA where No Dismissal Took Place.* Online verfügbar unter: https://ceosa.org.za/the-jurisdiction-of-the-ccma-where-no-dismissal-took-place/, letzter Zugriff am 23.8.2018.

Martin, Roger (2017): *CEOs should stop thinking execution is somebody else's job: it's theirs!* In: Harvard Business Review online, 21.11.2017. Online verfügbar unter: https://hbr.org/2017/11/ceos-should-leave-strategy-to-their-team-and-save-their-focus-for-execution, letzter Zugriff am 9.8.2018.

Matthes, Sebastian (2008): Wie Gründer virales Marketing erfolgreich einsetzen. Online verfügbar unter: http://www.wiwo.de/unternehmer-maerkte/wie-gruender-virales-marketing-erfolgreich-einsetzen-306041/, letzter Zugriff am 7.5.2018.

McKenzie, Eleanor (2017): *Business Dress Etiquette in Saudi Arabia.* Online verfügbar unter: https://oureverydaylife.com/business-dress-etiquette-in-saudi-arabia-12085703.html, letzter Zugriff am 17.9.2018.

Merath, Stefan (2007): *Warum man als Unternehmer seine Entwicklung planen sollte.* Online verfügbar unter: https://www.unternehmercoach.com/coach-unternehmer-coaching-eigene-entwicklung-planen-persoenlichkeit.htm, Zugriff am 5.6.2018.

Müller, Mareike (2018): *Andere Länder, andere Business-Sitten*: Stern online: https://www.stern.de/wirtschaft/job/geschaeftsreisen-andere-laender–andere-business-sitten-3346350.html, letzter Zugriff am 17.9.2018.

Postada, Mark (2008): *Anspruchsvolle Unternehmer.* Online verfügbar unter: https://www.auwi-bayern.de/awp/inhalte/Laender/Anhaenge/Verhandeln-mit-Partnern-in-Saudi-Arabien.pdf, letzter Zugriff am 26.5.2018.

Putsch, Christian (2015): *Es bleibt in der Familie: Südafrika.* In: Die Welt online vom 8.9.2015. Online verfügbar unter: https://www.welt.de/print/welt_kompakt/print_lifestyle/article146133991/Es-bleibt-in-der-Familie.html, letzter Zugriff am 23.8.2018.

Rakuten Online-Shop Japan: https://www.rakuten.co.jp/

Schmitt, Stefanie (2007): *Wer Emotionen zeigt, hat in China verloren.* Handelsblatt vom 8.3.2007. Online verfügbar unter: http://www.handelsblatt.com/unternehmen/mittelstand/verhandlungspraxis-wer-emotionen-zeigt-hat-in-china-verloren/2779664-all.html, letzter Zugriff am 24.5.2018.

Schoen, Raphael (2017): *Kulturelle Unterschiede kennen und nutzen. Weltweit verhandeln, Teil 1.* Online verfügbar unter: https://beschaffung-aktuell.industrie.de/allgemein/kulturelle-unterschiede-kennen-und-nutzen/, letzter Zugriff am 25.5.2018.

Schönherr, Katja (2011): *Chef krank, Firma pleite.* In: Zeit online v. 15.9.2011. Online verfügbar unter: https://www.zeit.de/karriere/beruf/2011-08/nachfolge-planung-fuehrungskraefte/komplettansicht, letzter Zugriff am 27.8.2018.

Schulze, Jürgen (2017): *Chef krank, Betrieb pleite?* Fachbeitrag. Online verfügbar unter: http://www.sicherheit.info/artikel/1142613, letzter Zugriff am 27.8.2018.

Seelmann-Holzmann, Anne (2015): *Richtig verhandeln in Asien.* Online verfügbar unter: https://www.business-wissen.de/artikel/verhandlungsfuehrung-richtig-verhandeln-in-asien/, letzter Zugriff am 24.5.2018.

Selbach, David (2006): *Die Schnüffler GmbH: Wie deutsche Unternehmen ihre Konkurrenten auskundschaften.* Die Zeit vom 6.4.2006. Online verfügbar unter: https://www.zeit.de/2006/15/Competitive_Intelligence, letzter Zugriff am 3.8.2018.

Sergey, Frank (2005): *Verhandeln in Saudi-Arabien. Strenge Riten, scharfe Wächter.* managermagazin, 12/2005. Online verfügbar unter: http://www.manager-magazin.de/unternehmen/karriere/a-388089-3.html, letzter Zugriff am 26.5.2018.

Ders. (2010): *Tipps fürs Geschäftemachen in Japan.* Handelsblatt vom 22.2.2010. Online verfügbar unter: http://www.handelsblatt.com/unternehmen/management/weltspitze-tipps-fuers-geschaeftemachen-in-japan/3374686.html?ticket=ST-407480-bec2aI1qsn9PRWbe2bYB-ap2, letzter Zugriff am 27.5.2018.

Socialmediainternational: https://www.socialmediainternational.de/2014/05/19/das-internet-und-social-media-in-afrika/, letzter Zugriff am 30.8.2018.

Stache, Rebecca (2012): Internationaler Visitenkarten-Knigge. Online verfügbar unter: https://www.experto.de/sprachen/interkulturelle-kommunikation/internationaler-visitenkarten-knigge.html, letzter Zugriff am 15.6. 2018.

Starlay, Katharina (2016): *Multikulturelle Fettnäpfchen: International unterwegs? Darauf müssen Sie achten. 6. Teil: Dresscode: Im Zweifel formeller.* In: manager-magazin online: http://www.manager-magazin.de/lifestyle/stil/business-knigge-achten-sie-auf-diese-multikulturellen-fettnaepfchen-a-1118485-6.html, letzter Zugriff am 17.9.2018.

Stehr, Christoph (2007): *Abwegige Ideen – Erfolgreiche Querdenker.* In: Handelsblatt vom 27.11.2007. Online verfügbar unter: https://www.handelsblatt.com/unternehmen/management/abwegige-ideen-erfolgreiche-querdenker/2898490-all.html, letzter Zugriff am 7.8.2018.

Trepp, Claudio (2016): *Wer hat Anspruch auf Abfindung? Ein Überblick.* Online verfügbar unter: https://www.berufsstrategie.de/nachrichten-jobwelt-bewerbung/WerhatAnspruchaufAbfindung.php, letzter Zugriff am 23.8.2018.

TÜV Süd, (2016): *Chef krank, Firma am Ende.* Whitepaper zum Thema: *Was passieren kann, wenn der Unternehmer plötzlich ausfällt.* Online verfügbar unter: https://www.tuev-sued.de/uploads/images/1168532435154834050752/06_04_Unternehmerausfall.pdf, letzter Zugriff am 27.8.2018.

UHY International (2018): *Doing Business in South Africa.* PDF. Online verfügbar unter: http://www.uhy.com/wp-content/uploads/Doing-Business-in-South-Africa2.pdf, letzter Zugriff am 23.8.2018.

Uniteddomains: https://www.united-domains.de/za-domain/, letzter Zugriff am 17.9.2018.

Wikipedia Moorhuhn: https://de.wikipedia.org/wiki/Moorhuhn_(Spieleserie), letzter Zugriff am 7.5. 2018.

Wikipedia: Bildverarbeitung einer Werbeanzeige. de.wikipedia.org/wiki/Bildwahrnehmung_einer_Werbeanzeige, letzter Zugriff am 6.8.2018.

Wikipedia: Networking. https://de.wikipedia.org/wiki/Networking, letzter Zugriff am 14.6.2018.

Winter, Scarlett (2014): *Business Kleidung: So passt's im Ausland.* Online verfügbar unter: https://www.workingoffice.de/karriere/artikel/article/business-kleidung-so-passts-im-ausland.html, letzter Zugriff am 17.9.2018.

Youtube: Be a hero. Online verfügbar unter: https://www.youtube.com/watch?v=CjB_oVeq8Lo&feature=youtu.be, letzter Zugriff am 16.5.2018.

Youtube: Fat Boy Slim – *Weapon of Choice.* Online verfügbar unter: https://www.youtube.com/watch?v=wCDIYvFmgW8, letzter Zugriff am 16.5.2018.

Zeidler, Stefanie (2010): *Die eigene Konkurrenz verstehen: Auch mit einfachen Mitteln können Informationen kostengünstig intern oder extern aufbereitet werden.* Online verfügbar unter: https://www.gruenderszene.de/allgemein/wettbewerbsanalyse-konkurrenzanalyse, letzter Zugriff am 3.8.2018.

Zielgruppe: *Zielgruppe: Wer kauft Ihr Angebot?* Online verfügbar unter: https://www.fuer-gruender.de/wissen/existenzgruendung-planen/idee/zielgruppe/, letzter Zugriff am 28.8.2018.

Zimpel: www.zimpel.de

Ihr Bonus als Käufer dieses Buches

Als Käufer dieses Buches können Sie kostenlos das eBook zum Buch nutzen.
Sie können es dauerhaft in Ihrem persönlichen, digitalen Bücherregal
auf **springer.com** speichern oder auf Ihren PC/Tablet/eReader downloaden.

Gehen Sie bitte wie folgt vor:
1. Gehen Sie zu **springer.com/shop** und suchen Sie das vorliegende Buch
   (am schnellsten über die Eingabe der eISBN).
2. Legen Sie es in den Warenkorb und klicken Sie dann auf:
   zum Einkaufswagen/zur Kasse.
3. Geben Sie den untenstehenden Coupon ein. In der Bestellübersicht wird
   damit das eBook mit 0 Euro ausgewiesen, ist also kostenlos für Sie.
4. Gehen Sie weiter **zur Kasse** und schließen den Vorgang ab.
5. Sie können das eBook nun downloaden und auf einem Gerät Ihrer Wahl lesen.
   Das eBook bleibt dauerhaft in Ihrem digitalen Bücherregal gespeichert.

EBOOK INSIDE

eISBN	978-3-658-23985-5
Ihr persönlicher Coupon	XtZwsF3d9KgGQT3

Sollte der Coupon fehlen oder nicht funktionieren, senden Sie uns bitte
eine E-Mail mit dem Betreff: **eBook inside** an **customerservice@springer.com**.

Printed by Printforce, the Netherlands